岩土工程抗震大型复杂试验设计理论及关键技术应用

层状岩质边坡地震响应及稳定性时频分析方法

范　刚　张建经　周家文 编著

西南交通大学出版社
·成　都·

图书在版编目（CIP）数据

层状岩质边坡地震响应及稳定性时频分析方法 / 范刚，张建经，周家文编著. —成都：西南交通大学出版社，2020.8

（岩土工程抗震大型复杂试验设计理论及关键技术应用）

国家出版基金项目

ISBN 978-7-5643-7527-0

Ⅰ. ①层… Ⅱ. ①范… ②张… ③周… Ⅲ. ①层状构造－边坡稳定性－研究 Ⅳ. ①TV698.2

中国版本图书馆 CIP 数据核字（2020）第 143228 号

国家出版基金项目

岩土工程抗震大型复杂试验设计理论及关键技术应用

Cengzhuang Yanzhi Bianpo Dizhen Xiangying ji Wendingxing Shipin Fenxi Fangfa

层状岩质边坡地震响应及稳定性时频分析方法

范 刚 张建经 周家文 编著

出版人	王建琼
策划编辑	张 雪
责任编辑	杨 勇
封面设计	何东琳设计工作室
出版发行	西南交通大学出版社 （四川省成都市金牛区二环路北一段 111 号 西南交通大学创新大厦 21 楼）
发行部电话	028-87600564 028-87600533
邮政编码	610031
网址	http://www.xnjdcbs.com
印刷	四川玖艺呈现印刷有限公司
成品尺寸	170 mm × 230 mm
印张	13.75
字数	246 千
版次	2020 年 8 月第 1 版
印次	2020 年 8 月第 1 次
书号	ISBN 978-7-5643-7527-0
定价	88.00 元

前言 PREFACE

我国位于环太平洋地震带，地震是我国最主要的自然灾害之一，过去十余年地震灾害给我国带来了巨大的生命和财产损失，尤其是2008年汶川大地震。地震灾害在给我们的生命财产带来巨大损失的同时，也留下了许多科学问题等待我们去探索。2008年汶川地震发生后，科研工作者掀起了岩土地震工程的研究热潮。经过十余年的探索，我国的岩土地震工程研究取得了众多引人注目的成果。但是，我国岩土地震工程研究尚处于起步阶段，现有研究水平与未来需求之间还存在较大差距。国务院《国家重大科技基础设施建设中长期规划（2012—2030 年）》中明确提出“探索预研大型地震模拟研究设施建设，开展地震动输入和工程地震灾害模拟研究”。可以预见在未来一定时间内岩土地震工程将得到广泛关注和长远发展。鉴于此，本书具有较大的出版价值和应用前景。

层状岩质边坡作为一种极其常见的工程地质体，其在地震作用下的动力稳定性与我国众多大型基础设施的可靠性息息相关。然而，目前我国关于层状岩质边坡地震响应方面的研究较少，且不成体系，国内相关专著出版较少。随着我国经济的持续发展和西部大开发的不断深入，越来越多的大型基建设施在我国西部山区兴建，例如西成高铁、沪昆高铁、白鹤滩水电站等；同时，伴随着核电的发展，目前我国在西南山区修建了一批核废料处置场。这些大型基建设施和核废料处置场周围往往分布着层状岩质边坡。我国西部山区具有地形落差大、地震烈度大、地质条件差等特点，一旦这些层状岩质边坡在地震作用下出现失稳破坏，其对周围大型基建设施和核废料处置场的影响是不可估量的，甚至是毁灭性和灾难性的。

振动台作为一种最能直接揭示岩质边坡地震响应的研究手段，已在土木工程领域得到广泛运用，但是，目前鲜有专著对岩质边坡的振动台试验进行系统性总结和介绍。借助大型振动台模型试验及理论推导，本书将主要介绍层状岩质边坡的地震响应及地震稳定性时频计算方法。本书的内容主要包括以下5个部分：

（1）在介绍振动台模型试验相似关系设计、试验模型制作、加载工况的基础上，对层状岩质边坡振动台模型试验中实测的加速度时程进行时域和频域分析，并对坡面位移响应特征进行探究。

（2）地震作用下边坡的动力响应是地震波特性与边坡自身动力特征共同作用的结果，传递函数表征了边坡在地震作用下动力响应与地震波特性之间的对应关系，本书介绍了基于传递函数理论的层状岩质边坡动力特征参数计算及边坡频域响应估算方法。

（3）地震波能量是边坡震损的内因，基于希尔伯特-黄变换的希尔伯特谱可以定量表征地震波能量在时频联合域内的分布。基于此，本书介绍了边坡震害损伤的能量识别方法，对层状岩质边坡和基覆型边坡内部的震害损伤发展过程进行了辨识，并据此对层状岩质边坡和基覆型滑坡的地震失稳机理及破坏模式进行了探究。

（4）现有边坡地震稳定性评价方法无法充分考虑地震波三要素（时间、频率、幅值）的影响，而任一地震波要素对边坡地震稳定性的影响均不容忽视。鉴于此，本书基于希尔伯特-黄变换，建立了考虑地震波时间-频率-幅值特性的边坡瞬时地震安全系数计算方法。

（5）本书以云南鲁甸地震诱发的红石岩滑坡为例，介绍了三维激光扫描技术在危岩体结构面识别、危岩体识别及崩塌风险分析等方面的应用。

边坡是一种极其复杂的地质体，需在边坡工程领域不断引入新的理论和新的方法以不断深化对边坡的认识。本书中介绍的传递函数理论和希尔伯特-黄变换均是边坡工程领域中的新理论和新方法，本书在这两个方面所做的探索性工作可为未来这些新理论和新方法在边坡工程领域的深层次应用和发展提供借鉴。

本书由 2019 年度国家出版基金资助编写，本书的内容为作者所在团队过去几年的研究成果，借此机会作者将其整理成书，希望能为相关研究者开展边坡振动台模型试验以及边坡地震稳定性分析提供有益参考。作者衷心感谢中国核动力西南研究设计院地震台实验室在振动台模型试验中给予的帮助。在编著本书的过程中，作者得到了核工业西南勘察设计研究院有限公司彭盛恩副院长、田华高级工程师的指导和帮助，在此表示感谢。由于作者时间和水平有限，书中难免存在不足之处，恳请读者批评指正。

作者

2019 年 6 月 12 日

目录 CONTENTS

1 引 言

我国处于世界两大地震带（环太平洋地震带和欧亚地震带）之间，地震活动具有强度大、震源浅、频度高、分布广等特点，地震是我国主要的地质灾害之一。近些年，我国工程建设活动日益频繁，加之地震活动频发，工程师们面临越来越多的边坡动力稳定性问题。

1.1 概 述

自然界中具有层状构造的沉积岩约占陆地面积的 2/3（我国的沉积岩约占我国陆地面积的 77.3%），许多变质岩也具有层状构造，因此在人类工程活动中将遇见大量的层状岩体稳定问题。在铁路、公路、水电等基础设施建设过程中，将会在层状岩体中开挖修建不同用途的边坡工程。当开挖边坡坡面的走向或倾向和层状岩体的层面走向或倾向一致时，一般将这种边坡称为顺层岩质边坡或顺倾岩质边坡，反之称为反倾或斜向岩质边坡[1]。层状岩质边坡问题是山区工程建设中常见的岩土工程问题，层状边坡的稳定性受岩性、岩体结构、结构面位置特征、地下水等诸多因素的影响，导致层状岩质边坡的静力稳定性评估是一项极具挑战性的工作，而地震作用下层状岩质边坡的稳定性分析是一件更加复杂的工作。

以近年我国发生的大地震为例，2008 年汶川地震震后的调查结果表明，四川省 39 个重灾县共发育直接对人民生命财产构成严重威胁的地质灾害隐患点 8 060 处，其中，滑坡 3 314 处，崩塌 2 394 处，泥石流 619 处，不稳定斜坡 1 656 处。汶川地震新增地质灾害的县域分布如图 1-1 所示，16 个极重灾县或重灾县地质灾害的空间分布如图 1-2 所示[2]。其中，汶川地震诱发的大光包滑坡滑塌体积达 7.42×10^{8} m^{3}，形成的堰塞湖坝高为 690 m，是至今世界范围内有记录的规模最大的地震诱发滑坡。震后调查还显示地震诱发的地质灾害表现出与单一重力作用下迥异的动力特征，这已经超出了人们原有的认知水平[1, 3]。2010 年发生在我国青海玉树的 Ms 7.1 级地震共诱发了 2 036

处地震滑坡，造成了 2 220 人死亡，另有 70 人失踪[4]。2013 年“4·20”雅安芦山地震诱发的崩塌滑坡地质灾害分布范围达 10 000 km^2，触发的地质灾害总数共计约 3 000 处[5]。

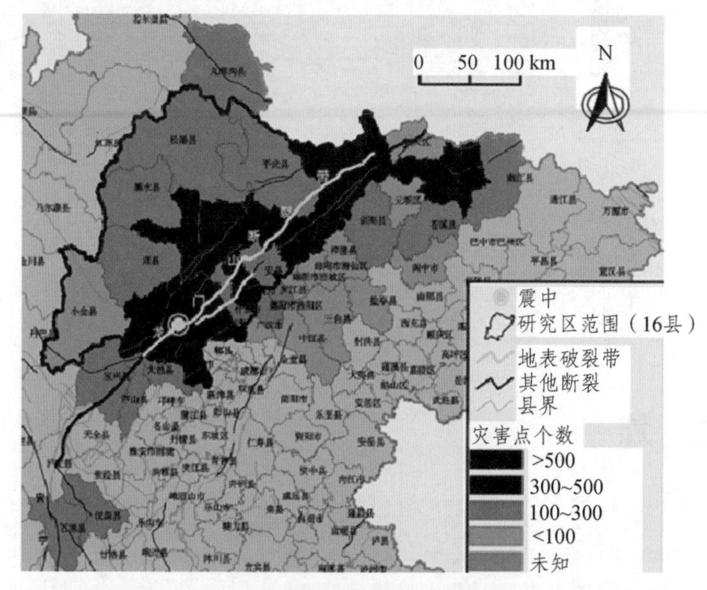

图 1-1　汶川地震新增地质灾害县域空间分布

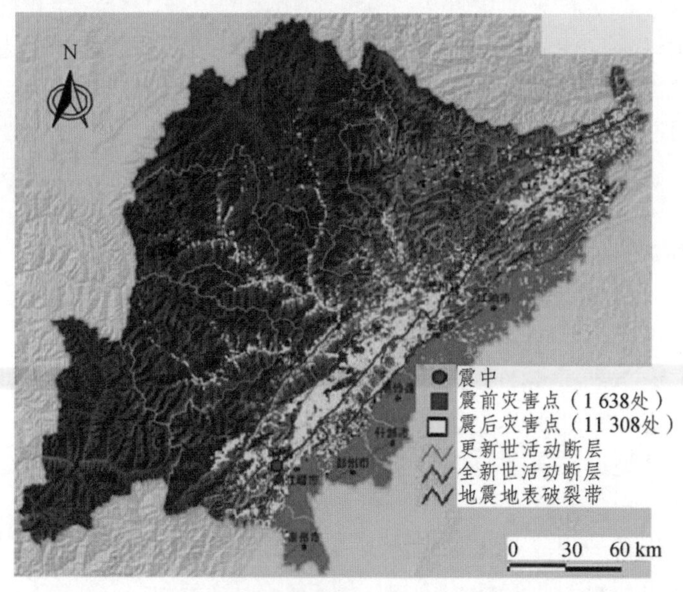

图 1-2　16 个极重灾县或重灾县地质灾害空间分布

目前，我国进入了地震活动活跃期。近些年，我国范围内强震引起的地质灾害在给人民生命财产造成巨大损失的同时，也留下了许多科学问题等待我们去探索，其中包括边坡的地震响应特征以及边坡地震稳定性判识方法。早在2008 年汶川地震发生后，地震作用下边坡和滑坡的响应特征、抗震加固措施以及地震稳定性判识方法便逐渐成为工程师和研究者们关注的热点，不断吸引着科研工作者和工程师对这一问题开展科学研究和工程实践[1, 3, 4, 5]。

2013 年 2 月，国务院印发了《国家重大科技基础设施建设中长期规划（2012—2030 年）》，其中在工程技术科学领域对岩土工程的发展方向作出了明确的指示：适时启动超重力模拟研究设施建设，揭示复杂岩土地质体的动力特性；探索预研大型地震模拟研究设施建设，开展地震动输入和工程地震灾害模拟研究；探索预研深部岩土工程研究设施建设，揭示深部岩体的力学特征[6]。由此可见，目前我国已经明确将岩土工程抗震研究提升至国家科技发展层面，未来一定时间内岩土工程抗震研究必将得到广泛关注和极大发展。然而，目前我国边坡抗震研究尚处于起步阶段，相关研究成果较少，且研究深度不足。同时，尚无系统考虑地震波影响的边坡抗震加固设计方法和地震稳定性判识方法可循，这一直是困扰工程设计人员的一大难题。含软弱夹层层状岩质边坡作为常见地质体，目前关于这类边坡的抗震研究成果鲜见报端。鉴于此，对含软弱夹层层状岩质边坡的地震响应、抗震加固措施以及地震稳定性判识方法进行研究不仅具有重要的科学意义，还具有较大的实践意义和工程价值。

本书的研究意义主要表现在如下几个方面：

（1）含软弱夹层层状岩质边坡作为常见的地质体和工程承载体，研究其在地震作用下的响应特征和其加固措施的抗震效果，对揭示其地震响应机理，深入理解此类边坡的地震响应具有重要意义，同时，亦能为此类边坡的抗震加固提供技术参数和科学指导。

（2）建立含软弱夹层层状岩质边坡震害损伤的能量识别方法，能有效地对坡体内部的震害损伤发展过程进行判识，结合边坡外观震害现象，可较好地确定含软弱夹层层状岩质边坡的震害损伤模式，这一方法填补了能量方法在边坡震害损伤识别领域的应用空白。

（3）传统边坡地震稳定性判识方法未能充分考虑地震波三要素（时间、频率、幅值）对边坡地震稳定性的影响，本书基于希尔伯特-黄变换（Hilbert-Huang Transformation，HHT）和弹性波动力学建立的边坡瞬时地震安全系数时频计算方法，能充分体现地震波的时间-频率-幅值特性对边坡地震稳定性的影响。本书建立的时频分析方法突破了原有计算方法的瓶颈，一定程度上弥补和完善了原有计算方法存在的不足和缺陷。

1.2 国内外研究现状

1.2.1 大型振动台模型试验

大型振动台模型试验是一种最能直接揭示研究对象地震响应的研究方法之一，目前已被广泛运用于工业与民用建筑、大坝、大型边坡的抗震研究中。后勤工程学院郑颖人院士团队[7]利用振动台模型试验研究了边坡在地震作用下的动力破坏模式，并对双排抗滑桩的抗震性能进行了研究。成都理工大学黄润秋教授等[8]利用大型振动台模型试验，探究了反倾及顺层两类岩质边坡在强震作用下的动力响应。许强等[9]以“5·12”汶川地震灾区典型斜坡为原型，采用水平层状上硬下软和上软下硬 2 种岩性组合概念模型，设计并完成了比例为 1∶100 的大型振动台试验。周飞等[10]设计并完成了 2 个含不同厚度水平软弱夹层的岩质斜坡，并对其动力响应进行了探讨。刘汉香等[11]利用大型振动台模型试验，制作了 4 个斜坡模型，探讨了岩性及岩体结构对斜坡地震动力响应的影响。文畅平等[12]利用大型振动台试验对地震作用下挡土墙的位移模式进行了探究。西南交通大学徐光兴等[13]设计并制作了一个尺寸相似比为 1∶10 的边坡模型，通过对试验模型施加不同类型、幅值、频率的地震波及白噪声激励，探究了地震波作用下模型边坡的动力特性，并研究了地震动参数对边坡动力特性的影响规律。作者所在的研究团队近些年利用大型振动台试验，对挡土墙地震土压力计算[14, 15]、预应力锚索桩板墙地震响应[16]、重力式挡土墙基于位移的抗震设计方法[17]、含软弱夹层层状岩质边坡地震响应[18, 19]、小角度成层倾斜场地地震响应[20]、双排桩加预应力锚索加固边坡抗震稳定性、振动台试验设计方法、核电厂冷却系统管道抗震稳定性[21]等方面，进行了研究，取得了丰富的科研成果。华北水利水电学院董金玉等[22, 23]设计并制作了一个顺层岩质边坡模型，利用振动台试验对边坡的加速度响应、输入地震动参数对边坡动力响应的影响以及边坡的破坏失稳模式进行了研究。大连理工大学陈建云等[24]利用大型振动台模型试验，对一个 1∶50 的超高层建筑模型进行了微震、强震直至破坏的振动台试验研究，探究了超高层筒体结构在地震作用下的动力特性与破坏反应。同济大学吕西林教授借助振动台对上海环球金融中心大厦[25]、上海浦东机场 T2 航站楼[26]、北京 LG 大厦[27]、上海世博园中国馆[28]和组合基础隔震房屋的抗震性能[29]进行了研究。中国水利水电科学研究院杨正权等[30, 31]利用振动台对双江口水电站（坝高 314 m）和猴子岩水电站（坝高 223.5 m）高土石坝的地震动力反应特性进行了研究。Tomaso L.等[32]利用美国莱斯大学结构工程实验室的振动台对试验结果和理论计算结果做了综合的对比分析，通过构建一个线性系统验证了振动台试验研究的可靠性。Donatello C.[33]利用振动台试验对三种非线性静态方法（CSM、DCM、N2）计算三层钢筋混凝土框架结构的动力响应计算结果进行了验证。Biondi G.等[34]制作了一个一层的钢结构模型并进行了振动台模型试验，对地震作用下模型的加速度和位移响应进行了探讨，并且分别在时域和频域内将地震波频率和幅值对试验结果的影响进行了研究。Shi Z.M.等[35]在对汶川地震诱发的堰塞湖进行详细调查的基础上，利用大型振动台试验对余震作用下堰塞湖的动力响应进行了研究。Li Y.D.等[36]制作了两个场地模型，利用振动台试验研究了加速度、孔隙水压力、频谱特性对场地动力响应的影响。Wang K.L.等[37]在极限平衡分析、粒子速度测速（PIV）的基础上，利用振动台试验分析了边坡的失稳机制。Liu J.等[38]开展了一系列的混凝土大坝振动台试验，对四种大坝加固措施的抗震性能进行了研究。Ueng T.S.等[39]利用大型剪切箱（尺寸为 1 880 mm × 1 880 mm × 1 520 mm）对饱和越南砂的液化性能进行了研究。Li C.S.等[40]制作了一个 1：20 的高层建筑振动台试验模型，并对其地震响应进行了研究。Lu X.L.等[41]利用振动台试验对某剪力墙体系的地震响应进行了研究，并对试验研究结果与有限元模拟结果进行了对比分析。Wartman[42]利用振动台试验研究了黏土边坡的动力响应，并将计算结果与 Newmark 滑块分析法的结果进行了对比分析。

大型振动台试验作为一种能将地震激励直接作用于对象的研究方法，已被国内外研究者们广泛采用，其研究可靠性和准确性已在众多大型工程中得到验证。综上可见，大型振动台模型试验是一种值得信赖的研究方法。

1.2.2 岩质边坡稳定性及破坏模式

岩质边坡作为常见的地质体，其稳定性常常对其周围建筑物具有较大的影响，因此一直吸引了大量研究者对其稳定性和破坏模式进行研究，尤其是层状边坡（顺层边坡和反倾边坡）的稳定性及破坏模式。层状岩质边坡因其特殊的结构特征，具有不同于均质岩质边坡的稳定性判识方法和破坏模式。在层状边坡中，通常大家认为顺层边坡的稳定性低于反倾边坡，因此，顺层边坡吸引了更多的学者对其进行研究。

对于边坡静力作用下的稳定性和破坏模式研究，范文等[43]在总结了层状岩体地质特征及其物理力学特征的基础上，归纳了层状岩质边坡的几种变形破坏模式，并利用数值分析方法对边坡破坏后形成的滑坡稳定性进行了分析。林杭等[44]借助 FLAC3D 数值模拟方法对层状岩质边坡的地震破坏模式进行了研究，并利用强度折减法对边坡稳定性与结构面倾角之间的关系进行了探究。王林峰等[45]建立了反倾岩质边坡稳定性系数的力学计算方法，根据岩块结构面的受力模式，建立了岩块结构面的断裂力学模型，并基于断裂力学理论确定了各岩块结构面等效应力强度因子的求解方法，建立了边坡稳定性判识依据。董好刚等[46]详细调查了长江上游云阳—江津段 100 多处高边坡，针对缓倾角层状岩质边坡特殊情况，根据其形成机理，将三峡库区缓倾层状高边坡典型破坏模式概括为拉裂坠落型、压剪滑移崩落型、风化崩落型、拉剪-倾倒崩落型。文高原等[47]利用室内大型模型试验，研究了 7 天连续降雨及随后 2 小时强降雨条件下夯实填土边坡的变形和破坏特性，并将其与非降雨条件下的模拟结果作了对比分析,探讨了夯实填土边坡在降雨前后的破坏模式，研究结果表明夯实填土边坡在降雨前后应分别取平面-凸弧面组合破坏模式和平面-悬链面组合破坏模式。李明等[48]进行了坡体中部含水平砂土夹层边坡的开挖离心模型试验，并将试验结果与素土边坡进行对比，探究了中部含水平砂土夹层边坡的开挖破坏模式。试验表明，中部砂土夹层的存在降低了边坡开挖后的稳定性，且其下边界是边坡破坏的薄弱控制面。舒继森等[49]利用可拓识别方法，构建了边坡破坏模式识别的经典域物元和节域物元，建立了识别边坡破坏模式的简单模型，并结合某工程实例，验证了利用可拓识别方法研究边坡破坏模式的可行性。徐光明等[50]建立了一个基岩面存在软弱夹层的边坡离心机试验模型，研究表明，边坡失稳时，紧贴岩面的软弱夹层会成为滑动破坏面，边坡整体沿基岩面向下滑动，且侧向水平位移各处基本一致，边坡呈现出典型的平移滑动破坏模式。李安洪等[51]在对大量顺层边坡进行详细调查研究的基础上，概括了顺层岩质路堑边坡的分类及 8 种顺层边坡破坏模式。宋玉环[52]将软硬互层型边坡失稳模式按照控制边坡稳定性的因素分为受软弱基座控制的边坡失稳、受岩性控制的边坡失稳和受层面、软弱面、软弱夹层、结构面等组合关系综合控制的软硬互层边坡失稳，并对其破坏模式做了进一步细分。Leandro R. Alejano 等[53]结合矿场内的地质特征，对西班牙巴伦西亚某露天开采矿场边坡的失稳模型进行了分析。Stead D.等[54]采用三级数值分析方法对复杂岩质边坡的变形和破坏机制进行了研究。Zheng D.等[55]以重庆开阳磷灰石矿岩崩为例，研究了地下采矿活动对磷灰石边坡岩崩的过程和力学机制。Jiang M.J.等[56]利用 DEM（数字高程模型）对含裂隙岩体边坡的破坏过程和力学机制进行了研究。

2008 年 5 月 12 日发生的汶川地震（Ms8.0）是近 100 年来发生在中国内陆山区震级最高且破坏性最强的一次地震。汶川地震触发了大量的崩滑地质灾害，据估算，“5 · 12”汶川地震所触发的滑坡、崩塌、碎屑流等地质灾害总数达 3 万 ~ 5 万处，地震次生地质灾害造成的人员死亡约占地震总死亡人数的 1/3，这一数量远远超过过去 20 年中国一般性地质灾害导致人员死亡的总和。汶川地震中造成 100 人以上死亡的重大灾难性滑坡达到 20 余处，如北川老县城土家岩滑坡造成 1 600 余人丧生，景家山崩塌造成北川中学新区约 700 余人遇难[57, 58]。汶川地震在给人民生命财产和国家带来巨大损失的同时，也给我们留下了许多科学问题。汶川地震后大量学者对震后地震影响区内的滑坡进行了详细调查，发现了许多超出人们原有认识的现象，例如大规模的高速抛射与远程运动、独特的震动破裂和溃滑失稳现象、众多的崩滑堵江、大量的山体震裂松动与坡麓物质堆积等。汶川地震引起了学术界对地震作用下岩质边坡动力响应特征及破坏失稳模型的研究。

李祥龙等[59, 60, 61]运用 FLAC/PFC2D 耦合计算方法，建立了含非完全贯通层面和正交次级节理的顺层岩质边坡计算模型，并进行了地震破坏过程的模拟试验，试验结果表明：水平地震力作用下非贯通层面部分同时存在剪切和张拉两种破坏模式。贯通层面部分的抗剪强度对边坡地震动力稳定性和破坏范围的影响很小，只有在顺层边坡内部所有岩层层面均完全贯通的前提下才能转变为边坡稳定性主控因素。董金玉等[22]利用大型振动台，根据相似关系，设计并制作了一个坡角大于岩层倾角的顺层边坡模型，试验模型尺寸（高 × 长 × 宽）为 1.6 m × 1.75 m × 0.8 m，其研究结果表明顺层边坡的地震破坏模式为：地震诱发—坡肩拉裂张开—坡面中部出现裂缝—裂缝贯通—发生高位滑坡—转化为碎屑流—堆积于坡脚。郑允等[62]基于块体极限平衡，针对岩块长细比较大的情况，推导出了地震作用下岩质边坡倾倒破坏的一般解析解，针对简单的反倾边坡，给出了地震作用下倾倒破坏的显式解析解，研究结果表明地震作用可改变反倾边坡的破坏模式，随着地震影响系数的增大，边坡破坏模式由倾倒—滑动破坏逐渐转变为整体滑动破坏。邹威等[63]以“5 · 12”汶川地震为背景，利用大型振动台模型试验，研究了不同岩性组合下水平层状岩质边坡的地震破坏模式。研究结果表明水平层状岩质边坡破坏主要发生在顶部，尤其是靠近坡肩部位，其破坏受层面控制，在地震作用下呈拉裂—剪切—滑移式破坏。宋波等[64]基于砂质边坡的有限元分析模型探究了地下水位上升对边坡地震动力响应和破坏模式的影响规律，并开展了砂质边坡的振动台模型试验。研究表明存在地下水时，边坡首先在坡脚部分出现破坏，并由于超孔隙水压力的累积，逐渐出现剪切破坏；无地下水时坡顶附近首先出现拉裂破坏，呈现出鞭梢效应。胡新丽等[65]利用工程地质手段和2DUDEC软件对汶川地震震中映秀典型高边坡崩塌（虎嘴崩塌）的破坏模型进行了研究,查明了其破坏模式为由3组主控结构面相互贯通的双平面滑动。徐伟[66]对汶川地震中百花大桥边坡在两种不同工况下的破坏机理及破坏过程进行了对比分析，研究得到百花大桥边坡地震作用下的破坏机理共分为如下4个阶段:（1）滑坡体累进破坏阶段;（2）滑坡启动阶段;（3）坡体运动阶段;（4）坡体堆积稳定阶段。Wang K.L.等[37]利用极限平衡分析方法，借助粒子速度测速（PIV），采用振动台模型试验对边坡的失稳机制进行了研究。Chigira M. 等[67]对1999年台湾集集地震诱发的Tsaoling滑坡的地震失稳模式进行了分析。AZM S. AL-HOMOUD 等[68]建立了大量三维土质边坡和路堤边坡分析模型，并对地震作用下土质边坡和路堤边坡的安全系数和位移准则进行了研究。Yu Y.Z.等[69]制作了一系列干砂边坡试验模型，并利用离心振动台对其动力响应及破坏模式进行了研究。Lin Y. L. 等[70]制作了一个 1：8的路堤边坡试验模型，利用振动台对其地震响应和破坏形式进行了分析。Sergio A. Sepulveda 等[71]以美国加利福尼亚 Pacoima 峡谷为例，对地形效应引起的岩质边坡失效模式进行了研究。Montrasio L.等[72]对意大利北部Reggiano Apennine 降雨引发的浅层滑坡进行了详细的勘探和研究。Zhang M.等[73]对海洋风暴引起的海底滑坡失稳机制进行了研究。

综合上述研究现状可知，汶川地震后边坡的地震响应及破坏模式研究吸引了众多研究者的目光，但是，现有的研究深度不足，尚不能从机理上揭示岩质边坡的地震损伤破坏。同时，岩质边坡中可能存在的软弱夹层并未引起研究者们的重视，工程实践表明岩层间存在的软弱夹层对岩质边坡的地震响应及地震稳定性具有极大的影响。

1.2.3 边坡震害损伤识别方法

桥梁和房屋结构的损伤识别已经发展到了较成熟的程度，相关的研究文献较多，并且已为工程师们预防结构失效和延长结构寿命提供了重要的技术支撑。桥梁和房屋结构与人们的生活息息相关，其安全性备受关注，因此其损伤状态监测是一个不容忽视的问题。目前，研究者基于不同的分析方法建立了不同的结构（包括桥梁结构和房屋结构）损伤识别方法[74-82]。然而，目前损伤识别技术并未在岩土工程领域得到广泛的运用。汶川地震后，因地震的扰动作用，大量边坡内部存在不同程度的震害损伤，在震后余震及降雨的作用下出现了大量的崩塌及泥石流等次生地质灾害。由于边坡的震害损伤识别技术处于探索起步阶段，研究者和工程师们还无法对边坡的震害损伤进行准确的判识。

陈翔[83]以石家庄—太原铁路客运专线太行山隧道为背景，通过单轴循环加卸载试验及 3D 激光扫描，对膏溶角砾岩的应力-应变曲线、宏观破坏形式进行了研究，并基于岩石损伤力学对试验结果进行了分析。吴振祥等[84]对砂岩进行了循环荷载下的疲劳加载试验和超声波速测量，利用小波变换的多分辨率理论对不同循环次数下的岩石超声波信号进行分解变换，提取随损伤敏感变化的波谱参数，基于频谱分析对岩体的损伤程度进行了研究。尚俊龙[85]以某铜坑矿为研究对象，探究了采矿活动下节理岩体损伤及破坏规律，归纳总结了描述岩体损伤变量的方法，并利用核磁共振和电液伺服岩石单轴试验机研究了岩石在不同应力荷载下损伤演化规律和宏观强度损伤特性，利用岩石真实破裂软件 RFPA 分析了不同应力状态下含节理点柱的损伤及破坏规律。万贻平[86]通过单轴压缩试验研究了岩体损伤和应变的关系以及岩体损伤和应力的关系，将岩石的声发射 Count 累计数作为损伤变量建立了岩体的损伤模型，并利用建立的损伤模型给出了岩体的损伤演化趋势。

上述研究现状表明，目前震害损伤识别方法已经在桥梁和房屋结构领域得到了广泛应用和发展，但是其在岩土工程领域的运用尚处于起步阶段。上述研究成果为本书中含软弱夹层层状岩质边坡震害损伤识别方法的研究奠定了基础。在上述研究的基础上，作者基于大型振动台试验实测加速度数据，利用希尔伯特-黄变换（HHT）和边际谱理论，建立了地震作用下含软弱夹层层状岩质边坡震害损伤的判识方法，对地震作用下含软弱夹层顺层和反倾岩质边坡的震害损伤进行了定量判识，基于损伤判识结果，探究了上述两类边坡的地震破坏过程。

1.2.4 边坡地震稳定性计算方法

边坡地震稳定性计算方法主要包括确定性方法和概率分析方法，其中确定性方法主要包括拟静力法、Newmark 滑块计算法、数值分析方法和模型试验方法。每一种方法均存在优势和不足，上述每一种方法均已被全世界的研究者们广泛运用。

1. 拟静力法

拟静力法是规范推荐使用的边坡地震稳定性计算方法[107],该方法将地震荷载简化为静力荷载作用于研究对象上，具有计算简单、应用方便的优点，但是，该方法将地震动力荷载简化为静力荷载进行考虑，无法真实反映边坡的动力特性。另外，拟静力法也不能获取滑动面的变形信息，是一种经验性方法。

2. Newmark 滑块计算法

Newmark 滑块分析法是 1965 年 Newmark 在第五届朗肯讲座上提出的，其假设滑体为刚塑性体,通过对超过屈服加速度的加速度量值进行两次积分,得到滑体的永久位移。基于永久位移的计算结果和边坡的位移容许程度，综合确定边坡的地震稳定性[108]。目前，Newmark 滑块分析方法在国外应用较多，Crespellani T.等[109]在研究中引入了地震破坏趋势因子（PD），据此确定边坡稳定性的主要控制因素，并依据 310 条实测水平地震记录的分析结果，建立了水平振动的 Newmark 刚性滑块位移与 PD 之间的经验关系。另外，Crespellani T.等还研究了加速度的滤波修正对 Newmark 永久位移计算结果的影响。Wartman 等[110]针对 Newmark 滑块法开展了振动台试验研究，通过振动台试验对刚塑性滑块和土柱在振动台上的地震反应进行了对比，并将 Newmark 法计算得到的永久位移与实测值进行了比较。国内方面，祁生林等[111]利用剩余推力法并结合 Newmark 滑动位移法，考虑地震作用引起的孔隙水压力变化，在此基础上，提出了一种地震永久位移的简便计算方法。张建经等[112]基于滑块分析方法建立了边坡地震滑坡位移的预测模型。王思敬、薛守义、张菊明等[113, 114]基于 Newmark 滑块分析方法，推导得到了楔形体和层状山体的三维动力反应方程式。

Newmark 滑块分析方法以永久位移作为边坡稳定性评价指标，但是关于利用永久位移进行边坡稳定性判识尚无确定标准，因此，Newmark 滑块计算方法无法用于计算边坡的稳定性。

3. 数值分析方法

目前，所采用的数值计算法主要包括有限元法、快速拉格朗日元法、离散元法、有限差分法、刚体弹簧元法、边界元法、非连续变形分析方法、界面元法和流形元等。其中，有限元法、离散元法和快速拉格朗日元法是国内外最常用的数值分析方法。

1966年，Clough 和 Chopra[115]首次利用有限元计算方法分析了土坝的地震响应，自此以后，有限元计算方法已在边坡动力响应分析中得到了广泛的运用和发展。经过几十年的发展，有限元计算方法在本构模型和计算方法方面得到了较大的改进和提升。有限元方法的早期本构模型采用线弹性模型，目前有限元计算方法的本构模型包括弹塑性模型、黏弹性模型、边界面模型、内时模型和结构性模型等。计算方法方面，目前已经发展了复反应分析法、子结构法、行波法和振型叠加法等[116]。

Cundall 基于牛顿第二定律提出了离散元法，离散元法体系将介质视为不连续体，选取时间步长作为计算变量，对每一块体的运动方程进行显式积分，进而得到系统的响应。目前，离散元法已经在解答岩土体动力响应问题上得到了广泛的应用[117, 118]。离散元法的计算原理决定了其可以弥补有限元法的一些不足，能够模拟边坡的大变形，甚至边坡的破坏过程。一方面，离散元法的基本假设是介质为不连续体，因此其不能用于计算连续介质的动力响应；另一方面，离散元法计算所需的法向和切向刚度参数获取难度较大。

快速拉格朗日法采用差分技术引入了时间因素，利用滑移线技术实现了从连续介质小变形到大变形的模拟，同时又解决了离散元与有限元不能统一的问题。快速拉格朗日法基于连续介质假设，计算岩土体内的应力场和应变场，同时又可以像离散元一样计算岩土体的大变形问题。

4. 模型试验方法

除了上述几种研究方法以外，模型试验法也是一种极其重要的研究方法。基于研究对象的地质模型和相似理论，建立与研究对象具有一致性的试验模型，可以较真实地反映研究对象在地震作用下的动力响应和渐进破坏过程，同时，可以将试验结果与数值分析结果进行相互校验。目前，国内外关于边坡地震稳定性研究多采用振动台试验方法，而利用离心振动台试验取得的研究成果较少。关于常规振动台模型试验的国内外研究现状已在上文 1.2.1 节中做了阐述。离心振动台试验方面，刘晶波等[119, 120, 121]利用清华大学离心振动台试验机对地基自由场地的地震反应和土-结构动力相互作用进行了研究。原飞[122]利用离心振动台对锚索抗滑桩的加固效果进行了研究，分析了地震作用下锚索抗滑桩的受力特性。涂杰文等[123]设计并制作了 50g 加速度条件下的堆积型滑坡离心振动台试验模型，对地震作用下堆积型滑坡的加速度响应特征进行了探讨。凌道盛等[124]采用离心振动台试验模拟了地震作用下地铁车站的渐进破坏过程。刘鸿哲等[125]借助离心振动台模型试验对土体及隧道结构的地震响应规律进行了研究，包括不同深度的土体加速度响应、水平位移响应、地表沉降规律以及隧道横截面方向的动应变变化规律。

综上，现有的边坡地震稳定性计算方法中：拟静力法不能考虑地震波的动力特性；Newmark 滑块计算方法缺乏确切的稳定性判识标准；数值计算方法若缺乏其他研究方法的验证，可靠性存疑；模型试验方法操作复杂，成本较高，可重复性差。因此，目前需要建立一种既能充分考虑地震波动力特性，又操作简便、可靠性强的边坡地震稳定性计算方法。

1.2.5 目前主要存在的问题

含软弱夹层层状岩质边坡作为常见的地质体，其在静力作用下的受力特征、加固措施及稳定性判识方法研究已经取得了较多成果，但是其在地震作用下的响应特征及地震安全性评价研究还有待进一步发展。目前，针对地震作用下含软弱夹层层状岩质边坡动力响应及地震稳定性评价，主要存在以下几个方面的问题：

（1）汶川地震诱发了大量的层状岩质边坡失稳，目前，一些学者对岩质边坡的地震响应进行了研究。但是，已有的研究尚不够深入，无法深层次揭示边坡地震响应的机制，且针对含软弱夹层层状岩质边坡地震响应的研究较少。

（2）层状岩质边坡中存在的软弱夹层作为对边坡受力特征及稳定性具有重要影响的弱面，其对层状岩质边坡受力特征及稳定性的具体影响规律还有待进一步研究。同时，通常认为顺层边坡较反倾边坡具有更好的地震稳定性，但是，地震作用下含软弱夹层顺层岩质边坡和反倾岩质边坡的动力响应特征差异尚不明确。

（3）利用能量方法对结构的震害损伤进行判识已有了较长发展历史，判识技术已较成熟，但是，基于能量的震害损伤识别方法尚未在边坡震害损伤识别中得到运用，导致目前边坡的地震致灾过程模拟和震害损伤模式研究还处于宏观探索阶段。目前边坡震害损伤模式研究多基于震后的现场调查和数值分析：一方面，震后调查得到的是边坡破坏后的景象，即仅能依靠边坡失稳后的碎屑运动痕迹和目击者的描述对边坡的破坏失稳过程进行再现，判识结果受主观影响较大；另一方面，现有的数值计算方法虽能模拟边坡的地震失稳过程，但是，缺乏模型试验的校核，数值分析的结果可信度存疑。

（4）在现有边坡地震稳定性判识方法中，滑块分析法仅能考虑地震波时域内的特性，拟静力方法仅仅考虑了地震波的峰值，上述两种方法不可避免地会引起边坡稳定性判识结果的误差，而模型试验方法和数值分析方法操作复杂、成本较高。地震波是一种包含了时间、频率和幅值特性的复杂信号，评价地震波作用下层状边坡的稳定性时应充分考虑地震波的时间-频率-幅值特性，目前尚无一种能充分考虑地震波时间-频率-幅值特性的边坡地震稳定性评价方法。

通过以上分析可知，含软弱夹层层状岩质边坡的地震响应特征、结构特征影响、震害损伤识别及地震稳定性判识方法研究是岩土领域的前沿性研究课题。

1.3 本书主要内容

借助大型振动台模型试验，本书对振动台模型试验的数据分析方法进行了介绍，结合数值分析方法对含软弱夹层层状岩质边坡的地震响应及地震稳定性判识方法进行了研究，并介绍了利用三维激光扫描识别震损边坡危岩体的应用示范。本书内容主要包括以下几个方面：

（1）利用振动台试验对含软弱夹层层状岩质边坡的地震响应进行了研究，主要包括加速度响应、坡面位移响应、频谱特征响应等（第 3 章）。

（2）基于传递函数理论，对含软弱夹层顺层和反倾两类岩质边坡的传递函数进行了对比分析,并介绍了利用传递函数理论计算边坡动力特性参数(自振频率、阻尼比、加速度振型）的方法，给出了利用传递函数进行边坡频域响应估算和频谱修正的方法（第 4 章)。

（3）基于 HHT 和边际谱概念，提出了岩质边坡震害损伤发展过程及震害损伤模式的能量识别方法，并对含软弱夹层顺层和反倾岩质边坡的震害损伤模式进行了分析（第 5 章、第 6 章)。

（4）借助弹性波动力学和 HHT，考虑地震波的时间-频率-幅值特性，推导得到了含软弱夹层层状岩质边坡瞬时地震安全系数的时频计算方法（第 7 章)。

（5）借助三维激光扫描，对鲁甸地震红石岩震损边坡的危岩体进行了识别，并对其风险防控措施进行了研究（第 8 章)。

本章参考文献

[1] 李安洪，周德培，冯君，等. 顺层岩质边坡稳定性分析与支挡结构设计[M]. 北京：人民交通出版社，2011.

[2] 黄润秋，李为乐. “5·12”汶川大地震触发地质灾害的发育分布规律研究[J]. 岩石力学与工程学报，2008，27（12）：2585-2592.

[3] 许强. 汶川大地震诱发地质灾害主要类型与特征研究[J]. 地质灾害与环境保护，2009，20（2）：86-93.

[4] 许冲，徐锡伟，于贵华. 玉树地震滑坡分布调查及其特征与形成机制[J]. 地震地质，2012，34（1）：47-62.

[5] 李为乐，黄润秋，许强，等. “4·20”芦山地震次生地质灾害预测评价[J].成都理工大学学报（自然科学版），2013，40（3）：264-274.

[6] 中华人民共和国国务院. 国家重大科技基础设施建设中长期规划（2012—2030年）[Z]. 2013，国发〔2013〕8号.

[7] 叶海林，郑颖人，杜修力，等. 边坡动力破坏特征的振动台模型试验与数值分析[J]. 土木工程学报，2012，45（9）：128-135.

[8] 黄润秋，李果，巨能攀. 层状岩体斜坡强震动力响应的振动台试验[J]. 岩石力学与工程学报，2013，32（5）：865-876.

[9] 许强，刘汉香，邹威，等. 斜坡加速度动力响应特性的大型振动台试验研究[J]. 岩石力学与工程学报，2010，29（12）：2420-2428.

[10] 周飞，许强，刘汉香，等. 地震作用下含水平软弱夹层斜坡动力响应特性研究[J]. 岩土力学，2016，37（1）：133-139.

[11] 刘汉香，许强，徐鸿彪，等. 斜坡动力变形破坏特征的振动台模型试验研究[J]. 岩土力学，2011，32（2）：334-339.

[12] 文畅平，杨果林. 地震作用下挡土墙位移模式的振动台试验研究[J]. 岩石力学与工程学报，2011，30（7）：1502-1512.

[13] 徐光兴，姚令侃，高召宁，等. 边坡动力特性与动力响应的大型振动台模型试验研究[J]. 岩石力学与工程学报，2008，27（3）：624-632.

[14] 曲宏略，张建经. 地基条件对挡土墙地震土压力影响的振动台试验研究[J]. 岩土工程学报，2012，34（7）：1228-1233.

[15] 曲宏略，张建经. 桩板式抗滑挡墙地震响应的振动台试验研究[J]. 岩土力学，2013，34（3）：743-749.

[16] 曲宏略，张建经，王富江. 预应力锚索桩板墙地震响应的振动台试验研究[J]. 岩土工程学报，2013，35（2）：313-320.

[17] 张建经，韩鹏飞. 重力式挡墙基于位移的抗震设计方法研究：大型振动台模型试验研究[J]. 岩土工程学报，2012，34（3）：417-423.

[18] 范刚，张建经，付晓. 含泥化夹层顺层和反倾岩质边坡动力响应差异性研究[J]. 岩土工程学报，2015，37（4）：692-699.

[19] 范刚，张建经，付晓. 含泥化夹层反倾岩质边坡动力响应的大型振动台试验[J]. 地震工程学报，2015，37（2）：422-427.

[20] 张建经，范刚，王志佳，等. 小角度成层倾斜场地动力响应分析的大型振动台试验研究[J]. 岩土力学，2015，36（3）：617-624.

[21] 王志佳，张建经，闫孔明，等. 考虑动本构关系相似的模型土设计及相似判定体系研究[J]. 岩土力学，2015，36（5）：1328-1333.

[22] 董金玉，杨国香，伍法权，等. 地震作用下顺层岩质边坡动力响应和破坏模式大型振动台试验研究[J]. 岩土力学，2011，32（10）：2977-2988.

[23] 杨国香，叶海林，伍法权，等. 反倾层状结构岩质边坡动力响应特性及破坏机制振动台模型试验研究[J]. 岩石力学与工程学报，2012，31（11）：2214-2221.

[24] 陈健云，马恒春，周晶，等. 超高层筒体结构模型振动台地震破坏试验研究[J]. 防灾减灾工程学报，2004，24（4）：389-395.

[25] 邹昀，吕西林，卢文胜，等. 上海环球金融中心大厦整体结构振动台试验设计[J]. 地震工程与工程振动，2005，25（4）：54-59.

[26] 吕西林，刘锋，卢文胜. 上海浦东机场 T2 航站楼结构模型模拟地震振动台试验研究[J]. 地震工程与工程振动，2009，29（3）：22-31.

[27] 李检保，吕西林，卢文胜，等. 北京 LG 大厦单塔结构整体模型模拟地震振动台试验研究[J]. 建筑结构学报，2006，27（2）：10-15.

[28] 蒋欢军，王斌，吕西林，等. 上海世博会中国馆抗震分析与振动台模型试验研究[J]. 土木建筑与环境工程，2011，33（3）：13-19.

[29] 吕西林，朱玉华，施卫星，等. 组合基础隔震房屋模型振动台试验研究[J]. 土木工程学报，2001，34（2）：43-49.

[30] 杨正权，刘小生，汪小刚，等. 高土石坝地震动力反应特性大型振动台模型试验研究[J]. 水利学报，2011，45（11）：1361-1372.
[31] 杨正权，刘小生，刘启旺，等. 猴子岩高面板堆石坝地震模拟振动台模型试验研究[J]. 地震工程与工程振动，2010，30（5）：113-119.
[32] TOMASO L TROMBETTI，JOELP CONTE. Shaking table dynamics：results from a test-analysis comparison study[J]. Journal of Earthquake Engineering，2002，6：4，513-551.
[33] DONATELLO CARDONE. Nonlinear static methods vs. experimental shaking table test results[J]. Journal of Earthquake Engineering，2007，11（6）：847-875.
[34] BIONDI G，MASSIMINO M R，MAUGERI M. Experimental study in the shaking table of the input motion characteristics in the dynamic SSI of a SDOF model[J]. Bull Earthquake Eng，2015，13：1835-1839.
[35] SHI Z M，WANG Y Q，PENG M，et al. Characteristics of the landslide dams induced by the 2008 Wenchuan earthquake and dynamic behavior analysis using large-scale shaking table tests[J].Engineering Geology，2014：1-12.
[36] LI Y D，CUI J，GUAN T D，et al. Investigation into dynamic response of regional sites to seismic waves using shaking table testing[J]. Earthq. Eng. & Eng. Vib.，2015，14：411-421.
[37] WANG K L，LIN M L. Initiation and displacement of landslide induced by earthquake：a study of shaking table model slope test[J]. Engineering Geology，2011，122：106-114.
[38] LIU J，LIU F H，KONG X J，et al. Large-scale shaking table model tests of aseismic measures for concrete faced rock-fill dams[J]. Soil Dynamics and Earthquake Engineering，2014，61-62：152-163.
[39] UENG T S，WU C W，CHENG H W，et al. Settlements of saturated clean sand deposits in shaking table tests[J]. Soil Dynamics and Earthquake Engineering，2010，30：50-60.
[40] LI C S，LAM S S E，ZHANG M Z，et al. Shaking table test of a 1∶20 scale high-rise building with a transfer plate system[J]. J. Struct. Eng.，2006，132：1732-1744.

[41] LU X L，WU X H. Study on a new shear wall system with shaking table test and finite element analysis[J]. Earthquake Engng. Struct. Dyn.，2000，29：1425-1440.

[42] WARTMAN J，RIEMER M F，BRAY J D. Newmark analysis of a shaking table slope stability experiment[C]. Proc，Geotechnical Earthquake Engineering and Soil Dynamics Ⅲ，ASCE，Geotechnical Special Publication No.75. Seattle，1998.

[43] 范文，俞茂宏，李同录，等. 层状岩体边坡变形破坏模式及滑坡稳定性数值分析[J]. 岩石力学与工程学报，2000，19（增 1）：983-986.

[44] 林杭，曹平，李江腾，等. 层状岩质边坡破坏模式及稳定性的数值分析[J]. 岩土力学，2010，31（10）：3300-3304.

[45] 王林峰，陈洪凯，唐红梅. 反倾岩质边坡破坏的力学机制研究[J]. 岩土工程学报，2013，35（5）：884-889.

[46] 董好刚，彭轩明，陈州丰，等. 缓倾层状高边坡典型破坏模式及宏观判据研究[J]. 长江科学院院报，2009，26（8）：36-40.

[47] 文高原，姚鹏运，曾宪明，等. 降雨前、后夯实填土边坡破坏模式试验研究[J]. 岩石力学与工程学报，2005，24（5）：747-755.

[48] 李明，张嘎，张建民，等. 开挖条件下含水平砂土夹层边坡破坏模式研究[J]. 岩土力学，2011，32（增 1）：185-189.

[49] 舒继森，才庆祥，郝航程，等. 可拓学理论在边坡破坏模式识别中的应用[J]. 中国矿业大学学报，2005，34（5）：591-595.

[50] 徐光明，邹广电，王年香. 倾斜基岩上的边坡破坏模式和稳定性分析[J]. 岩土力学，2004，25（5）：703-708.

[51] 李安洪，周德培，冯君. 顺层岩质路堑边坡破坏模式及设计对策[J]. 岩石力学与工程学报，2009，28（增 1）：2915-2921.

[52] 宋玉环. 西南地区软硬互层岩质边坡变形破坏模式及稳定性研究：以鲤鱼塘水库溢洪道边坡为例[D]. 成都：成都理工大学，2011.

[53] LEANDRO R ALEJANO，IVAN GOMEZ-MARQUEZ，ROBERTO MARTINEZ-ALEGRIA. Analysis of a complex toppling-circular slope failure[J]. Engineering Geology，2010，114：93-104.

[54] STEAD D，EBERHARDT E，COGGAN J S. Developments in the characterization of complex rock slope deformation and failure using

numerical modeling techniques[J]. Engineering Geology，2006，83：217-235.

[55] ZHENG D，FROST J D，HUANG R Q，et al. Failure process and modes of rockfall induced by underground mining：A case study of Kaiyang Phosphorite Mine rockfalls[J]. Engineering Geology，2015，197：145-157.

[56] JIANG MINGJING，JIANG TAO，CROSTA GIOVANNI B，et al. Modeling failure of jointed rock slope with two main joint sets using a novel DEM bond contact model[J]. Engineering Geology，2015，193：79-96.

[57] 黄润秋. 汶川 8.0 级地震触发崩滑灾害机制及其地质力学模式[J]. 岩石力学与工程学报，2009，28（6）：1239-1249.

[58] HUANG R Q. Some catastrophic landslides since the 20th Century in the southwest of China[J]. Landslides，2009，6（1）：69-82.

[59] 李祥龙，唐辉明，胡巍. 层面参数对顺层岩质边坡地震动力破坏过程影响研究[J]. 岩土工程学报，2014，36（3）：466-473.

[60] 李祥龙. 层状节理岩体高边坡地震动力破坏机理研究[D]. 武汉：中国地质大学，2013.

[61] 李祥龙，唐辉明. 逆层岩质边坡地震动力破坏离心机试验研究[J]. 岩土工程学报，2014，36（4）：687-694.

[62] 郑允，陈从新，朱玺玺，等. 地震作用下岩质边坡倾倒破坏分析[J]. 岩土力学，2014，35（4）：1025-1033.

[63] 邹威，许强，刘汉香，等. 强震作用下层状岩质斜坡破坏的大型振动台试验研究[J]. 地震工程与工程振动，2011，31（4）：143-149.

[64] 宋波，黄帅，林懿翀，等. 强震作用下地下水对砂质边坡的动力响应和破坏模式的影响分析[J]. 土木工程学报，2014，47（增 1）：240-245.

[65] 胡新丽，唐辉明，朱丽霞. 汶川震中岩浆岩高边坡破坏模式与崩塌机理[J]. 地球科学-中国地质大学学报，2011，36（6）：1149-1154.

[66] 徐伟. 映秀地区百花大桥顺层岩质边坡动力稳定性研究[D]. 武汉：中国地质大学，2012.

[67] MASAHIRO CHIGIRA，WEN-NENG WANGB，TAKAHIKO FURUYAC，

et al.Geological causes and geomorphological precursors of the Tsaoling landslide triggered by the 1999 Chi-Chi earthquake, Taiwan[J]. Engineering Geology，2003，68（3-4）：259-273.

[68] AZM S AL-HOMOUD，WISAM W. TAHTAMONI. A Reliability Based Expert System for Assessment and Mitigation of Landslides Hazard Under Seismic Loading[J]. Natural Hazards, 2001, 24: 13-51.

[69] YU YUZHEN, DENG LIJUN, SUN XUN, et al. Centrifuge modeling of a dry sandy slope response to earthquake loading[J].Bull Earthquake Eng，2008，6：447-461.

[70] LIN YULIANG，YANG GUOLIN. Dynamic behavior of railway embankment slope subjected to seismic excitation[J]. Nat Hazards, 2013，69：219-235.

[71] SERGIO A SEPULVEDA，WILLIAM MURPHY，RANDALL W JIBSON, et al. Seismically induced rock slope failures resulting from topographic amplification of strong ground motions：The case of Pacoima Canyon，California[J]. Engineering Geology，2005，80：336-348.

[72] LORELLA MONTRASIO，ROBERTO VALENTINO，GIAN LUCA LOSI. Shallow landslides triggered by rainfalls：modeling of some case histories in the Reggiano Apennine （Emilia Romagna Region, Northern Italy）[J]. Nat Hazards，2012，60：1231-1254.

[73] ZHANG MIN，HUANG YU，BAO YANGJUAN. The mechanism of shallow submarine landslides triggered by storm surge[J]. Nat Hazards，DOI 10.1007/S11069-015-2112-0.

[74] 杨新涛. 基于 Hilbert-Huang 变换的结构损伤识别研究[D]. 大连：大连理工大学，2013.

[75] 张桂芳. 基于高分辨率遥感影像的建筑物三维信息提取、震害识别及震害预估方法研究[D]. 北京：中国地震局地质研究所，2004.

[76] 严平，李胡生，葛继平，等. 基于模态应变能和小波变换的结构损伤识别研究[J]. 振动与冲击，2012，31（1）：121-126.

[77] 郭健. 基于小波分析的结构损伤识别方法研究[D]. 杭州：浙江大学，2004.

[78] 宗周红，牛杰，王浩. 基于模型确认的结构概率损伤识别方法研究进展[J]. 土木工程学报，2012，45（8）：121-130.

[79] 焦峪波. 不确定条件下桥梁结构损伤识别及状态评估的模糊计算方法研究[D]. 吉林：吉林大学，2012.

[80] 康飞. 大坝安全监测与损伤识别的新型计算智能方法[D]. 大连：大连理工大学，2009.

[81] 孙兆伟. 基于现代信号处理的结构模态参数识别与损伤识别研究[D]. 北京：北京邮电大学，2012.

[82] 杨秋伟. 基于振动的结构损伤识别方法研究进展[J]. 振动与冲击，2007，26（10）：86-93.

[83] 陈翔. 膏溶角砾岩损伤演化模型及其破裂断口的试验研究[D]. 上海：上海交通大学，2008.

[84] 吴振祥，樊秀峰，简文彬. 基于多分辨率小波变换的砂岩累积疲劳损伤识别[J]. 水利与建筑工程学报，2014，12（5）：108-113.

[85] 尚俊龙. 节理岩体采动损伤演化及破坏规律研究[D]. 长沙：中南大学，2012.

[86] 万贻平. 深部岩体损伤变形特性研究[J]. 成都：西华大学，2008.

[87] 赖杰，郑颖人，刘云，等. 抗滑桩和锚杆联合支护下边坡抗震性能振动台试验研究[J]. 土木工程学报，2015，48（9）：96-102.

[88] 赖杰，李安红，郑颖人，等. 锚杆抗滑桩加固边坡工程动力稳定性分析[J]. 地震工程学报，2014，36（4）：924-930.

[89] 辛建平，唐晓松，郑颖人，等. 单排与三排微型抗滑桩大型模型试验研究. 岩土力学，2015，36（4）：1050-1056.

[90] 文畅平，江学良，杨果林，等. 桩板墙地震动力特性的大型振动台模型试验研究[J]. 岩石力学与工程学报，2013，32（5）：976-985.

[91] 文畅平，江学良，杨果林，等. 二级支护边坡重力式挡墙地震动力特性的振动台试验研究[J]. 振动工程学报，2014，27（3）：426-432.

[92] 文畅平. 多级支挡结构地震主动土压力的极限分析[J]. 岩土力学，2013，34（11）：3205-3212.

[93] 杨果林. 多级支挡结构与边坡系统地展动力特性及抗展研究[D]. 长沙：中南大学，2013.

[94] 杨果林，申权，杨啸，等. 基覆边坡支挡结构的加速度放大系数数值与试验研究[J]. 岩石力学与工程学报，2015，34（2）：376-383.
[95] 何丽平，杨果林，林宇亮，等. 高陡边坡组合式支挡结构大型振动台试验研究. 岩土力学，2013，34（7）：1951-1957.
[96] 朱宏伟. 路基支挡结构地震动力响应及抗震设计改进技术研究[D]. 成都：西南交通大学，2014.
[97] PEREZ A，HOLTZ R D. Seismic response of reinforced steep soil slopes：results of a shaking table study[C]. //MISHAÇ K Y，EDWARD K（Eds.），Geotechnical Engineering for Transportation Projects（ASCE GSP No. 126）. LOS ANGELES. CA，USA：GeoTrans，2004.
[98] EL-EMAM M M，BATHURST R J. Experimental design，instrumentation and interpretation of reinforced soil wall response using a shaking table[J]. International Journal of Physical Modelling in Geotechnics，2004，4（4）：13-32.
[99] EL-EMAM M M，BATHURST R J. Facing contribution to seismic response of reduced-scale reinforced soil walls[J].Geosynthetics International，2005，12 （5）：215-238.
[100] EL-EMAM M M，BATHURST R J. Influence of reinforcement parameters on the seismic response of reduced-scale reinforced soil retaining walls[J]. Geotextiles and Geomembranes，2007，25（1）：33-49.
[101] SABERMAHANI M，GHALANDARZADEH A，FAKHER A. Experimental study on seismic deformation modes of reinforced-soil walls[J].Geotextiles and Geomembranes，2009，27（2）：121-136.
[102] ANASTASOPOULOS I，GEORGARAKOS T，GEORGIANNOU V，et al. Seismic performance of bar-mat reinforced-soil retaining wall：Shaking table testing versus numerical analysis with modified kinematic hardening constitutive model[J]. Soil Dynamics and Earthquake Engineering，2010，30（10）：1089-1105.
[103] HUANG C C，HORNG J C，CHANG W J，et al. Dynamic behavior of reinforced walls-Horizontal displacement response[J]. Geotextiles and Geomembranes，2011，29（3）：257-267.

[104] LESHCHINSKY D，LING H I，WANG J P，et al. Equivalent seismiccoefficient in geocell retention systems[J].Geotextiles and Geomembranes，2009，27（1）：9-18.

[105] LATHA G M，KRISHNA A M. Seismic response of reinforced soil retainingwall models：Influence of backfill relative density[J]. Geotextiles and Geomembranes，2008，26（4）：335- 349.

[106] CHEN H T，HUNG W Y，CHANG C C，et al. Centrifuge modeling test of ageotextile- reinforced wall with a very wet clayey backfill[J]. Geotextiles and Geomembranes，2007，25（6）：346-359.

[107] 中华人民共和国建设部. GB 50011—2001 建筑抗震设计规范[S]. 北京：中国建筑工业出版社，2001.

[108] NEWMARK N M. Effects of earthquakes on dams and embankments[J]. Geotechnique. 1965，15（2）：139-160.

[109] CRESPELLANI T，MADIAI C，VANNUCCHI G. Earthquake Destructiveness Potential Factor and Slope Stability [J]. Geotechnique，1998，48（3）：411-419.

[110] WARTMAN J，BRAY J D，SEED R B. Inclined Plane Studies of the Newmark Sliding Block Procedure. Geotech. Geoenviron. Eng. 129（8）：673-684.

[111] 祁生林，祁生文，伍法权，等. 基于剩余推力法的地震滑坡永久位移研究[J]. 工程地质学报，2004，12（1）：63-68 .

[112] ZHANG JIANJING，CUI PENG，ZHANG BINKUN，et al. Earthquake-induced landslide displacement attenuation models and application in probabilistic seismic landslide displacement analysis[J]. Earthquake Engineering and Engineering Vibration，2010，9（2）：178-187.

[113] 张菊明，王思敬. 层状边坡岩体滑动稳定的三维动力学分析[J]. 工程地质学报，1994，2（3）：1-12.

[114] 薛守义，王思敬，刘建中. 块状岩体边坡地震滑动位移分析[J].工程地质学报，1997，5（2）：131-136.

[115] CLOUGH R W， CHOPRA A K. Earthquake stress analysis in earth dams[J]. J Engrg Mech，ASCE. 1966，92，EM 2：197-211.

[116] 谢康和，周健. 岩土工程有限元分析理论与应用[M]. 北京：科学出版社，2000.

[117] JEAN-PIERRE BARDET，SCOTT R F. Seisnic stability of fracture rockmasses with the distinctelanent method[A]. //26th U S Symp Rock Mech[C]. Rapid City，1985：139-149.

[118] 陶连金，苏生瑞，张倬元. 节理岩体边坡的动力稳定性分析[J]. 工程地质学报，2001，9（1）：32-38.

[119] 刘晶波，赵冬冬，张小波，等. 地基自由场离心机振动台模型试验研究[J]. 岩土工程学报，2013，35（3）：980-987.

[120] 刘晶波，刘祥庆，王宗纲，等. 砂土地基自由场离心机振动台模型试验[J]. 清华大学学报（自然科学版），2009，49（9）：31-34.

[121] 刘晶波，刘祥庆，王宗纲，等. 土-结构动力相互作用系统离心机振动台模型试验[J]. 土木工程学报，2010，43（11）：114-121.

[122] 原飞. 锚索抗滑桩的离心振动台模型试验设计[D]. 哈尔滨：中国地震局工程力学研究所，2014.

[123] 涂杰文，刘红帅，汤爱平，等. 基于离心振动台的堆积型滑坡加速度响应特征[J]. 岩石力学与工程学报，2015，34（7）：1361-1369.

[124] 凌道盛，郭恒，蔡武军，等. 地铁车站地震破坏离心机振动台模型试验研究[J]. 浙江大学学报（工学版），2012，46（12）：2201-2209.

[125] 刘鸿哲，黄茂松. 不同埋深矩形隧道地震响应的离心振动台试验[J]. 岩石力学与工程学报，2013，32（增2）：3404-3412.

2 边坡振动台试验设计方法

振动台试验作为一种能够直接揭示研究对象动力响应的手段，近些年已经被广泛运用于多个领域，世界范围内的科研工作者利用振动台试验已经取得了众多的科研成果，涵盖了岩土工程[1-7]和结构工程[8-9]等多个领域。

振动台主要由控制系统、数据采集系统、钢结构台面、动力系统（油源部分）、作动器等构成。输入信号通过控制系统传达给动力系统，动力系统通过分布于台面底部和四侧的作动器将控制系统传达的振动信号施加在钢结构台面上，将台面与试验模型箱刚性连接在一起，使得试验模型和振动台面具有一致的运动。利用数据采集系统对试验中的监测数据进行测量。振动台系统如图 2-1 所示。

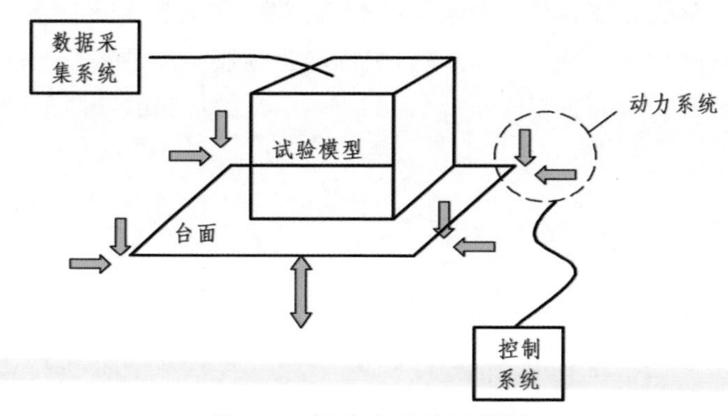

图 2-1　振动台系统示意图

2.1　振动台性能介绍

本书所述的大型振动台模型试验在中国核动力研究设计院（NPIC）的大

型高性能地震模拟试验台上进行。该振动台拥有 6 个自由度（3 个转动自由度和 3 和平动自由度），台面尺寸为 6 m × 6 m，水平向最大位移为 ± 150 mm，垂直向最大位移为 ± 100 mm，最大负载 600 kN，满载时水平向最大加速度为 1.0g，垂向为 0.8g，空载时水平向最大加速度为 3g，垂向为 2.6g，频率范围为 0.1 ~ 80 Hz。试验采用 128 通道 BBM 数据采集系统进行数据采集，数据采集系统最大引用误差≤0.5%。振动台试验设备及数据采集系统如图 2-2 和图 2-3 所示。

图 2-2　振动台及模型箱

图 2-3　数据采集系统

2.2　相似关系推导

在振动台实验模型设计制作过程中，满足所有参数和指标的相似往往是不可能的。针对拟开展振动台模型试验所要解决的主要问题，使所有参数和指标中的某几项指标相似或接近相似来进行试验，就能基本达到试验的目的和要求。因此，在相似关系设计中，通常满足模型试验的主要准则，而省略某些次要准则，这是近似模化常采用的一种手段。

依据 Bockingham π定理的量纲分析方法，振动台模型试验相似关系推导过程如下。

1. 相似准则的选择和调整

在进行模型试验相似关系设计时，针对拟开展的研究，可采用矩阵法、因次分析法、相似转换法等方法求解得到原始准则。对于原始准则，通常需要通过调整和改变形式对其进行处理，主要是因为在利用不同方法推导相似准则时，准则的形式可能不同，即使对于某一种单一的推导方法，也可能由于在推导过程中一些参数位置的变动，而导致准则形式发生改变。

2. 相似常数的选取

相似常数也称缩比，它是指原型参数和模型参数的比值，因此，在所研究现象中，相似常数的个数等于现象所涉及的参数个数。

在模拟研究中，相似常数可分为基本相似常数和导出相似常数。基本相似常数是指基本量的相似常数，而导出相似常数则是指导出量的相似常数。边坡地震响应研究中常用的基本量有：长度 L，时间 T，温度θ。因此，常用的相似常数为：几何相似常数 C_l、质量相似常数 C_m 和温度相似常数 C_θ。

在模型试验的设计过程中，只需要选择基本相似常数，之后导出相似常数即可方便求得。例如，物体的运动速度 V 是导出量，在确定了几何相似常数 C_l 和时间相似常数 C_t 后，即可导出速度相似常数 C_v，由运动学相似可以得到：

$$C_v = C_l / C_t \tag{2-1}$$

1）几何相似常数

由于大多数模型都是用小尺寸模型来模拟大尺寸的试验原型，从而降低研究成本和难度,因此在相似模型试验设计时需要首先确定几何相似常数 C_l。

几何相似常数应根据研究对象而定，其基本原则是：在保证试验参数量测精度的前提下，尽量使模型便于操作。

2）时间相似常数

时间相似常数 C_t 是模型试验中一个重要的相似常数，时间相似常数应主要考虑研究现象的时间因素，即完成预期试验现象所需要的时间。在选定时间相似常数时，除了考虑模型试验所需时间外，还应考虑其他因素的制约。

3）质量相似常数

质量相似常数 C_m 是模型试验中一个主要的基本相似常数，但在实际使用时，常以密度相似常数 C_ρ的形式出现。在确定 C_ρ时，应考虑两方面的因素，首先需要考虑模型材料密度的可实现性，因为目前人们可使用的材料，其密度的变化范围较小。其次，考虑其他相似常数对密度相似常数的制约。

3. 大型振动台试验中的相关物理量

经过分析和整理，大型振动台模型试验中共涉及 17 个独立物理量，如表 2-1 所示。

表 2-1　振动台模型试验涉及的 17 个独立物理量

序号	物理量	序号	物理量	序号	物理量
1	几何尺度 L	7	重力加速度 g	13	黏聚力 c
2	动弹模 E	8	内摩擦角 φ	14	动泊松比 μ
3	重度 γ	9	频率 ω	15	应变 ε
4	剪切波速 V_s	10	响应速度 V	16	应力 σ
5	输入加速度 A	11	角位移 θ	17	响应加速度 a
6	持续时间 T_d	12	线位移 s		

4. 由矩阵法导出相似判据

表 2-1 中的 17 个物理量，需满足物理方程如式（2-2）所示：

$$f(L,c,\varphi,\gamma,E,\mu,V_s,g,A,T_d,\omega,s,\theta,\varepsilon,\sigma,V,a)=0 \tag{2-2}$$

用[M]、[L]、[T]表示基本量纲，将式（2-2）改写成无量纲的相似准则方程，见式（2-3）：

$$F(\pi_1,\pi_2,\cdots,\pi_{14})=0 \tag{2-3}$$

写出相似准则的一般表达式（2-4）：

$$\pi_i=[L]^{a_1}\cdot[c]^{a_2}\cdot[\varphi]^{a_3}\cdot[\gamma]^{a_4}\cdot[E]^{a_5}\cdot[\mu]^{a_6}\cdot[V_s]^{a_7}\cdot[g]^{a_8}\cdot[A]^{a_9}\cdot [T_d]^{a_{10}}\cdot[\omega]^{a_{11}}\cdot[s]^{a_{12}}\cdot[\theta]^{a_{13}}\cdot[\varepsilon]^{a_{14}}\cdot[\sigma]^{a_{15}}\cdot[V]^{a_{16}}\cdot[a]^{a_{17}}) \tag{2-4}$$

相似准则中，17 个物理量的量纲如表 2-2。

表 2-2　17 个主要物理量量纲

物理量	质量系统	物理量	质量系统
L	L	A	LT^{-2}
c	$ML^{-1}T^{-2}$	T_d	T
φ	1	ω	T^{-1}
γ	$ML^{-2}T^{-2}$	s	L
E	$ML^{-1}T^{-2}$	θ	1
μ	1	ε	1
V_s	LT^{-1}	σ	$ML^{-1}T^{-2}$
g	LT^{-2}	V	LT^{-1}
$[a]$	LT^{-2}		

将表 2-2 中主要物理量量纲代入（2-4）中，得到：

$$\begin{aligned}\mathrm{M}^0\mathrm{L}^0\mathrm{T}^0 = &\ \mathrm{L}^{a_1}\cdot(\mathrm{ML}^{-1}\mathrm{T}^{-2})^{a_2}\cdot(1)^{a_3}\cdot(\mathrm{ML}^{-2}\mathrm{T}^{-2})^{a_4}\cdot(\mathrm{ML}^{-1}\mathrm{T}^{-2})^{a_5}\cdot \\ &(1)^{a_6}\cdot(\mathrm{LT}^{-1})^{a_7}\cdot(\mathrm{LT}^{-2})^{a_8}\cdot(\mathrm{LT}^{-2})^{a_9}\cdot(\mathrm{T})^{a_{10}}\cdot(\omega)^{a_{11}}\cdot \\ &(\mathrm{L})^{a_{12}}\cdot(1)^{a_{13}}\cdot(1)^{a_{14}}\cdot(\mathrm{ML}^{-1}\mathrm{T}^{-2})^{a_{15}}\cdot(\mathrm{LT}^{-1})^{a_{16}}\cdot(\mathrm{LT}^{-2})^{a_{17}}\end{aligned} \tag{2-5}$$

合并相同量纲，可得：

$$\begin{aligned}\mathrm{M}^0\mathrm{L}^0\mathrm{T}^0 = &\ \mathrm{M}^{a_2+a_4+a_5+a_{15}}\cdot \\ &\mathrm{L}^{a_1-a_2-2\cdot a_4-a_5+a_7+a_8+a_9+a_{12}-a_{15}+a_{16}+a_{17}}\cdot \\ &\mathrm{T}^{-2\cdot a_2-2\cdot a_4-2\cdot a_5-a_7-2\cdot a_8-2\cdot a_9+a_{10}-a_{11}-2\cdot a_{15}-a_{16}-2\cdot a_{17}}\cdot 1^{a_3+a_6+a_{13}+a_{14}}\end{aligned} \tag{2-6}$$

根据量纲一致性，由式（2-6）可得：

$$\begin{cases} a_2+a_4+a_5+a_{15}=0 \\ a_1-a_2-2\cdot a_4-a_5+a_7+a_8+a_9+a_{12}-a_{15}+a_{16}+a_{17}=0 \\ -2\cdot a_2-2\cdot a_4-2\cdot a_5-a_7-2\cdot a_8-2a_9+a_{10}-a_{11}-2\cdot a_{15}-a_{16}-2\cdot a_{17}=0 \\ a_3+a_6+a_{13}+a_{14}=c \end{cases} \tag{2-7}$$

上式（2-7）中 c 表示常数。

利用矩阵法求解 14 个导出的相似常量，表 2-3 为矩阵法导出的相似判据。

表 2-3　根据矩阵法导出的相似判据

项目	c	φ	E	μ	V_s	g	A	T_d	s	θ	ε	σ	V	α	L	γ	ω	相似判据
	a_2	a_3	a_5	a_6	a_7	a_8	a_9	a_{10}	a_{12}	a_{13}	a_{14}	a_{15}	a_{16}	a_{17}	a_1	a_4	a_{17}	
π_1	1	0	0	0	0	0	0	0	0	0	0	0	0	0	−1	−1	0	$\pi_1=c/(L\gamma)$
π_2		1	0	0	0	0	0	0	0	0	0	0	0	0	0	0	0	$\pi_2=\varphi$
π_3			1	0	0	0	0	0	0	0	0	0	0	0	−1	−1	0	$\pi_3=E/(L\gamma)$
π_4				1	0	0	0	0	0	0	0	0	0	0	0	0	0	$\pi_4=\mu$
π_5					1	0	0	0	0	0	0	0	0	0	−1	0	−1	$\pi_5=V_s/(L\omega)$
π_6						1	0	0	0	0	0	0	0	0	−1	0	−2	$\pi_6=g/(L\omega^2)$
π_7							1	0	0	0	0	0	0	0	−1	0	−2	$\pi_7=A/(L\omega^2)$
π_8								1	0	0	0	0	0	0	0	0	1	$\pi_8=T_d\omega$
π_9									1	0	0	0	0	0	−1	0	0	$\pi_9=s/L$
π_{10}										1	0	0	0	0	0	0	0	$\pi_{10}=\theta$
π_{11}											1	0	0	0	0	0	0	$\pi_{11}=\varepsilon$
π_{12}												1	0	0	−1	−1	0	$\pi_{12}=\sigma/(L\gamma)$
π_{13}													1	0	−1	0	−1	$\pi_{13}=V/(L\omega)$
π_{14}														1	−1	0	−2	$\pi_{14}=\alpha/(L\omega^2)$

由表 2-3 可以得到相似准则，如表 2-4 所示。

表 2-4 相似准则

$\frac{C_c}{C_l C_\gamma}=1$	$C_\varphi=1$	$\frac{C_E}{C_l C_\gamma}=1$	$C_\mu=1$	$\frac{C_{V_s}}{C_l C_\omega}=1$	$\frac{C_g}{C_l {C_\omega}^2}=1$	$\frac{C_A}{C_l {C_\omega}^2}=1$
$C_\omega C_{T_d}=1$	$C_s=C_l$	$C_\theta=1$	$C_\varepsilon=1$	$\frac{C_\sigma}{C_l C_\omega}=1$	$\frac{C_v}{C_l C_\omega}=1$	$\frac{C_\alpha}{C_l {C_\omega}^2}=1$

再将所得的组合关系代入式（2-5）中，得到式（2-8）：

$$\pi_i=\left[\frac{c}{L\gamma}\right]^{a_2}\cdot[\varphi]^{a_3}\cdot\left[\frac{E}{L\gamma}\right]^{a_5}\cdot[\mu]^{a_6}\cdot\left[\frac{V_s}{L\omega}\right]^{a_7}\cdot\left[\frac{g}{L\omega^2}\right]^{a_8}\cdot\left[\frac{A}{L\omega^2}\right]^{a_9}\cdot$$
$$[T_d\omega]^{a_{10}}\cdot\left[\frac{s}{L}\right]^{a_{12}}\cdot[\theta]^{a_{13}}\cdot[\varepsilon]^{a_{14}}\cdot\left[\frac{\sigma}{L\gamma}\right]^{a_{15}}\cdot\left[\frac{V}{L\omega}\right]^{a_{16}}\cdot\left[\frac{a}{L\omega^2}\right]^{a_{17}} \tag{2-8}$$

5. 相似常数选取

由表 2-4 的相似准则可知，一些相似常数已经直接通过推导得到，如下：

$$C_\mu=1,\ C_\varphi=1,\ C_\varepsilon=1,\ C_\theta=1$$

由于几何常数和位移常数必须相等，可以得到 $C_s=C_l$。

重力加速度 g 为一个常量，取 $C_g=1$，由表 2-4 相似准则可得：

$$\frac{C_g}{C_l C_\omega^2}=1 \tag{2-9}$$

$$\frac{C_A}{C_l C_\omega^2}=1 \tag{2-10}$$

$$\frac{C_a}{C_l C_\omega^2}=1 \tag{2-11}$$

得到相似常数 $C_g=C_A=C_a=1$。

由相似准则 $C_g/(C_l C_\omega^2)=1$ 和 $C_g=1$，可以得到：

$$C_\omega=C_l^{-0.5} \tag{2-12}$$

将式（2-12）代入相似准则中，可得：

$$C_\omega C_{T_d}=1 \tag{2-13}$$

$$\frac{C_{V_s}}{C_l C_\omega}=1 \tag{2-14}$$

$$\frac{C_V}{C_l C_\omega}=1 \tag{2-15}$$

进一步可以得到相似准则：

$$C_{V_s}=C_V=C_l\cdot C_\omega=C_l^{0.5} \tag{2-16}$$

$$C_{T_d}=\frac{1}{C_\omega}=C_l^{0.5} \tag{2-17}$$

重度为常量，取 $C_\gamma=1$，则得到相似常数：

$$C_E=C_c=C_l\cdot C_\gamma=C_l \tag{2-18}$$

$$C_\sigma=C_l\cdot C_\gamma=C_l \tag{2-19}$$

本书介绍的大型振动台模型试验选取几何尺寸（L）、质量密度（ρ）以及输入地震动加速度（a）三个参数作为控制量，综合确定与本试验相关的物理量个数为 14 个。根据模型箱尺寸限制及原型边坡尺寸：对于顺层边坡，几何尺寸相似常数为 20；对于反倾边坡，几何尺寸相似常数为 30。质量密度（ρ）和输入地震动加速度（a）的相似常数均为 1。根据上述推导，可以得到本次振动台模型试验的相似关系如表 2-5 所示。

表 2-5　振动台试验中各参数相似关系（相似比）

序号	物理量	量纲（质量系统）	相似常数（顺层坡）	相似常数（反倾坡）	备注
1	几何尺寸（L）	L	$C_L=20$	$C_L=30$	控制量
2	质量密度（ρ）	$\mathrm{ML^{-3}}$	$C_\rho=1$	$C_\rho=1$	控制量
3	加速度（a）	$\mathrm{LT^{-2}}$	$C_a=1$	$C_a=1$	控制量
4	弹性模型（E）	$\mathrm{ML^{-1}T^{-2}}$	$C_E=20$	$C_E=30$	
5	应力（σ）	$\mathrm{ML^{-1}T^{-2}}$	$C_\sigma=C_L=20$	$C_\sigma=C_L=30$	
6	应变（ε）	1	$C_\varepsilon=1$	$C_\varepsilon=1$	
7	作用力（F）	$\mathrm{MLT^{-2}}$	$C_F=C_L^3=8\ 000$	$C_F=C_L^3=9\ 000$	
8	速度（v）	$\mathrm{LT^{-1}}$	$C_v=C_L^{1/2}=4.47$	$C_v=C_L^{1/2}=5.48$	

续表

序号	物理量	量纲 （质量系统）	相似常数 （顺层坡）	相似常数 （反倾坡）	备注
9	时间（t）	T	$C_t=C_L{}^{1/2}=4.47$	$C_t=C_L{}^{1/2}=5.48$	
10	位移（u）	L	$C_u=C_L=20$	$C_u=C_L=30$	
11	角位移（θ）	1	$C_\theta=1$	$C_\theta=1$	
12	频率（ω）	T^{-1}	$C_\omega=C_L{}^{-1/2}=0.224$	$C_\omega=C_L{}^{-1/2}=0.182\,6$	
13	阻尼比（λ）	1	$C_\lambda=1$	$C_\lambda=1$	
14	内摩擦角（φ）	1	$C_\varphi=1$	$C_\varphi=1$	

2.3 原型边坡工程地质条件

2.3.1 边坡概况

本边坡位于四川省乐山市夹江县，因工程建设需要，在开挖范围两侧分别形成了顺层和反倾岩质边坡。边坡所在地处于全国有名的暴雨区，俗有“天漏”之称，边坡所在区域内多年平均降水量 1 776 mm，径流量受降水影响异常不均。

2.3.2 区域工程地质与水文地质条件

1. 地形地貌

边坡所在区域处于四川西部中高山区向成都平原过渡的丘陵地带，水系沟谷发育。地貌上总体以低山、丘陵和河谷平原为主，仅西南隅为中高山。

地貌类型按其成因类型可分为构造剥蚀和侵蚀堆积两大类型。受北东向构造体系控制，边坡所在区域及附近地势为西南高，北东低。边坡所在处海拔高程介于 435 ~ 540 m，属低山—浅丘串珠状圆缓丘陵地貌（详见图 2-4）。

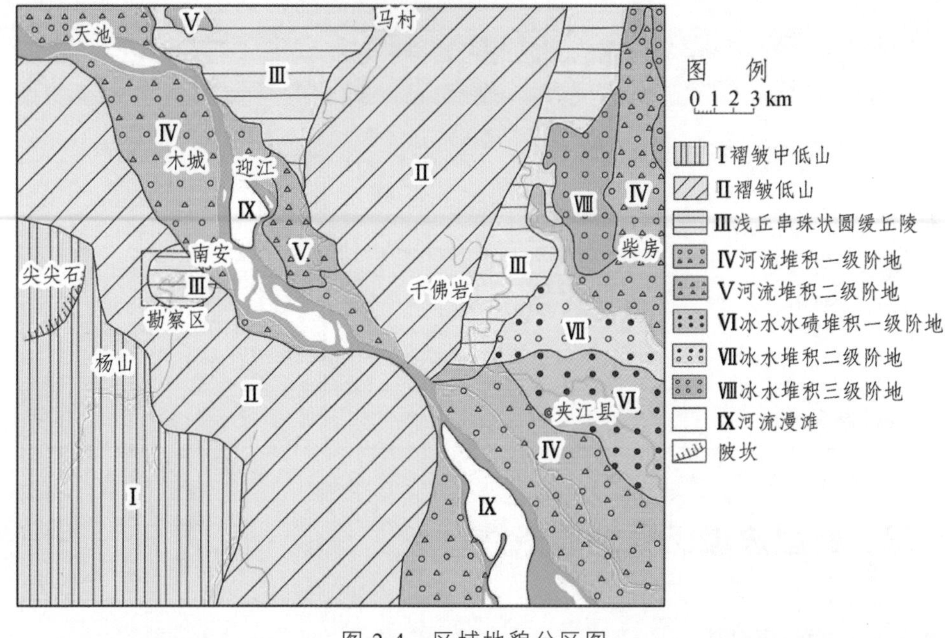

图 2-4 区域地貌分区图

2. 地层岩性

根据 1：20 万区测及调查查明，边坡所在区域内主要分布第四系、第三系、白垩系和侏罗系地层，边坡附近区域仅出露中生界侏罗系、白垩系和新生界第四系，其余地层均未出露。

3. 水文地质条件

边坡所在区域内河流洪水具有单峰多、复峰少、过程尖瘦、涨落迅猛等特点，集水面积 24.3 km^2，域内河长 9.7 km，河道平均坡降 12.4‰。边坡所在区域内降雨量大，雨水充沛，地表径流对边坡坡面的冲刷作用明显，地表水、地下水活动是诱发该区域地质灾害的主要因素之一。

2.3.3 区域构造地质环境

1. 裂隙构造

边坡所在区域位于向斜核部，地层连续，产状平缓，未见构造糜棱岩及牵引和倒转现象，区域内无断层通过。受区域构造应力、自重应力及卸荷影响，场区内岩体节理十分发育，最为发育的是两组 X 形共轭剪节理，其次是沿该两组节理追踪发育的压性节理、张节理，以及构造应力和自重应力下次生的剪节理密集带和层间缓倾剪节理。通过地表调查，并结合三维激光扫描解译成果，共统计 473 条节理裂隙，节理面一般较平直—稍曲，多数延伸较短，裂隙面多附铁质膜、钙质膜，不同区域张开度不同，一般为 0.5 ~ 2 cm，泥质充填。裂隙走向玫瑰花图如图 2-5 所示，优势节理共发育 3 组。

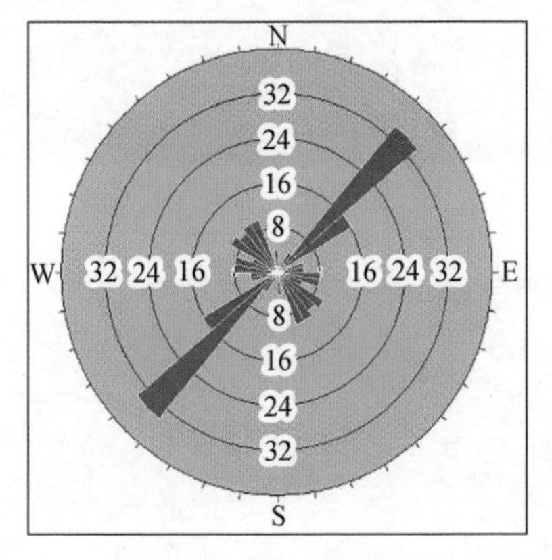

（a）边坡所在勘察区域（473 条）

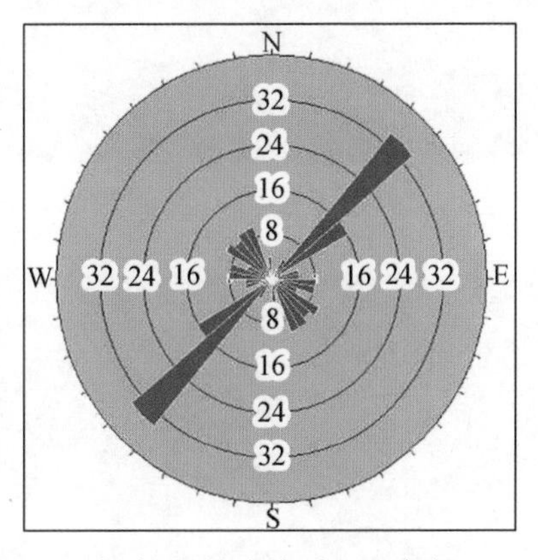

（b）顺层边坡（143 条）

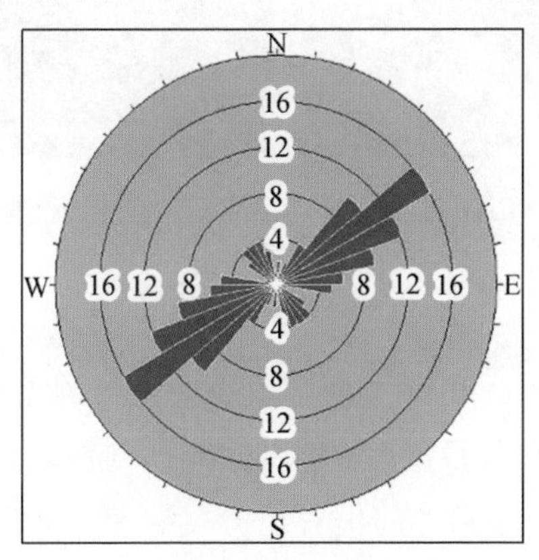

（c）反倾边坡（330 条）

图 2-5　场地裂隙走向玫瑰花图

两组 X 形共轭剪节理一组走向北东 40° ~ 50°，倾向南东，另一组走向北西 310° ~ 320°，倾向南西，均为陡倾斜，前者比后者发育得多。在结构面的组合切割作用下，岩体破碎，完整性差，透水性增大，促使岩体进一步风化，岩体强度降低。如图 2-6 ~ 2-9 所示。

图 2-6　X 形共轭剪节理

图 2-7　剪节理（节理面光滑）

图 2-8　剪节理密集带

图 2-9　层间缓倾剪节理

2. 大地构造

场地处于扬子准地台（I_1）西部边缘四川台拗（II_3）川西台陷（III_1）雅安凹褶束（IV_9）南安向斜核部。西部、北部分别为松潘—甘孜地槽褶皱系巴颜喀拉冒地槽褶皱带和后龙门山冒地槽褶皱带，如图 2-10 所示，地质构造主要表现为一系列走向北北东的褶皱和压扭性断层。

3. 褶皱构造

褶皱构造变形不强烈，其褶皱方向为 NNE ~ NE 向，局部为近 SN 向，多为宽缓褶皱。地层产状除局部受到断层的影响而陡立外，其余大部分地区都很平缓。场地主要受白果背斜和南安向斜控制。

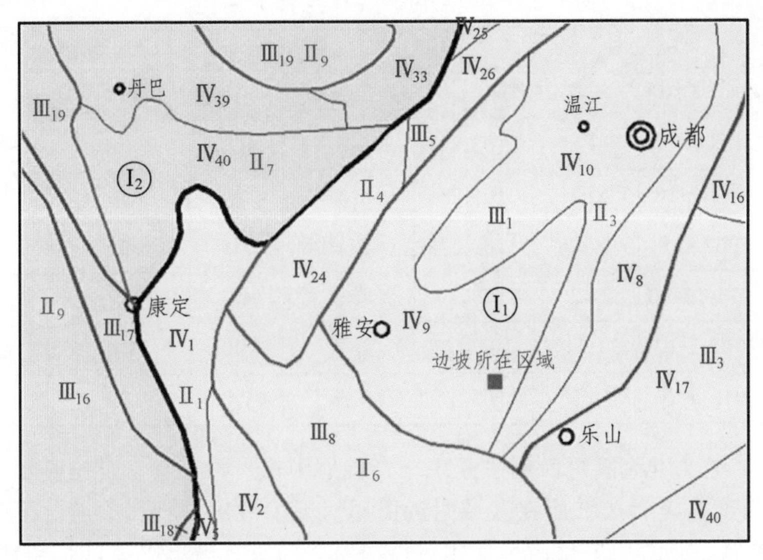

Ⅰ1—扬子准地台；Ⅰ2—松潘—甘孜地槽褶皱系；Ⅱ1—康滇地轴；Ⅱ3—四川台拗；
Ⅱ4—龙门—大巴台缘皱断带；Ⅱ6—上扬子台皱带；Ⅲ1—川西台陷；Ⅲ3—川中台拱；
Ⅲ5—龙门山褶断束；Ⅲ8—峨眉山断块；Ⅳ1—泸定台穹；Ⅳ2—小相岭台穹；
Ⅳ5—安宁河穹断束；Ⅳ8—龙泉山褶束；Ⅳ9—雅安凹褶束；
Ⅳ10—成都断凹；Ⅳ16—南充台凹；Ⅳ17—武胜—威远台凸；
Ⅳ18—自贡台凹；Ⅳ24—宝兴穹褶束；
Ⅳ25—九顶山凸起；Ⅳ26—旋口凹断束。

图 2-10　边坡所在区域大地构造位置图
（注：罗马数字代表大地构造级别）

4. 断裂构造

边坡所在区域西北为龙门山山前断裂带，西南为鲜水河—安宁河断裂带，均属大区域性发震断裂构造带，距离场地均大于 80 km。场地周边区域分布 3 条小区域性发震断裂构造带，分别为西北为蒲江—新津断裂带，东北为龙泉山断裂带，西南为荥经—马边断裂带，边坡位于此三条构造带之间，与之分别相距约 38 km、25 km、25 km。

2.3.4　区域地震活动

边坡所在区域周围地区有记载的中强地震共 6 次，如表 2-6 所示。

表 2-6　边坡周围地区中强地震概括一览表

序号	时间	震中位置			震级	与边坡之间距离/km	影响烈度
		纬度	经度	参考地点			
1	1488-6-12	29.6°	103.8°	乐山天福	4.75	38	≤Ⅴ度
2	1913-7-16	29.6°	103.7°	乐山新桥	5	30	Ⅵ度
3	1962-7-1	29.9°	103.2°	洪雅罗坝	5.1	30	Ⅵ度
4	1973-12-30	29.8°	103.3°	洪雅白岩	4.7	37	<Ⅳ度
5	2008-5-12	31.01°	103.42°	汶川	8.0	145	Ⅶ度
6	2013-4-20	30.3°	103.0°	芦山	7.0	73	Ⅵ度

2008 年汶川地震对四川省乐山市、峨眉山市、夹江县、洪雅县影响烈度为Ⅵ～Ⅶ度，震后边坡所在区域附近民用房屋少数出现细微裂缝，屋顶普遍梭瓦、掉瓦，沿河住宅小区地面出现明显沉降裂缝，当地居民反映震感强烈。2013 年“4・20”芦山 7.0 级强烈地震发生以后，边坡所在区域内震感强烈，局部建筑物出现微小裂缝，高陡边坡出现不同程度的破坏，甚至发生小规模的崩塌。

2.3.5　含软弱夹层顺层岩质边坡工程地质条件

1. 边坡基本特征

含软弱夹层顺层岩质边坡顺坡向长 35～60 m，沿山脊走向宽 98～110 m，坡向约 2°，坡高约 40 m，平均坡度约 29°。微地貌呈陡坡—缓坡状，边坡上部平台发育，陡坎相接，植被覆盖，主要为茶树。

2. 边坡岩土体特征

含软弱夹层顺层岩质边坡主要出露第四系残坡积（Q_4^{el+dl}）粉质黏土和白垩系下统灌口组第三、二岩性段（$K_1g_1^{1-3}$、$K_1g_1^{1-2}$）粉砂质泥岩与泥质粉砂岩互层。

3. 边坡岩体构造与结构特征

1）岩体结构特征

含软弱夹层顺层岩质边坡坡向约 2°，层面产状为 348°∠8°，根据现场调查及钻孔揭露该边坡共发育多层软弱夹层，节理裂隙发育。

（1）软弱夹层

该边坡发育多层软弱夹层，软弱层均位于岩层层面，多发育在泥质粉砂岩与粉砂质泥岩不同岩性接触层面上，部分发育在同一岩性层面，产状与岩层层面一致，主要由层间构造错动、蠕滑及地下水软化形成。软弱夹层在坡面上呈带状展布，分布连续，厚度为 3 ~ 30 cm。上覆岩土体易沿着软弱夹层滑动，是边坡的不利结构面。如图 2-11、2-12 所示。

图 2-11　软弱夹层（物质成分为黏土）

图 2-12　软弱夹层（物质成分为黏土、碎屑）

（2）节　理

根据现场工程地质测绘及室内节理走向玫瑰花图可知，含软弱夹层顺层岩质边坡岩体内主要发育两组节理，其中：节理 L1 产状为（120° ~ 140°）∠（70° ~ 85°），可见延伸长度 0.3 ~ 3 m，切深 0.3 ~ 2.5 m，最大切割深度大于 3 m，间距一般 0.3 ~ 1.0 m；节理 L2 产状为（220° ~ 240°）∠（70° ~ 88°），可见延伸长度 0.3 ~ 3 m，最大延深长度大于 8 m，切深 0.3 ~ 2.0 m，最大切割深度大于 3 m，间距一般 0.5 ~ 1.5 m。两组节理裂面平直或稍呈波状，闭合—微张，表面附有黑色铁染或泥质薄膜，局部充填 0.5 ~ 3 cm 厚软塑黏土。两组节理为共轭剪节理，且节理 L1 较 L2 更为发育。如图 2-13、2-14 所示。

图 2-13　含软弱夹层顺层边坡钻孔揭露节理

图 2-14　含软弱夹层顺层边坡 X 共轭节理

2）岩体结构类型

边坡岩性主要为粉砂质泥岩与泥质粉砂岩薄互层，层理、节理发育，结构体类型主要为层状、碎块状。根据三维激光扫描成果，并结合工程地质测绘结果，边坡受构造及风化影响，节理裂隙较发育，岩体较破碎。因此将该边坡岩体结构类型划分为碎裂状结构。

3）岩体完整程度

岩体的完整性受岩体结构面发育程度及其组合控制，该段边坡发育结构面主要为层面、软弱夹层、X 形共轭剪节理。根据钻孔波速测试可知，表层强风化岩体完整性为较破碎，中风化岩体多为较完整，局部较破碎。

4）岩体风化特征

根据钻探揭露岩芯情况及边坡现状调查结果，结合岩石试验报告，得到该边坡岩体风化结构特征表和风化带划分表，如表 2-7 和表 2-8 所示。

表 2-7　岩体风化结构特征表

风化类型	RQD/%	岩体完整系数 K_v	风化系数 K_f	天然含水量 ω_0/%	结构面间距 /cm	岩体结构类型
微风化	75 ~ 90	0.75 ~ 0.85	0.8 ~ 0.9	2.0 ~ 4.0	50 ~ 100	块状、层状
中风化	50 ~ 75	0.55 ~ 0.75	0.4 ~ 0.8	4.0 ~ 7.0	30 ~ 50	块状、层状
强风化	≤50	0.15 ~ 0.55	<0.4	≥7.0	≤30	碎裂状

表 2-8　含软弱夹层顺层岩质边坡风化带深度划分

强风界线埋深/m	中风化界线埋深/m	强风化带厚度/m	中风化带厚度/m
1.5 ~ 3.8	20 ~ 24	1 ~ 2	18 ~ 20

2.3.6　含软弱夹层反倾岩质边坡工程地质条件

1. 边坡基本特征

含软弱夹层反倾岩质边坡顺坡向长 120 ~ 160 m，沿山脊走向宽 300 ~ 330 m，边坡坡向 180°，坡高 60 ~ 70 m。边坡坡面呈折线形，坡顶为宽缓平台，平均坡度 2° ~ 4°，多为耕地或茶地。中部及坡脚发育多级台阶，平均坡度 30° ~ 35°，坡面植被主要为灌木、杂草。

2. 边坡岩土体特征

含软弱夹层反倾岩质边坡自坡顶至坡脚主要出露第四系残坡积（Q_4^{el+dl}）

粉质黏土和白垩系下统灌口组第五、四、三岩性段（$K_1g_1^{1-5}$、$K_1g_1^{1-4}$、$K_1g_1^{1-3}$）粉砂质泥岩与泥质粉砂岩互层，局部夹厚 0.3 ~ 0.7 m 的粉砂岩（强度较低，手捏呈砂状）。

3. 边坡岩体构造与结构特征

1）岩体结构特征

含软弱夹层反倾岩质边坡坡向约 180°，根据现场调查及钻孔揭露该边坡发育多层软弱夹层，发育 3 组节理。

（1）层　面

含软弱夹层反倾岩质边坡层面产状为 1°∠8°，呈薄—中厚层状，除发育软弱夹层处的岩层层面结合较差外，其余岩层层面为泥质胶结，局部见有铁锰质浸染，为硬性结构面，层面之间结合紧密，可见泥裂、波痕等层面构造。

（2）软弱夹层

该边坡发育多层软弱夹层，软弱层均位于岩层层面，多发育在泥质粉砂岩与粉砂质泥岩不同岩性接触层面上，主要由层间构造错动、蠕滑及地下水软化形成。软弱夹层在坡面上呈带状展布，分布连续，一般厚 2 ~ 20 cm，最厚可达 30 cm。如图 2-15、2-16 所示。

图 2-15　坡面呈带状分布的软弱夹层

图 2-16　软弱夹层

（3）节　理

根据现场工程地质测绘及室内节理走向玫瑰花图可知，含软弱夹层反倾岩质边坡岩体内主要发育 3 组节理。节理 L1 和 L2 为 X 共轭剪节理，裂面平直或稍呈波状，闭合—微张，表面附有黑色铁染或泥质薄膜，局部充填 0.2 ~ 2 cm 厚软塑黏土。缓倾剪节理 L3 在粉质泥岩中出露较密集，延深较短，出露不清晰，而泥质粉砂岩中节理发育延伸更长，分布相对较稀。如图 2-17、2-18 所示。

图 2-17　缓倾剪节理，呈叠瓦状排列特征

图 2-18　泥质粉砂岩岩层中的缓倾剪节理

受构造应力影响，含软弱夹层反倾岩质边坡内发育压性节理。该压性节理主要沿 L1、L2 剪节理追踪发育。该压性节理的特点是将构造压应力垂直方向彼此相邻或相接的剪节理连通形成，为组合结构面：一组倾向为 130°～150°，构成其西侧节理面；另一组倾向为 220°～240°，构成其东侧节理面，形成三角面凹槽。立面展布形迹为同组倾向的单条或多条平行斜列式分布。节理面呈紧闭状，略有起伏，透水性较差，裂面内充填软塑黏土，为软弱结构面，结构面结合很差。节理面局部发育垂直运动方向的擦痕，表明两侧的岩体存在上下移动的趋势，因错移距离细微，两侧地层无明显错动，被切割岩石形体较完整。边坡压性节理较发育，延深较长，大多数贯通，促进边坡失稳，是边坡的不利结构面。

2）岩体结构类型

边坡岩性主要为粉砂质泥岩与泥质粉砂岩薄互层，层理、节理发育，结构体类型主要为层状，局部呈碎块状。根据三维激光扫描成果，并结合工程地质测绘结果，坡体整体稳定性较差，变形受层面控制，可沿结构面产生滑塌，软岩可产生塑形变形。表层受构造及风化影响，节理裂隙发育，岩体破碎，其结构类型为碎裂状结构。

3）岩体完整程度

岩体的完整性受岩体结构面发育程度及其组合控制，该段边坡发育结构面主要为层面、软弱夹层、3 组剪节理。根据钻孔波速测试可知，表层强风化岩体完整性为破碎—较破碎，中风化岩体多为较完整—完整，局部为较破碎。

4）岩体风化特征

根据《岩土工程勘察规范》（2009 年版），并结合场地工程地质条件，把岩体分为强风化、中风化、微风化。根据岩体风化结构特征，结合钻探揭露岩芯情况及边坡现状调查结果，得到含软弱夹层反倾岩质边坡岩体风化带划分表，如表 2-9 所示。

表 2-9　含软弱夹层反倾岩质边坡风化带深度划分

强风化界线埋深/m	中风化界线埋深/m	强风化带厚度/m	中风化带厚度/m
2～3	20～30	1～3	18～25

通过上文介绍，可以概括拟研究边坡具有如下特点：

（1）边坡所在区域附近构造活动强烈，地震活动频发，且拟研究边坡处地震烈度较高，边坡存在发生地震失稳的可能性。

（2）拟研究边坡受构造及风化作用影响，裂隙发育，岩体破碎，完整性差，边坡岩土体强度较低，抗变形能力差。

（3）拟研究边坡岩性主要为粉砂质泥岩与泥质粉砂岩薄互层，层理、节理发育，结构体类型主要为层状、碎块状。

（4）坡体破碎，透水性好，且坡体内裂隙水活动强烈，坡体内存在的软弱夹层，抗剪强度受裂隙水影响明显。

基于拟研究边坡的上述特点，对上述地质模型进行适当简化，建立含软弱夹层顺层和反倾岩质边坡的振动台试验模型,并开展大型振动台模型试验。

2.4　试验模型介绍

1. 模型箱

在常规振动台模型试验中，常用的模型箱类型有层状剪切箱、普通刚性箱加内衬、碟式容器和柔性容器等。为了尽量减小振动台试验过程中模型箱产生的边界效应，通常可采取如下措施：① 针对常规刚性模型箱，在试验地震波的激振方向模型箱两壁加贴厚度为 20～30 mm 的吸波材料，例如泡沫材料或厚橡胶皮，以降低振动波在模型箱边界的反射；② 采用叠层式剪切变形模型箱，由于这种模型箱的水平方向剪阻力较小，振动波在模型箱边界的反射可以忽略不计。一般而言，剪切变形模型箱能自由发生沿振动方向的水平剪切变形，对岩体的剪切变形约束作用较小，模型箱及箱内岩土体材料的阻尼将不会影响模型的动力反应，因此振动台试验中该类模型箱的模拟效果较好。

本试验采用钢板 + 有机玻璃 + 型钢制作的刚性模型箱，内空尺寸为

3.5 m×1.5 m×2.5 m（长×宽×高），如图 2-19 所示。试验中在模型箱内部地震波加载方向内壁粘贴泡沫垫层（厚度 30 mm）模拟吸波材料，以降低输入波在边界上的反射。同时，为了降低模型箱侧壁的摩擦约束，亦方便观察试验现象，在与地震波激振方向垂直的两侧模型箱内侧镶嵌透明有机玻璃，有机玻璃厚度为 2 cm。

图 2-19　试验模型箱

试验中含软弱夹层顺层和反倾岩质边坡分别在两个模型箱内制作完成，两个模型箱放置在同一个振动台面上，保证试验中顺层边坡和反倾边坡具有完全一致的地震激励。

2. 传感器布置

模型试验布设的传感器包括三向加速度传感器和高精度激光位移计，如图 2-20 和图 2-21 所示，试验模型尺寸及传感器布置图如图 2-22 和图 2-23 所示。

图 2-20　进口三向加速度传感器

图 2-21　进口激光位移计

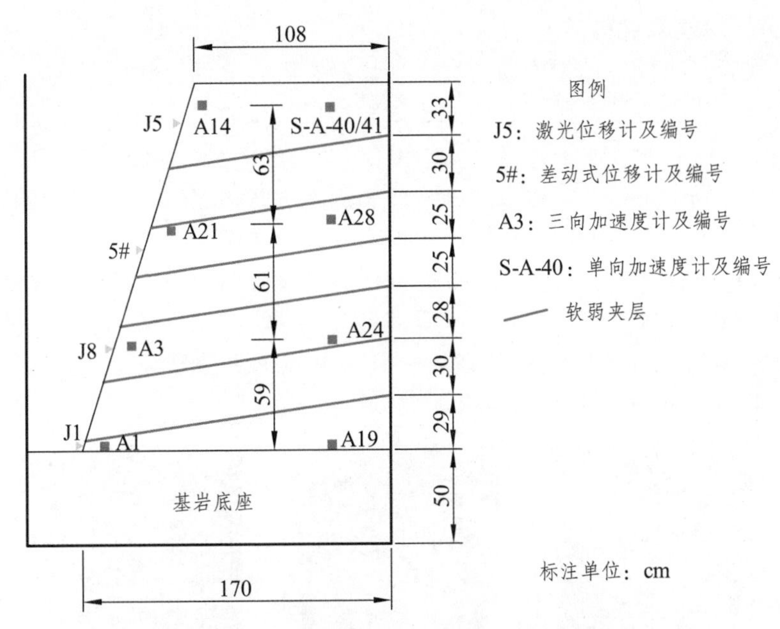

图 2-22　顺层边坡试验模型传感器布置图

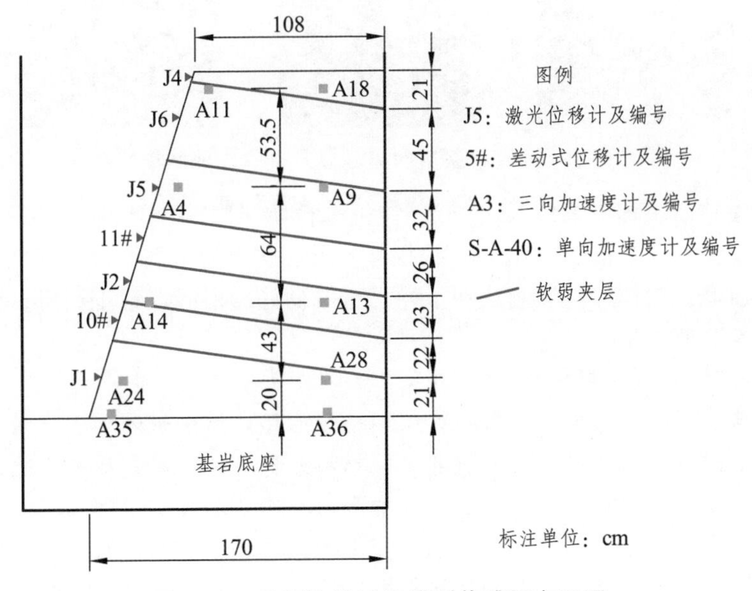

图 2-23　反倾边坡试验模型传感器布置图

3. 试验材料

本试验需要模拟的材料包括岩层、软弱夹层及层面。

1）岩层模拟材料

本试验采用模块模拟岩质边坡。现场勘察资料表明，此次振动台试验模型的原型为软岩边坡，基于室内配比试验结果，试验采用如下质量配比：重晶石：砂子：石膏：水 = 1：0.2：1：0.2。

根据现场勘察可知，边坡受结构面切割严重，边坡岩体块状结构特性明显，因此，模型试验利用模块模拟边坡岩块，模块间存在的裂隙模拟边坡岩体中存在的不连续面。为方便模块的制作，在试验前制作了四周可灵活拆除的两种模具（分别为钢制模具和木质模具），如图 2-24 所示。利用这两种模具可以制作出两种不同尺寸的模块，其长 × 宽 × 高分别为 5 cm × 10 cm × 10 cm 和 10 cm × 20 cm × 20 cm。

图 2-24　试验中采用的模具以及制作完成的模块

模块制作过程中采用 JZC300 搅拌机进行搅拌制料，模块成型后放置 8 ~ 12 h 脱模，室内放置 24 h 后将模块搬至室外，在阳光下彻底脱水固结，达到较高的强度。制作好的预制块在干燥、通风良好的房间放置 1 周后，再用于砌筑试验边坡模型。

2）软弱夹层模拟材料

试验模型中软弱夹层模拟材料采用现场原型边坡中软弱夹层材料原样经室内重塑得到。对现场采集的软弱夹层材料原样开展一系列室内实验，获取原样软弱夹层材料物理力学参数，并确定试验中软弱夹层重塑水泥比。在振动台试验现场根据室内实验确定的重塑水泥比现场重塑制作软弱夹层模拟材料。根据现场勘察结果，经相似比折算后，试验中顺层边坡中软弱夹层的厚度为 2 cm，反倾边坡中软弱夹层的厚度为 1.5 cm。

3）结构面模拟方法

现场详细的工程地质勘查表明层间软弱夹层是该边坡的最不稳定因素，且边坡岩体十分破碎，试验中利用预制的模块模拟岩体，相邻模块间由黏结材料进行黏结，黏结材料的质量配比为：重晶石∶砂子∶石膏∶水 = 1∶0.2∶1∶1。

室内试验测定岩层模块及软弱夹层的物理力学参数如表 2-10 所示。

表 2-10　岩层模块及软弱夹层的典型物理力学参数

物理参数	密度 ρ/（g/cm^3）	弹模 E/MPa	内摩擦角 /（°）	黏聚力 c/MPa	泊松比 μ	抗拉强度 /MPa	抗压强度 /MPa
岩层模块	2.4	375	35	1.2	0.16	0.05	3.2
软弱夹层	—	—	12	0.75	8.8	—	—

4. 软弱夹层饱水处理方法

为了研究地震和暴雨等极端条件下边坡的稳定性，此次试验共进行了边坡天然状态和暴雨状态两种工况下的试验，其中暴雨工况通过对软弱夹层进行饱水处理进行模拟。软弱夹层的饱水处理方法具体为：在每个软弱夹层内预埋了留有密集出水口的小直径 PVC 管，用纱布包裹 PVC 管上的出水口，以防止软弱夹层材料进入 PVC 管道或是堵住出水口，通过位于边坡后缘的入水口不断向管内注入水，在重力的作用下管内的水沿着出水口不断向软弱夹层内渗流，待水从边坡表面软弱夹层出露口处渗出，即认为软弱夹层已经处于饱和状态。注水前软弱夹层的含水量保持与原型边坡一致，含水率为 8.8%。在下文的分析中，软弱夹层饱水前即表示泥化夹层处于天然含水状态（含水率 8.8%）。以顺层边坡最底层软弱夹层内的 PVC 管为例，其布置如图 2-25 所示。

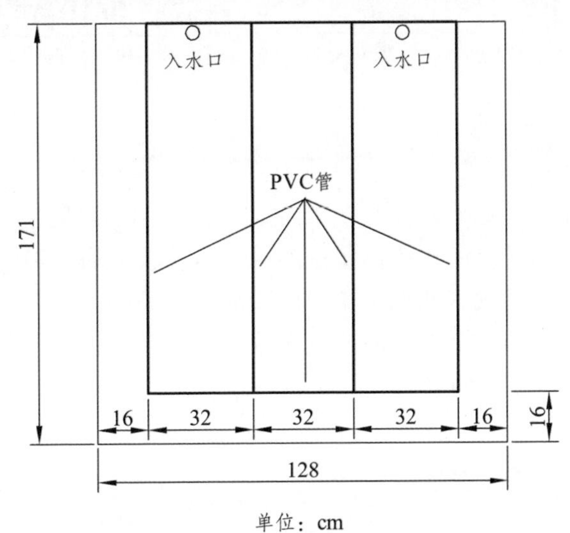

图 2-25　注水管道的布置

2.5 加载地震波

试验中输入了两种类型的激励波，分别为 El Centro 地震波（代号 El）、汶川地震清平波（代号 QP），两种输入波的水平 X 向时程及傅里叶谱如图 2-26 和图 2-27 所示，图 2-26 和图 2-27 所示时程为经时间轴压缩处理后加速度时程。

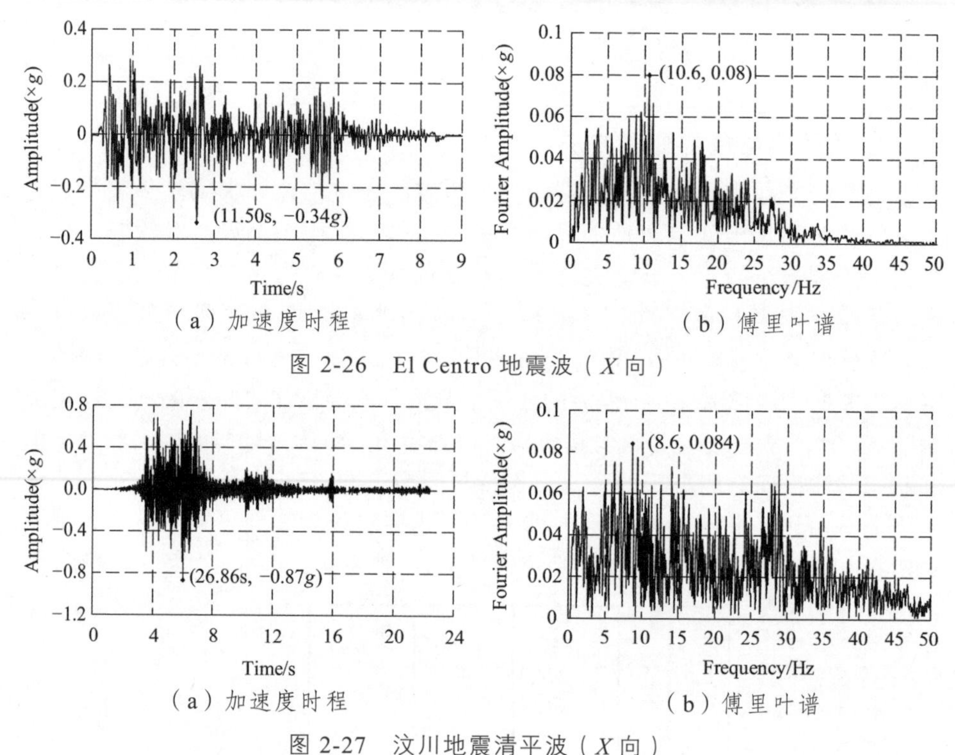

（a）加速度时程　　（b）傅里叶谱

图 2-26　El Centro 地震波（X 向）

（a）加速度时程　　（b）傅里叶谱

图 2-27　汶川地震清平波（X 向）

El Centro 地震波是目前全世界研究者广泛采用的地震波；汶川地震清平波是时间域和空间域上距离该模型试验原型边坡较近的强震记录，且该原型边坡主要受汶川地震发震断裂（龙门山断裂带）的影响。因此，本试验模型在汶川地震清平波作用下的动力响应对该边坡所在区域及临近地区边坡的动力分析具有较好的参考价值。

2.6 加载工况介绍

根据对边坡区域附近可能引发地震且对边坡存在潜在影响的断层调查资

料，结合地震动衰减模型，可以预测原型边坡将来可能遭遇的最大地震加速度峰值为 0.21g。考虑到场地的加速度放大效应，确定天然状态下最大激振加速度峰值为 0.30g。为了研究边坡软弱夹层饱和后边坡的破坏现象及破坏模式，最大激振加速度峰值提高为 0.60g。在每一个幅值的输入波激振前和完成后，均对试验模型进行幅值为 0.1g 的白噪声扫描，以获取试验过程中模型动力参数的变化。本试验的加载工况如表 2-11 和表 2-12 所示。

表 2-11　软弱夹层天然状态下试验加载工况

工况	工况代码	波形	峰值加速度	工况	工况代码	波形	峰值加速度
1	白噪声	白噪声	0.10g	8	QP-0.21	清平波	0.21g
2	QP-0.1	清平波	0.10g	9	El-0.21	El Centro	0.21g
3	El-0.1	El Centro	0.10g	10	白噪声	白噪声	0.10g
4	白噪声	白噪声	0.10g	11	QP-0.3	清平波	0.30g
5	QP-0.15	清平波	0.15g	12	El-0.3	El Centro	0.30g
6	El-0.15	El Centro	0.15g	13	白噪声	白噪声	0.10g
7	白噪声	白噪声	0.10g				

表 2-12　软弱夹层饱和状态下试验加载工况

工况	工况代码	波形	峰值加速度	工况	工况代码	波形	峰值加速度
1	白噪声	白噪声	0.10g	11	QP-0.3	清平波	0.30g
2	QP-0.1	清平波	0.10g	12	El-0.3	El Centro	0.30g
3	El-0.1	El Centro	0.10g	13	白噪声	白噪声	0.10g
4	白噪声	白噪声	0.10g	14	QP-0.4	清平波	0.40g
5	QP-0.15	清平波	0.15g	15	El-0.4	El Centro	0.40g
6	El-0.15	El Centro	0.15g	16	白噪声	白噪声	0.10g
7	白噪声	白噪声	0.10g	17	QP-0.6	清平波	0.60g
8	QP-0.21	清平波	0.21g	18	El-0.6	El Centro	0.60g
9	El-0.21	El Centro	0.21g	19	白噪声	白噪声	0.10g
10	白噪声	白噪声	0.10g				

2.7 本章小结

本章详细介绍了含软弱夹层层状岩质边坡振动台试验开展前的准备工作，包括振动台试验设备、试验相似关系设计、试验模型设计、传感器布置、输入波形选择及加载工况等内容，为后续试验数据分析及试验结论探讨奠定了基础，也为其他研究者开展相似振动台试验设计提供了参考。

本章参考文献

[1] 崔圣华，裴向军，黄润秋. 大光包滑坡启动机制：强震过程滑带非协调变形与岩体动力致损[J]. 岩石力学与工程学报，2019，38(2)：237-253.

[2] 刘汉香，许强，朱星，等. 含软弱夹层斜坡地震动力响应过程的边际谱特征研究[J]. 岩土力学，2019，40（4）：1387-1397.

[3] 贾向宁，黄强兵，王涛，等. 陡倾顺层断裂带黄土-泥岩边坡动力响应振动台试验研究[J]. 岩石力学与工程学报，2018，37（12）：2721-2733.

[4] 朱仁杰，车爱兰，严飞，等. 含贯通性结构面岩质边坡动力演化规律研究[J]. 岩土力学，2019，40(5)，DOI：10.16285/j.rsm.2018.0208.

[5] 杨耀辉，陈育民，刘汉龙，等. 排水刚性桩群桩抗液化性能的振动台试验研究[J]. 岩土力学，2018，39（11）：4025-4032.

[6] 徐鹏，蒋关鲁，邱俊杰，等. 整体刚性面板加筋土挡墙振动台模型试验研究[J]. 岩土力学，2019，40（3）：998-1004.

[7] 庄海洋，付继赛，陈苏，等. 微倾斜场地中地铁地下结构周围地基液化与变形特性振动台模型试验研究[J]. 岩土力学，2019，40(4)：1263-1272.

[8] 潘毅，赵崇锦，常志旺，等. 大跨异形钢连廊连体结构振动台试验研究[J]. 土木工程学报，2019，52（2）：66-77.

[9] 施卫星，拜立岗，韩建平. 核电厂循环风机地震模拟振动试验研究[J]. 土木工程学报，2018，51（5）：133-138.

3 含软弱夹层层状岩质边坡振动台试验结果分析

振动台试验作为一种能够直接揭示边坡地震响应的研究方法，已被世界范围内的研究者广泛采用。本章对含软弱夹层层状岩质边坡振动台试验结果进行分析。

3.1 边坡加速度响应特征

3.1.1 实测加速度时程预处理方法

试验中实测的加速度时程受试验条件及数据采集的影响将包含一些噪声成分，导致实测数据失真。失真的加速度数据常常表现为：① 加速度时程基线偏离零线（即无信号时的基线）；② 实测加速度时程经过一次积分后得到的速度时程在激振结束后不归零。因此，在对试验中实测的加速度数据进行分析之前，需要对实测加速度数据进行预处理，处理方法主要包括滤波和基线校正。

滤波是信号处理领域非常重要的概念，把某一频率的信号从混合信号中分离出来或是删除的过程叫作滤波。每一个确定的地震测试系统均是频率范围和动态范围有限的选频系统，这导致所记录的地面运动存在一定程度的畸变。同时，记录的地震信号还受外界的干扰和系统内部噪声的影响。试验后对采集的数据通过选定的滤波器提取拟研究的成分，滤波器按照频带可以分为带通滤波器、带阻滤波器、高通滤波器以及低通滤波器。

基线校正的原由在于实测加速度时程经过一次时间积分后得到的速度时程在激振结束时不为 0，表明在试验激振结束时模型还具有持续的速度和位移，这与试验真实情况不符。加速度时程曲线的基线校正是基于对速度和位移时程曲线的修正，一般可以通过在原加速度时程基础上添加一个低频的信号，进而保证速度时程曲线最终值为 0。本章加速度实测时程的滤波和基线校正均采用 SeismoSignal 软件完成[1]。

3.1.2 实测加速度时程

以 0.1g 汶川地震清平波激励下顺层边坡坡面附近加速度监测点（A1、A3、A21、A14）为例，经滤波和极限校正后的各测点实测加速度时程如图 3-1 至图 3-8 所示。

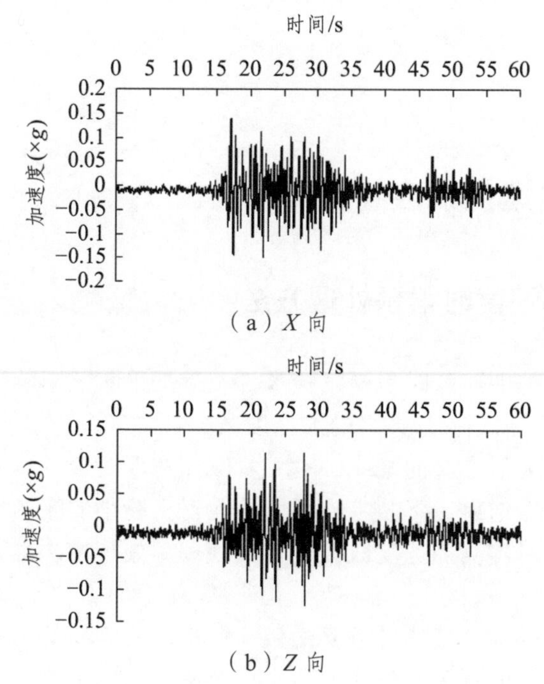

（a）X 向

（b）Z 向

图 3-1　A1 测点加速度时程（软弱夹层天然状态）

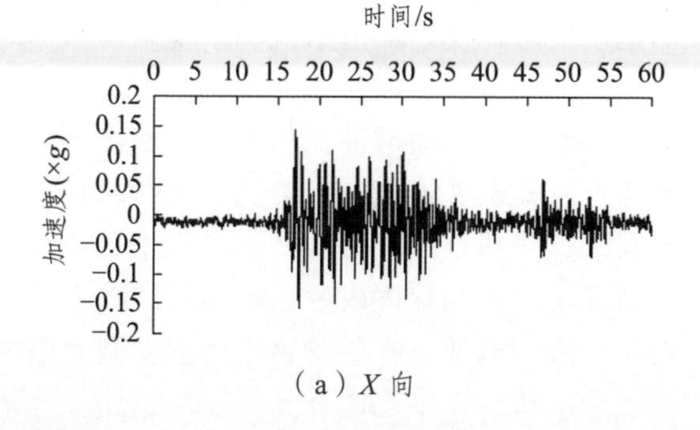

（a）X 向

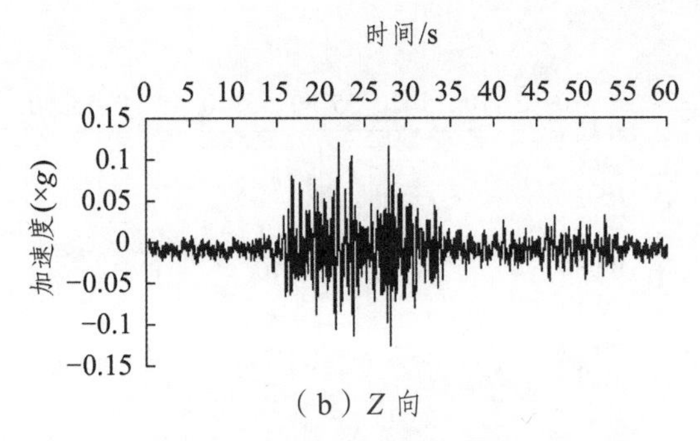

（b）Z 向

图 3-2　A3 测点加速度时程（软弱夹层天然状态）

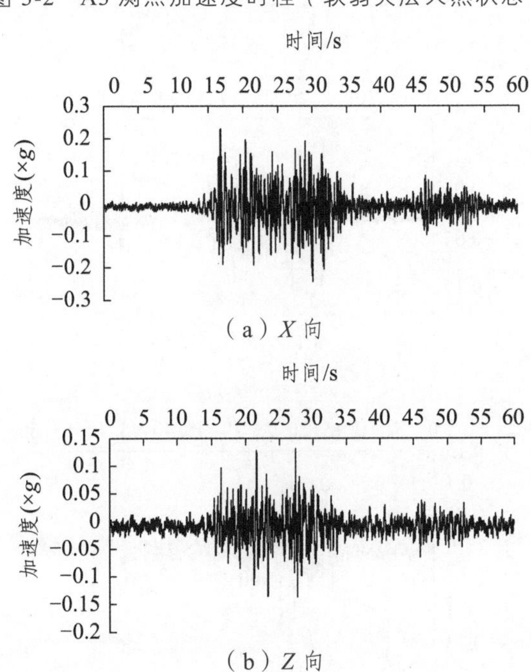

（a）X 向

（b）Z 向

图 3-3　A21 测点加速度时程（软弱夹层天然状态）

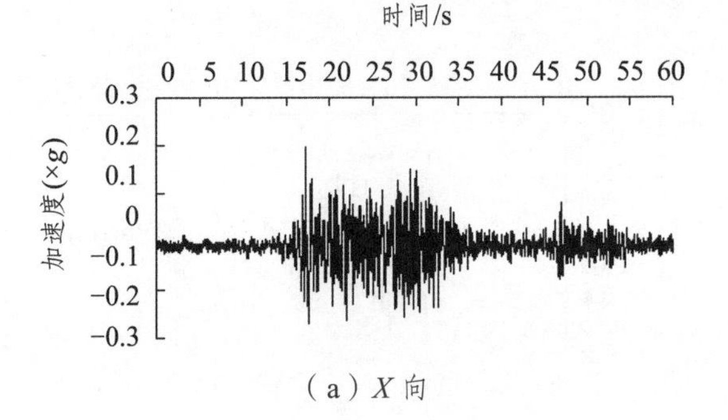

（a）X 向

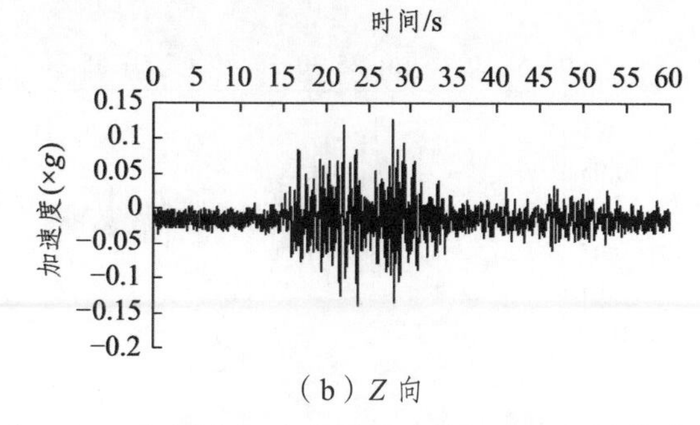

（b）Z 向

图 3-4　A14 测点加速度时程（软弱夹层天然状态）

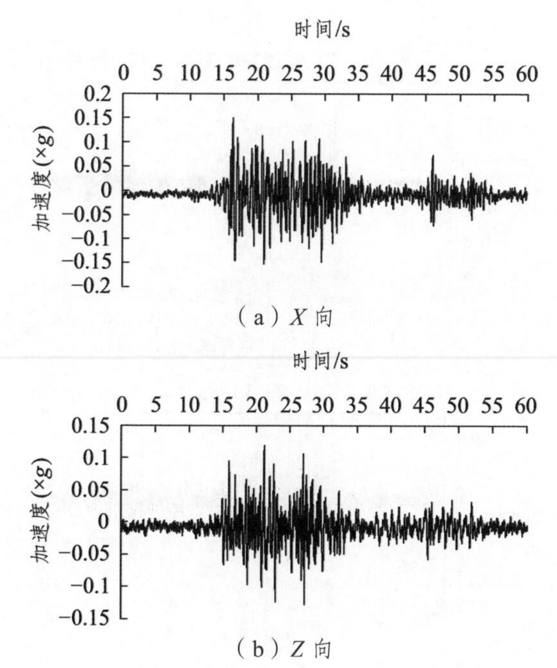

（a）X 向

（b）Z 向

图 3-5　A1 测点加速度时程（软弱夹层饱和状态）

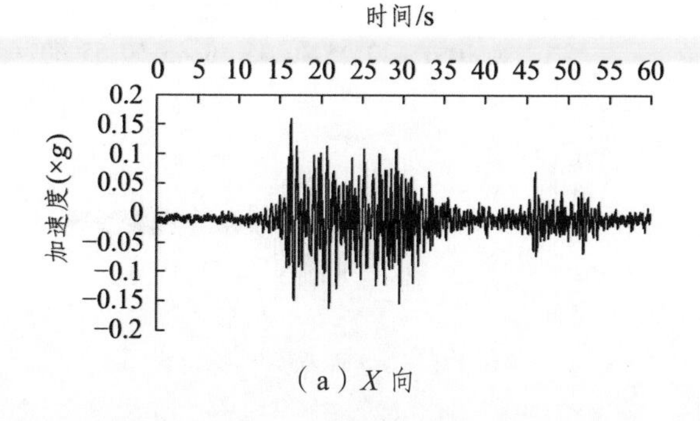

（a）X 向

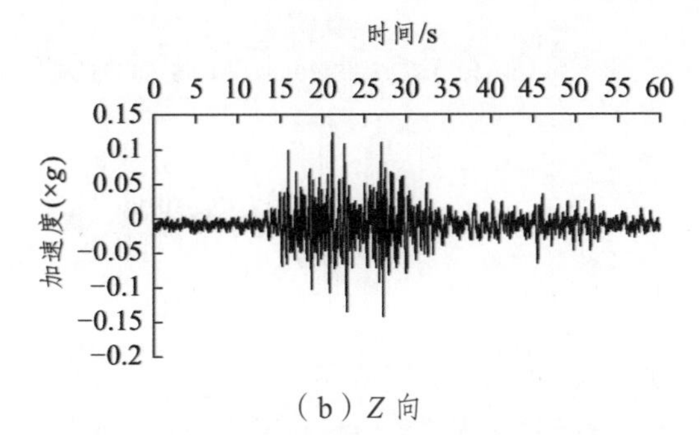

（b）*Z* 向

图 3-6　A3 测点加速度时程（软弱夹层饱和状态）

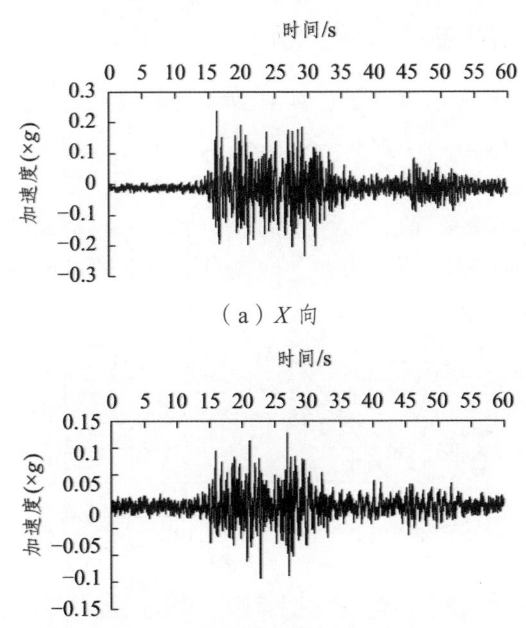

（a）*X* 向

（b）*Z* 向

图 3-7　A21 测点加速度时程（软弱夹层饱和状态）

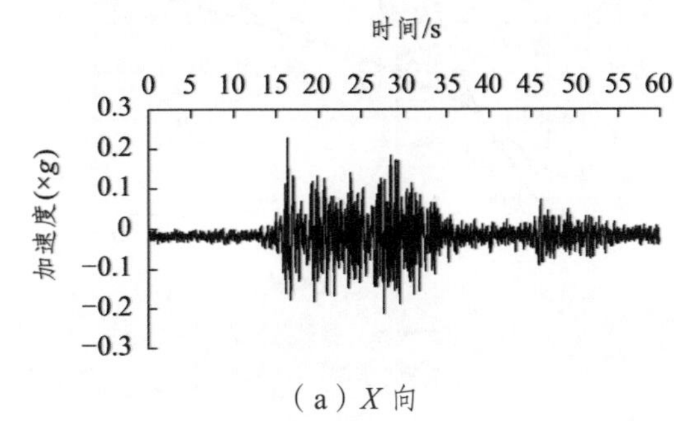

（a）*X* 向

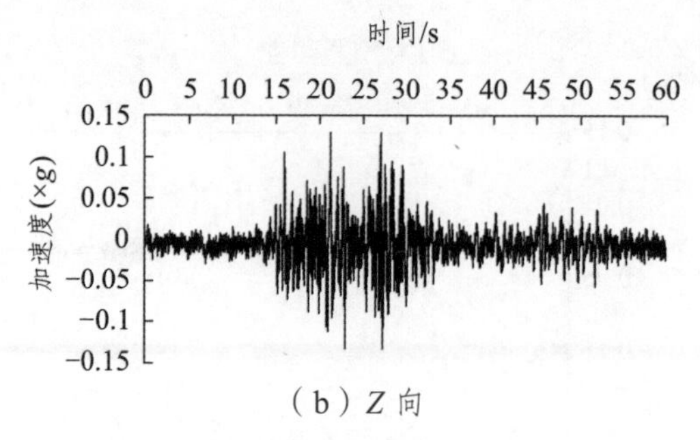

（b）Z 向

图 3-8 A14 测点加速度时程（软弱夹层饱和状态）

3.1.3 顺层边坡加速度响应分析

加速度放大系数定量表征了边坡对地震波的放大效应。以坡面附近加速度放大系数为例，El Centro 地震波和清平波作用下含软弱夹层顺层岩质边坡坡面附近的加速度放大系数如图 3-9 至图 3-12 所示。以下各图中相对高程指测点高程与边坡高度的比值，为无量纲量。加速度放大系数指测点实测加速度时程峰值与坡脚（相对高度为 0）处测点实测加速度时程峰值的比值，坡脚处的加速度放大系数为 1。

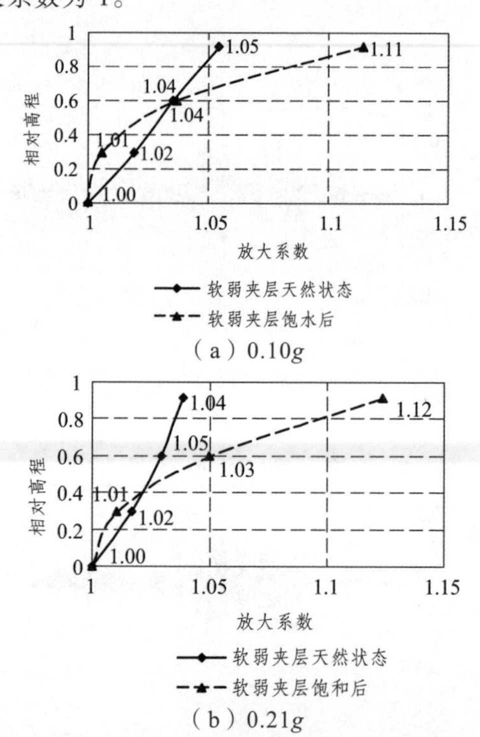

（a）0.10g

（b）0.21g

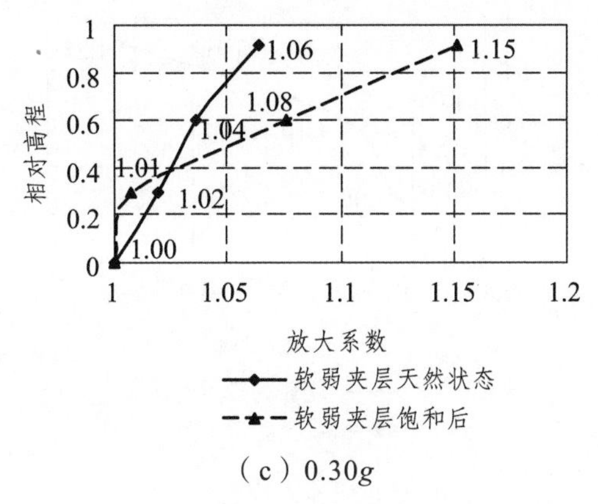

（c）0.30g

图 3-9　El Centro 地震作用下水平向加速度放大系数

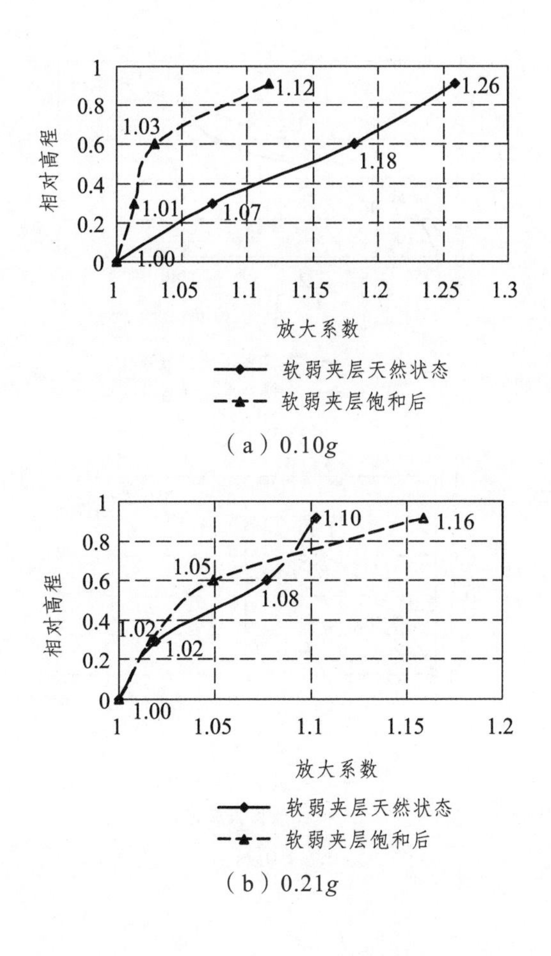

（a）0.10g

（b）0.21g

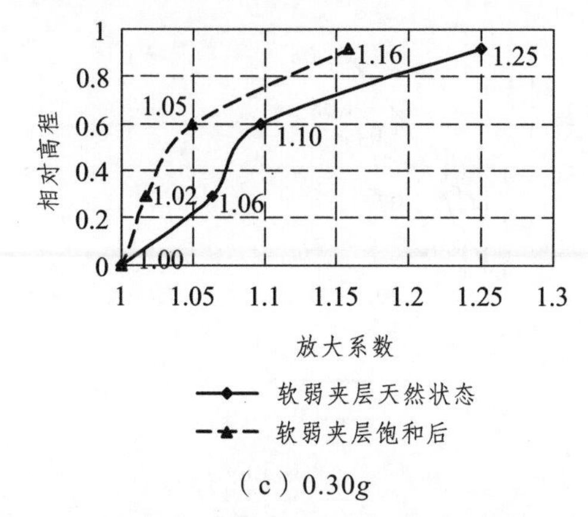

（c）0.30*g*

图 3-10 El Centro 地震作用下垂直向加速度放大系数

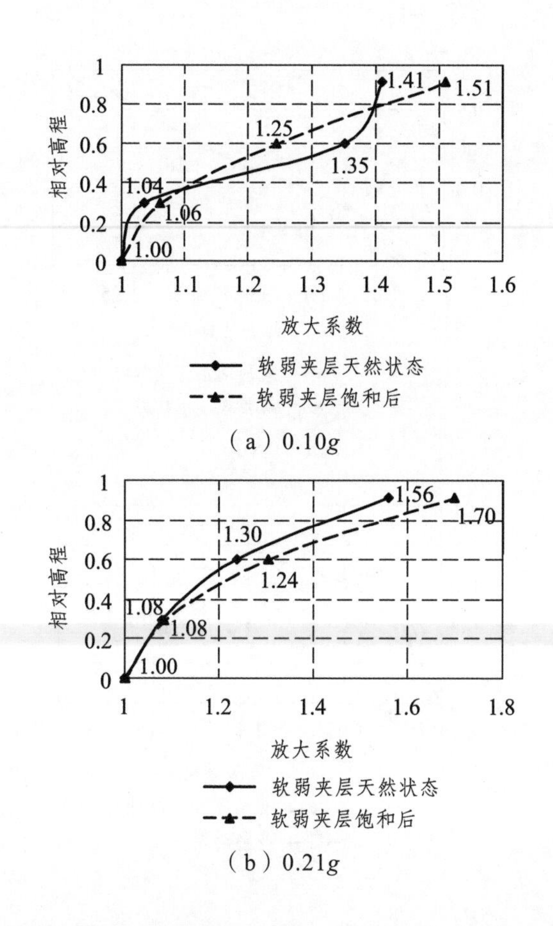

（b）0.21*g*

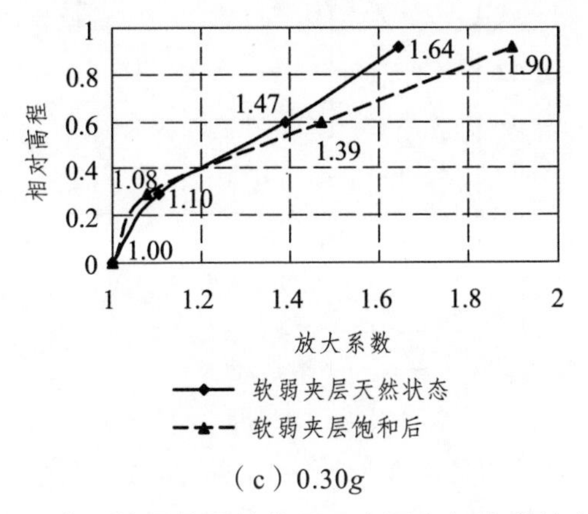

（c）0.30g

图 3-11 汶川地震清平波作用下水平向加速度放大系数

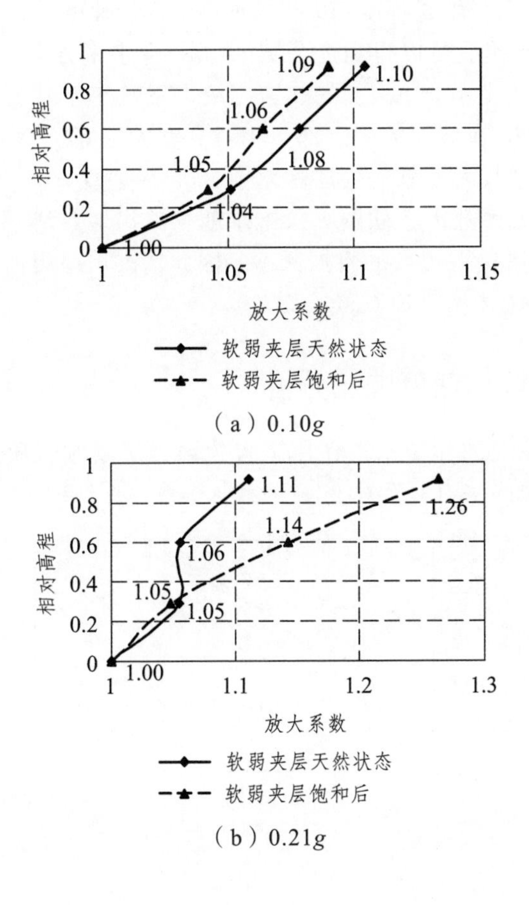

（a）0.10g

（b）0.21g

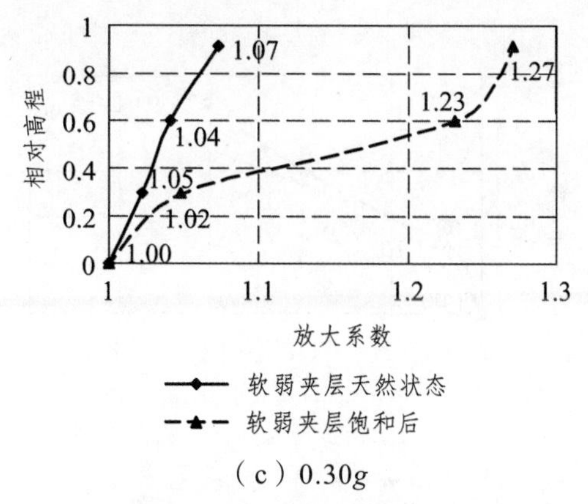

（c）0.30g

图 3-12　汶川地震清平波作用下垂直向加速度放大系数

从上图中可以看出，随着相对高度的增加，坡面的加速度放大系数逐渐增加，且坡脚的放大系数增长幅度稍大于坡面中上部加速度放大系数的增长幅度。

通过本节的研究，可以得到 3 个结论：① 在水平方向，软弱夹层饱水后坡脚部位（相对高度小于 0.4）的加速度放大系数小于软弱夹层饱水前的加速度放大系数；② 在坡面的中上部（相对高度大于等于 0.4）软弱夹层饱水后的加速度放大系数大于软弱夹层饱水前；③ 在垂直方向，软弱夹层饱水后坡面的加速度放大系数大于软弱夹层饱水前。汶川地震清平波的卓越频率较 El Centro 地震波更接近边坡的自振频率，因此，汶川地震清平波作用下边坡的加速度放大系数稍大于 El Centro 波。

3.1.4　反倾边坡加速度响应分析

El Centro 地震波和清平波作用下含软弱夹层反倾岩质边坡坡面附近的加速度放大系数如图 3-13 至图 3-16 所示。

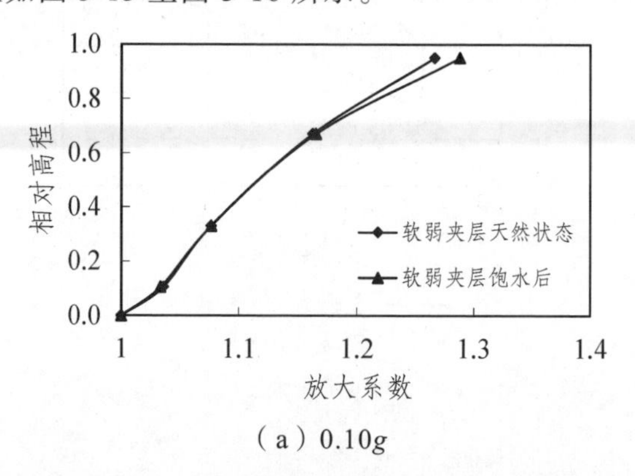

（a）0.10g

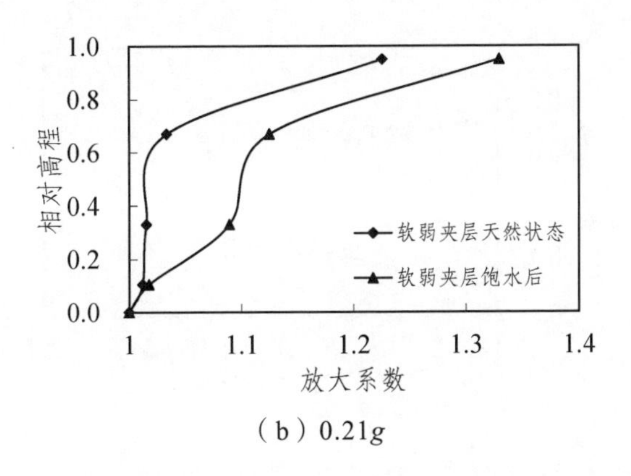

（b）0.21g

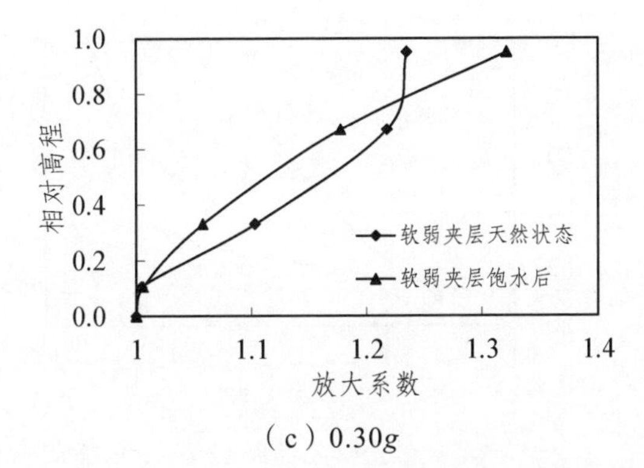

（c）0.30g

图 3-13　El Centro 地震作用下水平向加速度放大系数

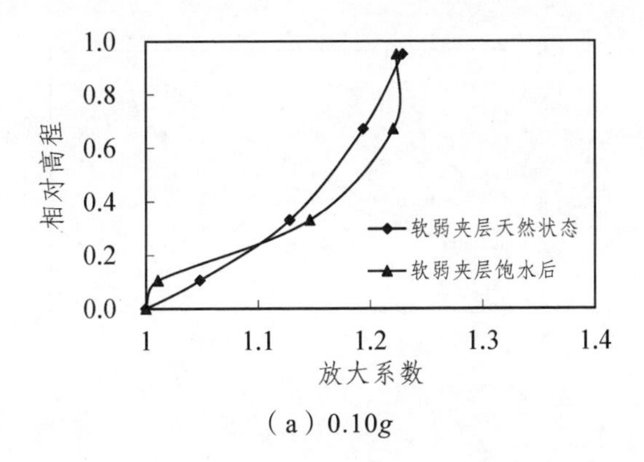

（a）0.10g

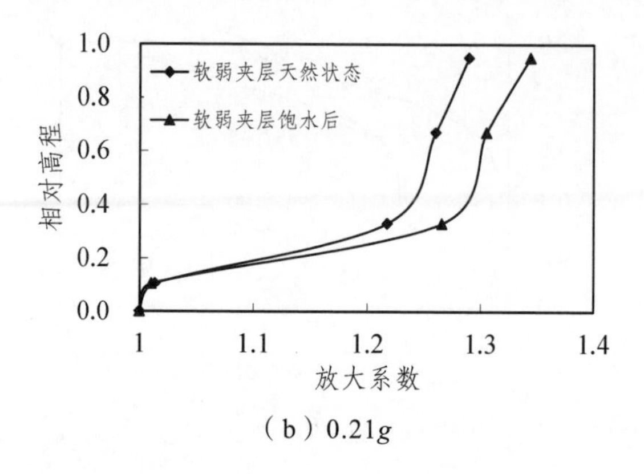

（b）0.21g

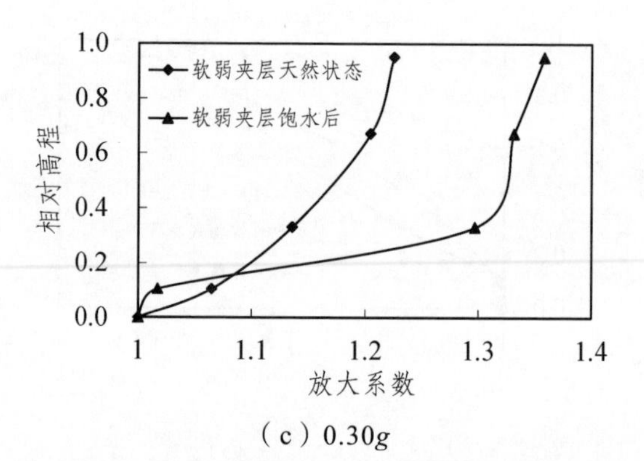

（c）0.30g

图 3-14　El Centro 地震作用下垂直向加速度放大系数

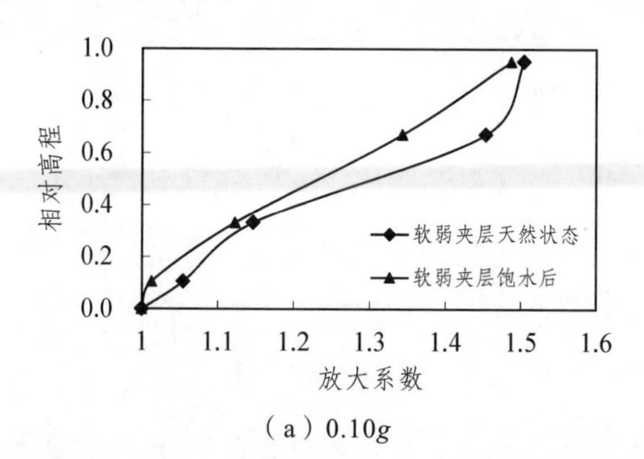

（a）0.10g

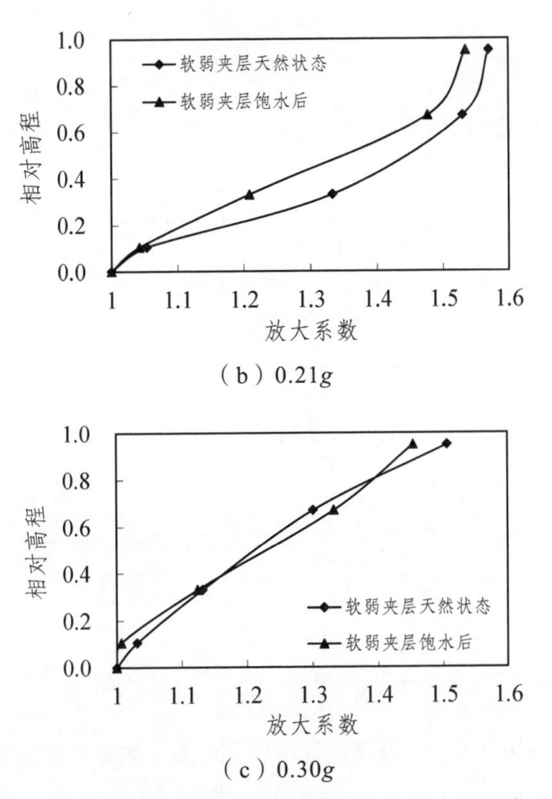

（b）0.21g

（c）0.30g

图 3-15　汶川地震清平波作用下水平向加速度放大系数

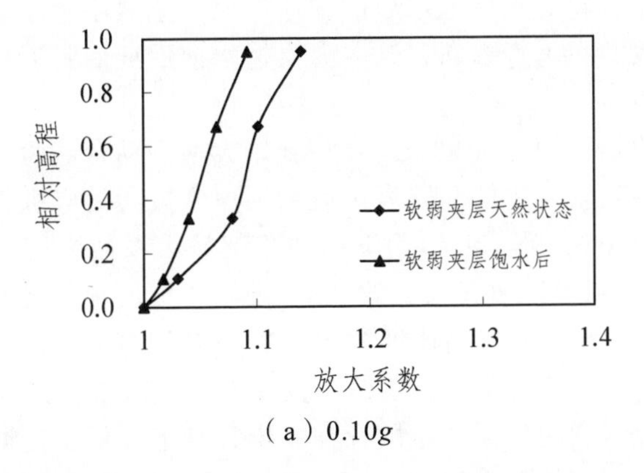

（a）0.10g

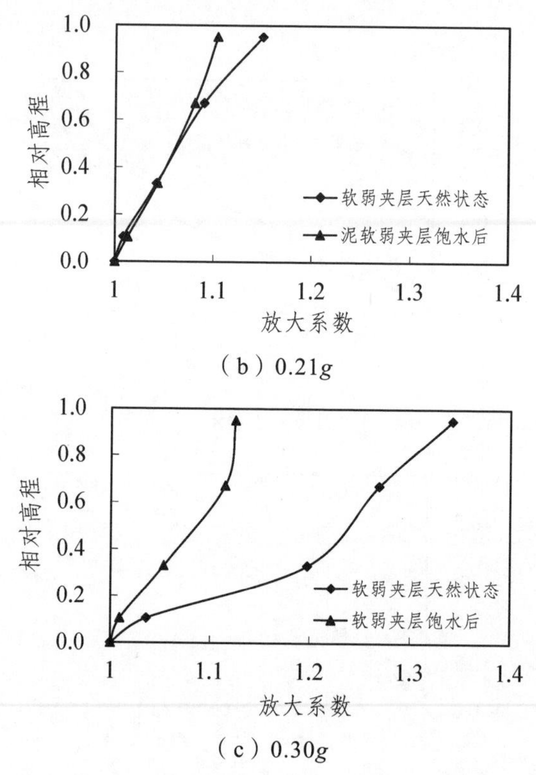

（b）0.21g

（c）0.30g

图 3-16　汶川地震清平波作用下垂直向加速度放大系数

从上图中可以看出，随着相对高度的增加，坡面的加速度放大系数逐渐增加。

在水平方向，软弱夹层饱水后的加速度放大系数小于软弱夹层饱水前的加速度放大系数。在垂直方向，软弱夹层饱水前后坡面附近加速度放大系数变化规律并不明显。

需要指出的是，2013 年刘汉香等[2]利用大型振动台试验对汶川地震卧龙波作用下水平层状软岩边坡和硬岩边坡的加速度放大效应进行了研究，其研究结果表明，以 0.3g 卧龙波作用下的加速度放大系数为例，软岩边坡坡顶（坡面和坡内）的加速度放大系数约 2.3，硬岩边坡坡顶（坡面和坡内）的加速度放大系数约 1.6。上述加速度放大系数均大于本试验得到的加速度放大系数。实际上，本试验模型中岩层倾角仅为 8°，若在忽视岩层倾角影响的前提下，可以发现岩层间软弱夹层的存在一定程度上降低了边坡的地震加速度放大效应，说明层间软弱夹层对地震波具有较明显的吸收作用。

3.1.5 加速度放大系数规范对比

我国边坡动力响应研究起步较晚，而模型动力试验条件苛刻，很难精确模拟真实坡体的复杂内部结构，实测边坡地震监测数据较少，对地震加速度放大效应的研究尚不成体系。本节对我国现行《建筑抗震设计规范》（GB 50011—2010）中关于岩质边坡加速度放大系数和地震稳定性的表述进行陈述[3]。

《建筑抗震设计规范》（GB 50011—2010）中，山区建筑物的场地和地基基础应符合下列要求：

（1）山区建筑场地勘察应有边坡稳定性评价和防治方案建议；应根据地质、地形条件和使用要求，因地制宜设置符合抗震设防要求的边坡工程。

（2）边坡设计应符合现行国家标准《建筑边坡工程技术规范》（GB 50330）的要求；其稳定性验算时，有关的摩擦角应按设防烈度的高低响应修正。

（3）边坡附近的建筑基础应进行抗震稳定性设计。建筑基础与土质、强风化岩质边坡的边缘应留有足够的距离，其值应根据设防烈度的高低确定，并采取措施避免地震时地基基础破坏。

根据《建筑抗震设计规范》（GB 50011—2010）的规定，在边坡等地方建造建筑物时应考虑地震对边坡等地段产生的放大效应，其最大加速度放大系数应乘以一定的增大系数，来满足设计的要求。其值可根据边坡的具体坡高坡度等具体情况乘以 1.1 ~ 1.6 范围内的增大系数。而条文说明中解释到，规范中增大系数是根据大量的岩土体地震反应分析的计算结果进行总结得到的。从地震动力反应分析以及大量的边坡震害实例可以反映出大致的情况如下：

（1）边坡的高度越高，地震反应越大。

（2）离边坡和边坡顶部边缘的距离越大，反应相对越小。

（3）从岩土构成方面看，在相同的地形条件下土体的动力反应比岩体大。

（4）边坡越陡，其顶部的放大效应相应越大。

基于以上定性的变化趋势，边坡的高差 H，坡角的正切值 H/L，边坡加速度放大系数的计算式为：

$$\lambda = 1 + \alpha$$

式中 λ——顶部加速度放大系数；

α——顶部加速度放大系数的增大幅度，按表 3-1 取值。

表 3-1 边坡加速度放大系数的增大幅度

边坡高度	非岩质地形	$H<5$	$5 \leqslant H<15$	$15 \leqslant H<25$	$H \geqslant 25$
	岩质地形	$H<20$	$20 \leqslant H<40$	$40 \leqslant H<60$	$H \geqslant 60$
局部突出台地边缘的侧向平均坡降（H/L）	$H/L<0.3$	1	1.1	1.2	1.3
	$0.3 \leqslant H/L<0.6$	1.1	1.2	1.3	1.4
	$0.6 \leqslant H/L<1$	1.2	1.3	1.4	1.5
	$H/L \geqslant 1$	1.3	1.4	1.5	1.6

文中规定的 0.6 是根据动力反应分析以及大量的边坡震害实例给出的，对多种边坡都适用。

需要指出的是，现有的模型试验和数值分析得到的边坡加速度放大系数远小于现场实测加速度放大系数。实际中，一些较高的岩质边坡坡面加速度放大系数可能达到很大的值。震后调查显示，岩质边坡表明的峰值加速度（*PGA*）可能被显著放大[4-7]。现场实测加速度放大系数多分布在 2～10 的区间，有些案例中甚至达到 30[6]。

然而，也有一些边坡实测加速度放大系数与模型试验和数值分析结果较接近。2007 年四川省地震局在四川省自贡市西山公园内一山坡上布置了强震观测台站，该观测台站在 2008 年 5 月 12 日汶川地震中记录到了良好的主震加速度时程。作者对这一边坡的实测加速度放大系数进行了分析，其坡顶东西向和垂直向的加速度放大系数约为 1.5，其坡顶南北向的加速度放大系数约为 1.6[8]。

3.2 边坡位移响应特征

3.2.1 位移数据处理方法

位移测试数据不同于加速度时程数据，由于受监测对象在试验结束后可能会出现变形（永久位移），因此，实测的位移时程曲线中实际包含了“基线”及“震荡”两个部分。以本次振动台模型试验为例，位移时程中的“基线”部分是在地震作用下坡面位移整体的变化趋势，其可以作为判定地震作用前后坡面变形的依据，其最终的幅值大小表示坡面的残余变形；而位移时程中的“震荡”部分是坡面位移在地震作用下的动态响应曲线，其表征了地震作用下坡面位移的动态变化过程，数值在零线上下波动。目前，常用的分离“基线”和“震荡”部分的方法主要有最小二乘拟合法、小波法、经验模态分解法、滑动平均法、滤波法、模型法等。

与上述几种方法相比，滑动平均法无须预先设定趋势项函数形式，亦不需求解趋势项的数学表达式，运用十分方便。因此，本章采用“滑动平均法”将坡面位移时程分解为“基线”和“震荡”两部分。

滑动平均法的基本计算公式为[9，10]：

$$y_i = \sum_{n=-N}^{N} h_n x_{i-n} \quad (i = 1,2,3,\cdots,m) \tag{3-1}$$

式中 x——采样数据；

y——处理后数据；

m——数据点个数；

h——加权平均因子，加权平均因子必须满足其和等于 1。

对于简单滑动平均法，其加权因子为：

$$h_n = \frac{1}{2N+1} \quad (n = 0,1,2,\cdots,N) \tag{3-2}$$

对应的基本表达式为：

$$y_i = \frac{1}{2N+1} \sum_{n=-N}^{N} x_{i-n} \tag{3-3}$$

式中 $2N+1$——平均点数。

根据最小二乘法原理，对振动信号进行线性滑动平均的方法即为直线滑动平均法，五点滑动平均（$N=2$）的计算公式为：

$$\begin{cases} y_1 = \dfrac{1}{5}(3x_1 + 2x_2 + x_3 - x_4) \\ y_2 = \dfrac{1}{10}(4x_1 + 3x_2 + 2x_3 + x_4) \\ \quad\vdots \\ y_i = \dfrac{1}{5}(x_{i-2} + x_{i-1} + x_i + x_{i+1} + x_{i+2}) \qquad (i = 3,4,\cdots,m-2) \\ \quad\vdots \\ y_{m-1} = \dfrac{1}{10}(x_{m-3} + 2x_{m-2} + 3x_{m-1} + 4x_m) \\ y_m = \dfrac{1}{5}(-x_{m-3} + x_{m-2} + 2x_{m-1} + 3x_4) \end{cases} \tag{3-4}$$

利用 MATLAB 编制的分离程序如下所示：

```
clc
A=dir('42.txt');
filenum=length(A);
for i=1:filenum
data=load(A(i).name);
[c,r]=size(data);
    t= data(1:c,1);
x= data(1:c,2);
    l=30;
    m=100;
    b1=ones(l,1);
    a1=[b1*x(1); x; b1*x(c)];
    b2=a1;
for k=1:m
for j=l+1:l+c
b2(j)=mean(a1(j-l:j+l));
end
        a1=b2;
end
    y=x(1:c)-a1(1+l:c+l);
residual=a1;
    newfilename1=strcat('动态值-',A(i).name);
    newfilename2=strcat('残余值-',A(i).name);
figname=deblank(strrep(newfilename1, '.txt', ''));
figname=deblank(strrep(newfilename2, '.txt', ''));
    dlmwrite(newfilename1,y,'delimiter','\t','newline','pc','-append');
    dlmwrite(newfilename2,residual,'delimiter','\t','newline','pc','-append');
end
```

利用上述 MATLAB 程序将本次试验中的位移时程进行分解，分解结果示例如图 3-17～图 3-19 所示。

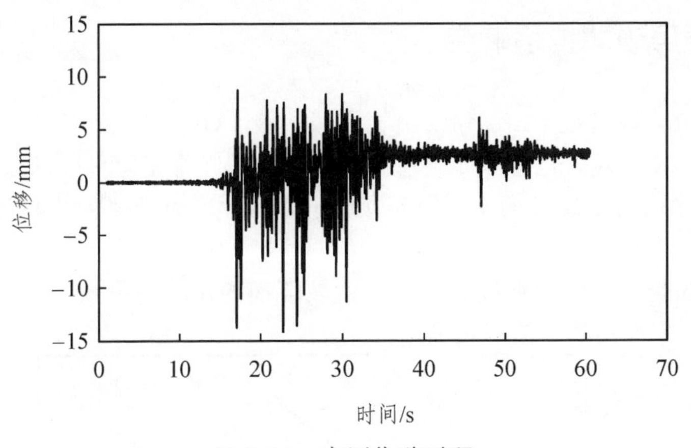

图 3-17 实测位移时程

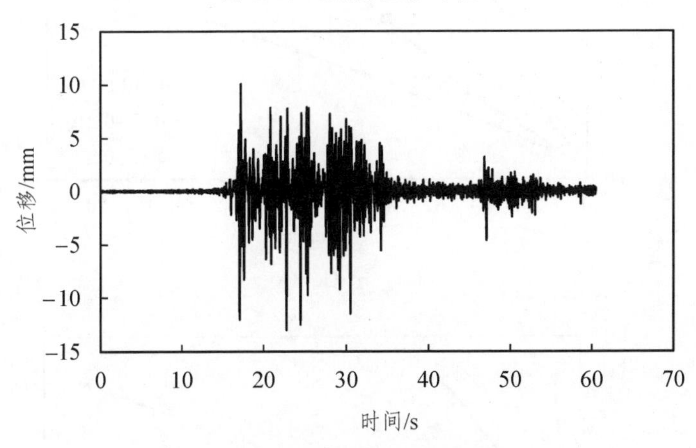

图 3-18 实测位移时程震荡部分

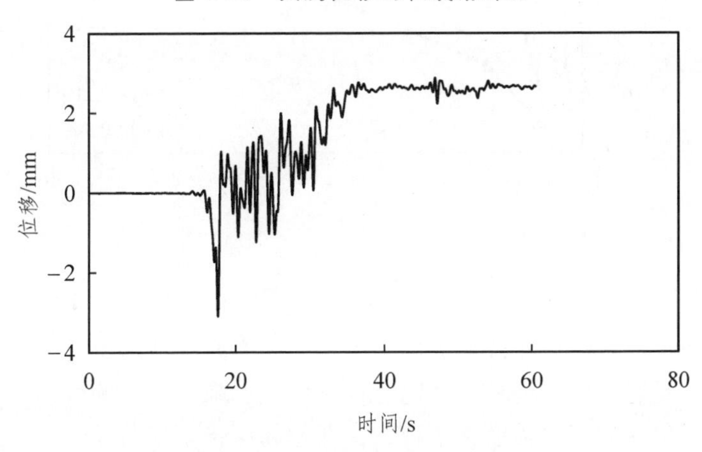

图 3-19 实测位移时程基线部分

3.2.2 顺层边坡位移响应

El Centro 地震波（El）和汶川地震清平波（QP）作用下含软弱夹层顺层岩质边坡的坡面残余位移（即“基线”部分的最终稳定值）分别如图 3-20 和图 3-21 所示。需要注意的是，软弱夹层饱水后，当激励地震波幅值达到 0.3*g* 时，顺层岩质边坡坡面位移较大，超过了激光位移计的测量范围，因此，0.3*g* 以后（含 0.3*g*）含软弱夹层顺层岩质边坡坡面的位移数据缺失。

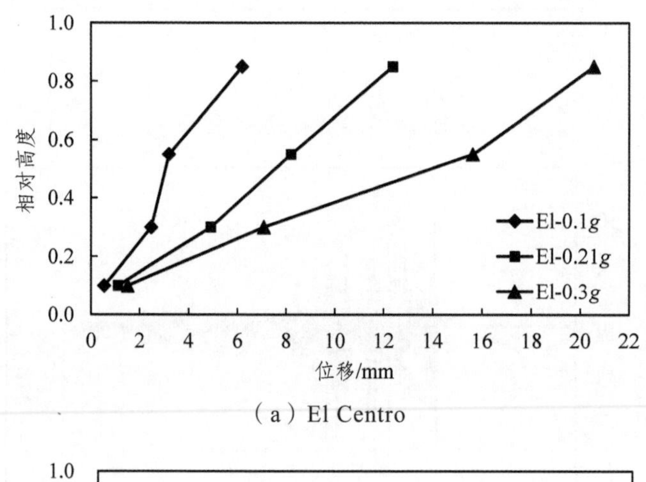

（a）El Centro

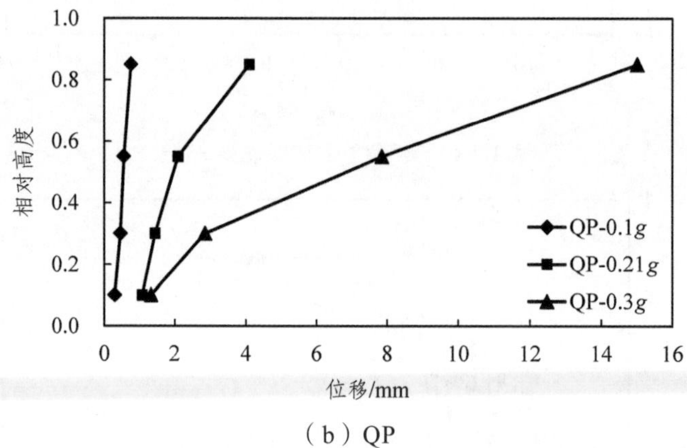

（b）QP

图 3-20　软弱夹层天然状态时坡面位移随高程的变化规律

从上图可以看出，在软弱夹层处于天然状态时，坡面位移随着高度的增加而增大，且增大的幅度较大。同时可以发现，随着高度的增加，相邻幅值激励时坡面位移的变化幅度越来越大，即相邻两条位移曲线之间的距离随着高度的增加逐渐增大。

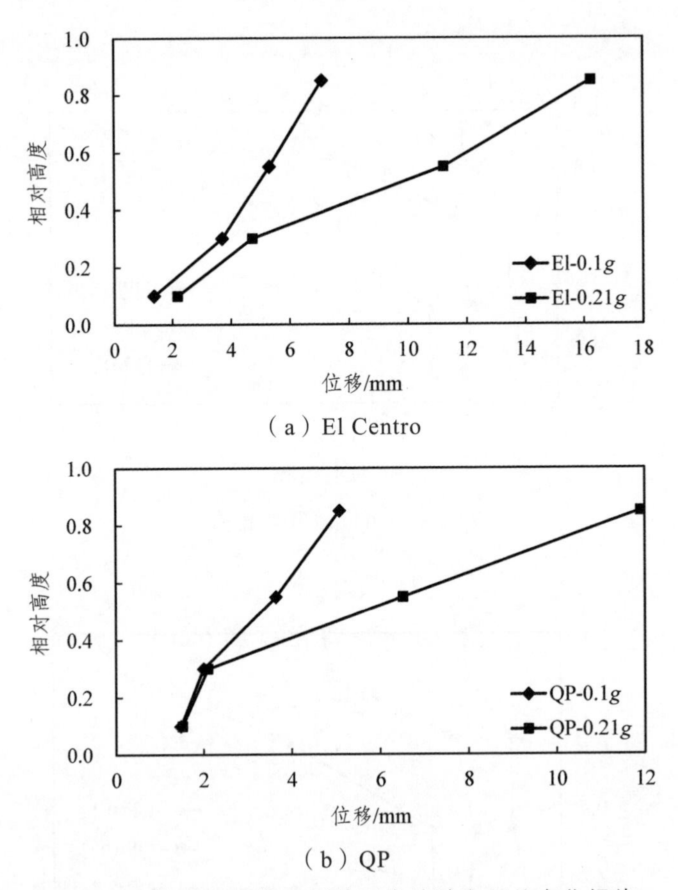

（a）El Centro

（b）QP

图 3-21　软弱夹层饱和后坡面位移随高程的变化规律

当软弱夹层饱和后，同软弱夹层处于天然状态时一样，坡面位移主要体现以下两个方面的特征：① 随着高度的增加，坡面位移逐渐增大；② 相邻两条位移曲线之间的距离随着高度的增加逐渐加大。同时还值得注意的是，顺层边坡坡面位移较软弱夹层处于天然状态时出现一定程度的增加。

3.2.3　反倾边坡位移响应

El Centro 地震波（El）和汶川地震清平波（QP）作用下含软弱夹层反倾岩质边坡的坡面残余位移（即“基线”部分的最终稳定值）分别如图 3-22 和图 3-23 所示。

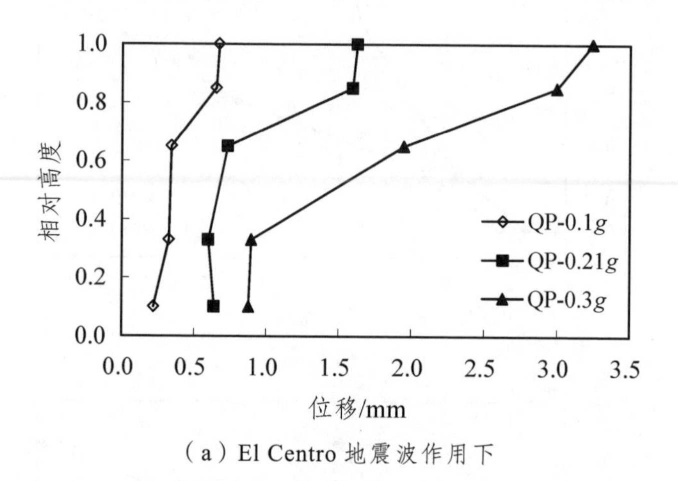

（a）El Centro 地震波作用下

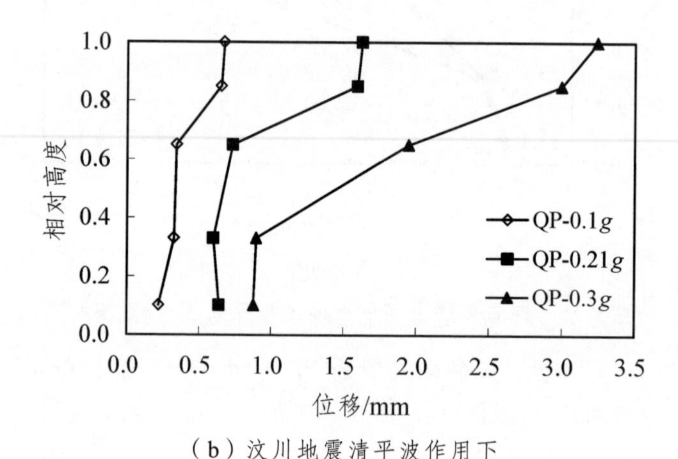

（b）汶川地震清平波作用下

图 3-22　软弱夹层天然状态时坡面位移随高程的变化规律

从上图中可以看出，软弱夹层饱水前，随着相对高度的增加，坡面位移呈现出非线性单调增长趋势，且随着输入地震动幅值增大，这一非线性特性表现得更加明显。从曲线的斜率不难看出，坡体上部（相对高度介于 0.6 到 0.9 之间）的坡面位移增长幅度大于坡体其他位置的增长幅度，尤其在 0.30*g* 地震波作用下更加明显。

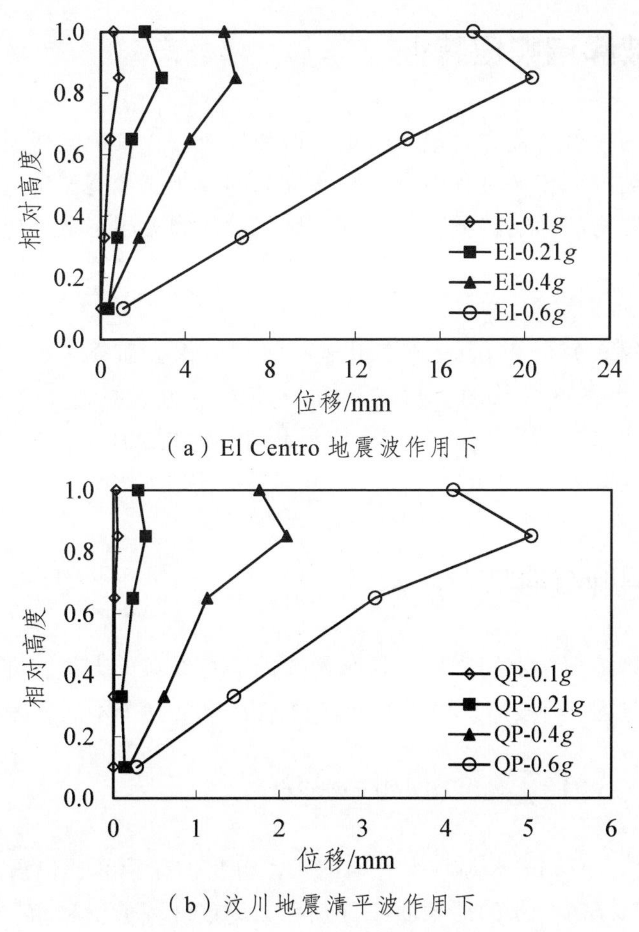

（a）El Centro 地震波作用下

（b）汶川地震清平波作用下

图 3-23　软弱夹层饱和后坡面位移随高程的变化规律

从图中可以看出，随着相对高度的增加，坡面的位移先增大后减小，临近坡肩处坡面位移最大，出现这种现象的原因可能为：软弱夹层饱水后，饱和的软弱夹层将坡体分割成几个相对独立的岩层，这几个岩层在静力作用下有向坡体后缘下滑的趋势。在地震荷载作用下，坡体中上部岩层受到上下岩层的挤压后沿饱和软弱夹层向临空面剪切滑出，而坡顶岩层在惯性力作用下有向坡体后缘下滑的趋势，坡脚岩层受到基岩的横向限制，因此，坡顶岩层和坡脚岩层的位移均小于坡体中上部岩层的位移。试验结束后观察坡体发现坡面呈现鼓出的形态，这与实际监测数据相符。观察图 3-22 和图 3-23 中各个曲线的间距可以发现，随着输入地震动强度的增大，坡面位移增长的幅度逐渐增加，坡面位移的增长和输入地震动强度的增长体现出非线性特性。

3.3 边坡频谱响应特征

地震波的频谱特性主要包括傅里叶谱和反应谱，其中，傅里叶谱反映了地震波在边坡内部传递过程中自身频率成分的变化，地震波反应谱表征了地震波对上部结构的影响特征[11]。因此，研究含软弱夹层层状岩质边坡对地震波频谱特性的影响规律，对于指导边坡的支护设计以及坡体上部建筑物的抗震设计具有十分重要的意义。

本节以输入幅值为 0.3g 的汶川地震清平波作为研究工况，研究软弱夹层处于天然状态下含软弱夹层顺层和反倾岩质边坡对地震波频谱成分的影响规律。本节所示傅里叶谱和反应谱均在 MATLAB 中经过两次 12 点平滑处理。

3.3.1 傅里叶谱响应

傅里叶谱是数学上用来表示复杂函数的一种经典的方法，即把复杂的地震动加速度过程 $a(t)$ 按离散傅里叶变换技术展开为 N 个不同频率的组合：

$$a(t)=\sum_{i=1}^{N}A_i(\omega)\sin[\omega_i t+\varphi_i(\omega)] \tag{3-5}$$

式中　$A_i(\omega)$，$\varphi_i(\omega)$——圆频率为 ω_i 的振动分量的振幅和相位角。

$A_i(\omega)$、$\varphi_i(\omega)$ 与 ω_i 的关系曲线分别称为傅里叶幅值谱和相位谱，两者统称为傅里叶谱。式（3-1）可以改写为：

$$a(t)=\sum_{i=1}^{N}A_i(\mathrm{i}\omega)\mathrm{e}^{\mathrm{i}\omega_i t} \tag{3-6}$$

这里，$\mathrm{i}=\sqrt{-1}$，复函数 $A(\mathrm{i}\omega)$ 就是傅里叶谱，其模 $|A(\mathrm{i}\omega)|$ 为幅值谱，有时写为 $F(\omega)$。

1. 顺层岩质边坡

选取顺层边坡中相对高度为 0.295 的 A24 测点、相对高度为 0.6 的 A28 测点以及相对高度为 0.915 的 S-A-40 测点为研究对象，探究地震波在坡体内部自下而上传播过程中频率成分的变化规律。0.3g 清平地震波作用下顺层边坡内部的傅里叶谱变化规律如图 3-24 所示。

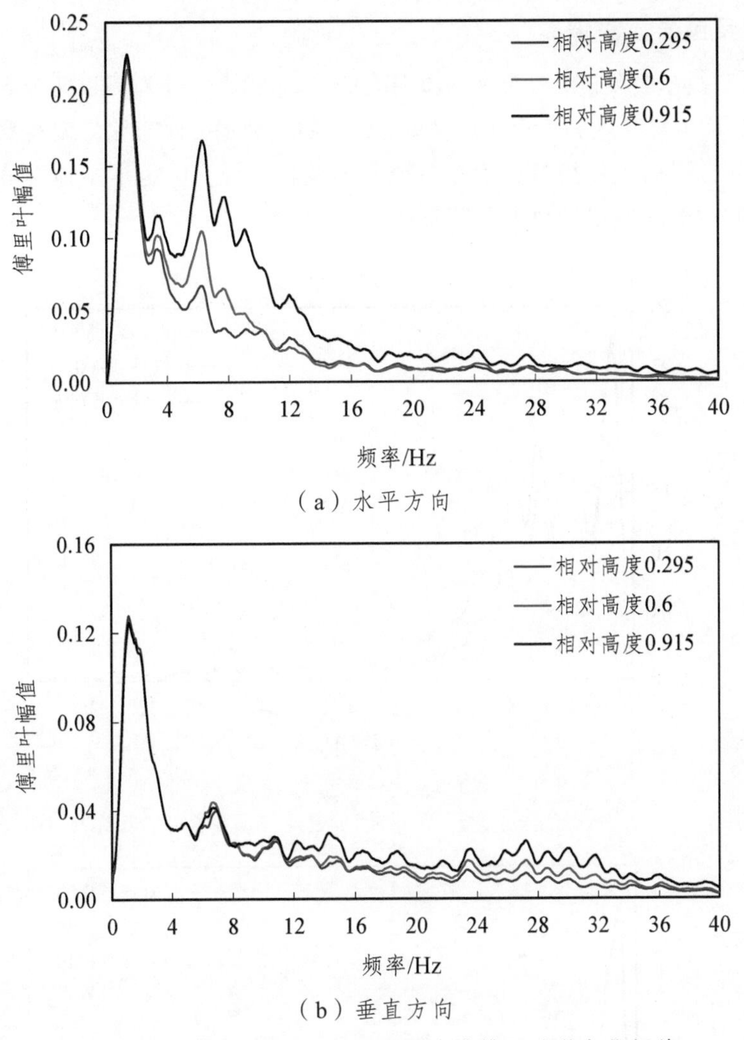

（a）水平方向

（b）垂直方向

图 3-24 0.3g 清平波作用下顺层边坡傅里叶谱变化规律

在水平方向，边坡对地震波的频谱成分具有较大的影响，如图 3-24（a）所示，地震波在由坡脚向坡顶传播的过程中，低频成分（1～3 Hz）几乎未发生任何变化，高频部分（3～16 Hz）被明显放大，并出现双峰值现象，第一个峰值均出现在 2 Hz 附近，第二个峰值出现在 7 Hz 附近。在垂直方向，如图 3-24（b）所示，边坡对地震波的频谱成分几乎没有影响，不同高度处的傅里叶谱在 10～40 Hz 部分有轻微的放大。对比水平方向和垂直方向的傅里叶谱峰值可以发现两者的差距较大，垂直方向的傅里叶谱峰值仅为水平方向的 1/2 左右。

2. 反倾岩质边坡

选取反倾边坡中相对高度为 0.105 的 A28 测点、相对高度为 0.67 的 A9 测点，以及相对高度为 0.95 的 A18 测点为研究对象，探究地震波在反倾边坡坡体内部自下而上传播过程中频率成分的变化规律。0.3g 清平地震波作用下反倾边坡内部的傅里叶谱变化规律如图 3-25 所示。

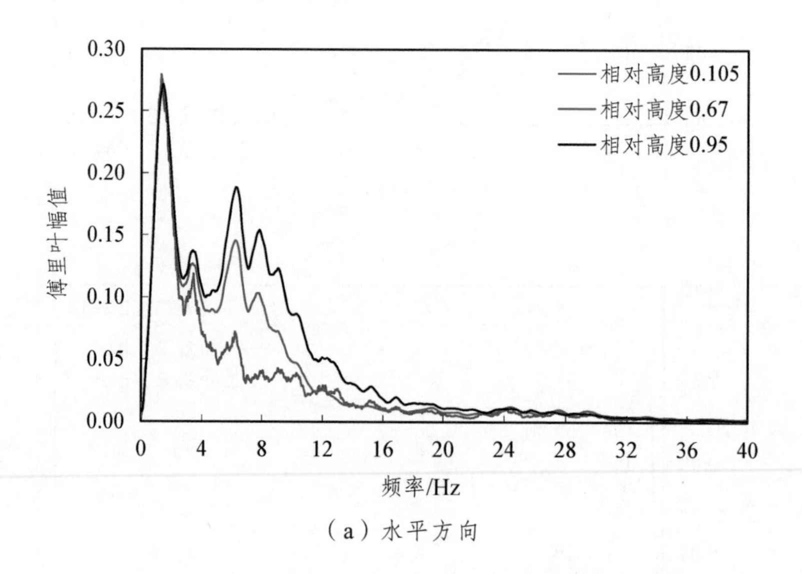

（a）水平方向

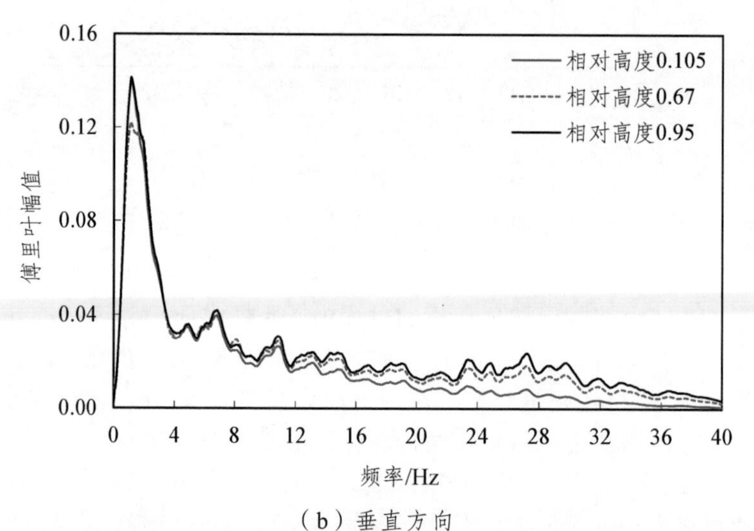

（b）垂直方向

图 3-25　0.3g 清平波作用下反倾边坡傅里叶谱变化规律

从图 3-25 可以看出，反倾边坡具有与顺层边坡相似的傅里叶谱变化规律。在水平方向，边坡对地震波的频谱成分影响较大，如图 3-25（a）所示，地震波在由坡脚向坡顶传播的过程中，低频成分几乎无变化，高频部分被放大，并出现双峰值现象，第一个峰值出现在 2 Hz 附近，第二个峰值出现在 6 Hz 附近。在垂直方向，反倾边坡对地震波频谱成分的影响几乎可以忽略不计，如图 3-25（b）所示，不同高度处的傅里叶谱只在 12 ~ 40 Hz 频段出现轻微的放大。对比图 3-25（a）和图 3-25（b）可以发现，水平方向和垂直方向的傅里叶谱峰值差距较大,垂直方向的傅里叶谱峰值仅为水平方向的 1/2 左右。

3.3.2 反应谱响应

反应谱是在给定的地震加速度作用期间内,单质点体系的最大位移反应、速度反应和加速度反应随质点自振周期变化的曲线。

本章以 0.21g 汶川地震清平波为激励工况，根据天然状态下顺层边坡和反倾边坡不同高程的各个测点实测加速度时程计算得到的反应谱，分别如图 3-26 和图 3-27 所示。反应谱计算时阻尼比取值为 5%。

1. 顺层边坡

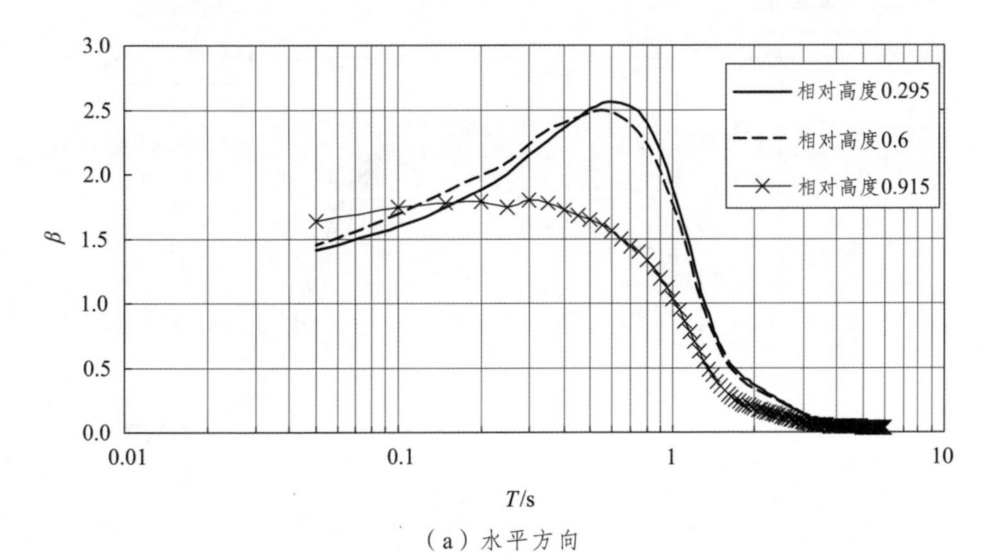

（a）水平方向

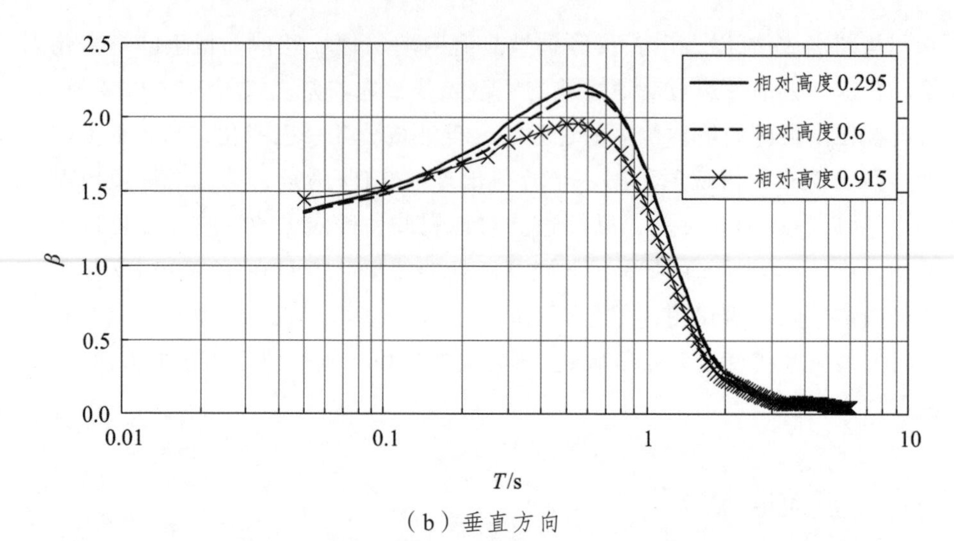

（b）垂直方向

图 3-26 0.21g 清平波作用下顺层边坡不同高程处反应谱

综合对比分析水平和垂直方向的反应谱随高程的变化规律，可以发现无论是水平方向还是垂直方向，边坡中下部（相对高度不大于 0.6），反应谱幅值较接近，在周期 0.05 ~ 0.2 s 区间，坡顶附近（相对高度 0.915）的反应谱幅值大于边坡中下部的反应谱幅值，在周期 0.2 ~ 6 s 区间，坡顶附近（相对高度 0.915）的反应谱幅值小于边坡中下部的反应谱幅值。

2. 反倾边坡

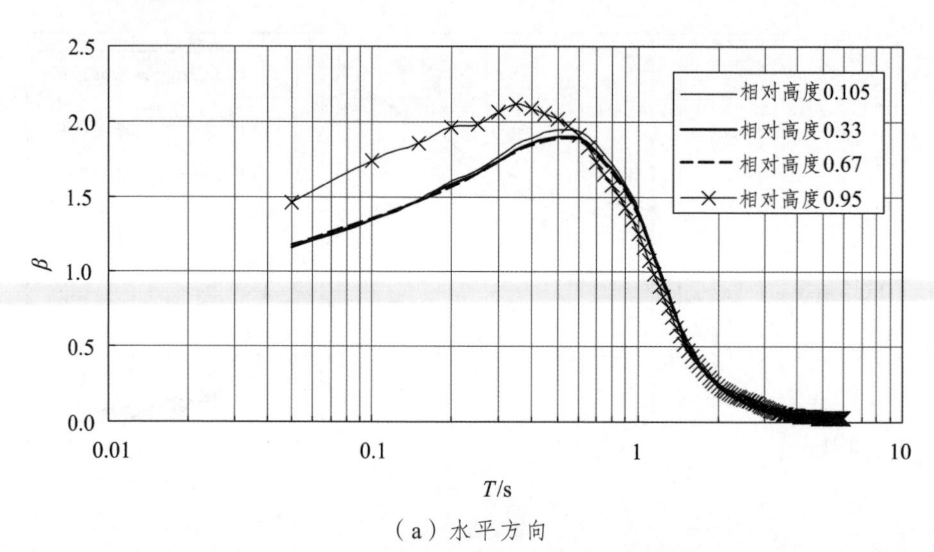

（a）水平方向

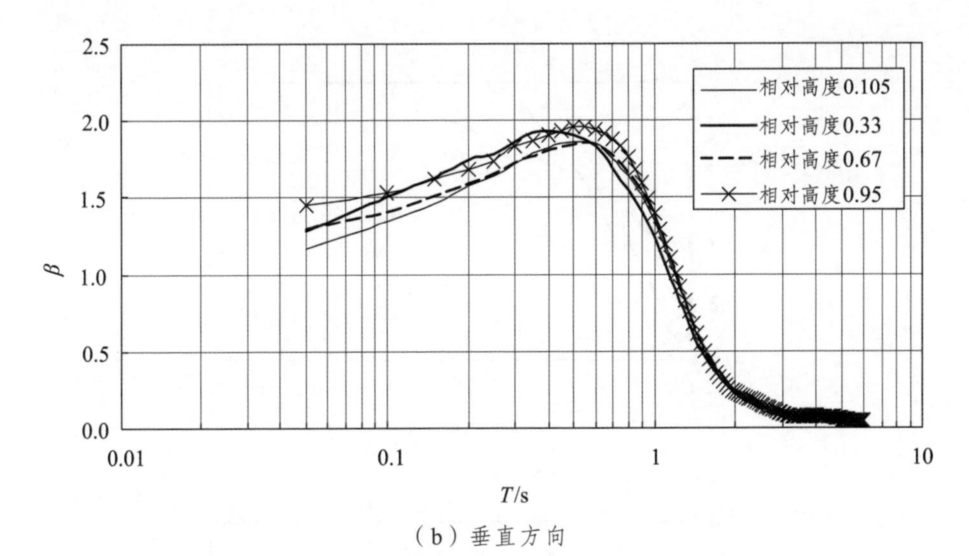

（b）垂直方向

图 3-27 0.21g 清平波作用下反倾边坡不同高程处反应谱

对于反倾岩质边坡，在水平方向，边坡中下部（相对高度不大于 0.67）反应谱幅值随高程的变化较小，可以忽略不计，但是坡顶附近（相对高度 0.95）的反应谱幅值在周期 0.05 ~ 0.6 s 区间较坡体中下部出现了较大幅度的增加，在周期 0.6 ~ 6 s 区间坡顶反应谱幅值与坡体中下部接近。在垂直方向，反倾边坡不同高程处的反应谱幅值接近，可以认为含软弱夹层反倾边坡反应谱幅值不随高程的变化而变化。

3.4 坡面及坡内加速度响应差异性分析

2008 年汶川地震后的震害调查资料显示，岩质边坡震害存在较明显的“趋表效应”，即边坡表面的震害程度强于坡体内部[12]。为了对这一趋表效应发生的机制进行定量研究，本书利用大型振动台模型试验实测加速度时程对边坡表面和坡体内部的加速度响应差异性进行探究。

1. 顺层边坡

以 0.10g、0.21g 和 0.30g El Centro 地震波作用下边坡的加速度响应为例，探究边坡内部与坡面附近加速度响应的差异（软弱夹层分别处于天然状态和饱和状态下）。如图 3-28、3-29 所示。

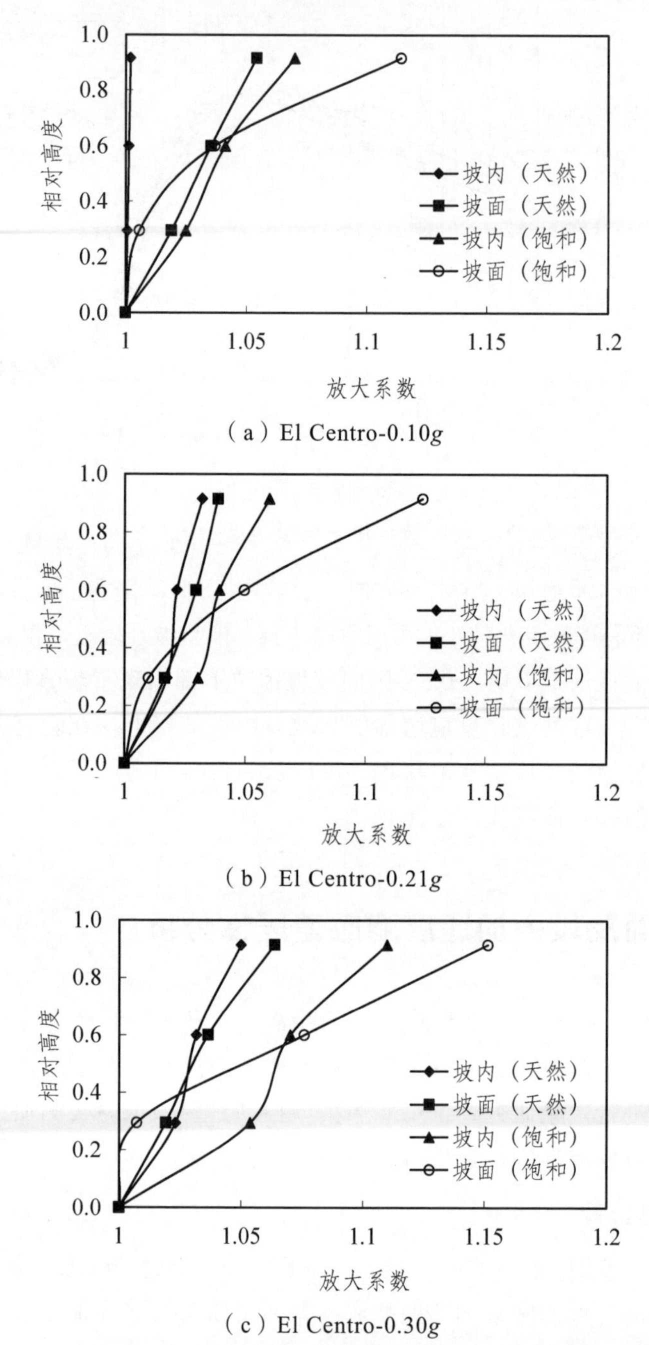

（a）El Centro-0.10g

（b）El Centro-0.21g

（c）El Centro-0.30g

图 3-28 El Centro 地震波作用下顺层边坡水平向加速度放大系数

从图 3-28 中不难看出，在软弱夹层饱水前后，坡体内和坡面的水平向加速度放大系数均随着相对高度增加而增加。软弱夹层饱水后坡体内和坡面加速度放大系数整体大于软弱夹层饱水前。软弱夹层饱水前，坡体内和坡面放大效应均较微弱，坡面放大效应稍大于坡体内。软弱夹层饱水后，在坡体下部，坡体内加速度放大系数大于坡面，在坡体中上部，坡面加速度放大系数大于坡体内。

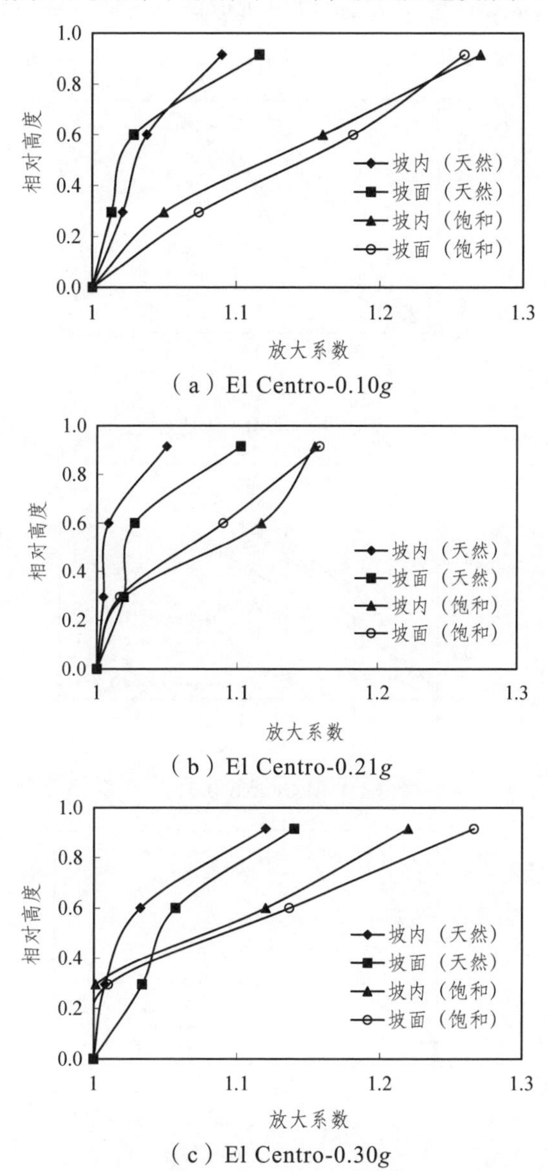

（a）El Centro-0.10*g*

（b）El Centro-0.21*g*

（c）El Centro-0.30*g*

图 3-29 El Centro 地震波作用下顺层边坡垂直方向加速度放大系数

图 3-29 表明，在垂直方向，加速度放大系数随着边坡相对高度的增加而增加，软弱夹层饱和后边坡内部和坡面附近的加速度放大效应整体上大于软弱夹层饱水前。另外，坡面附近的加速度放大系数稍大于坡体内部。

2. 反倾边坡

同样以 El Centro 地震波为例，反倾边坡坡体内部及坡面附近水平方向和垂直方向的加速度放大系数变化规律如图 3-30 和图 3-31 所示。

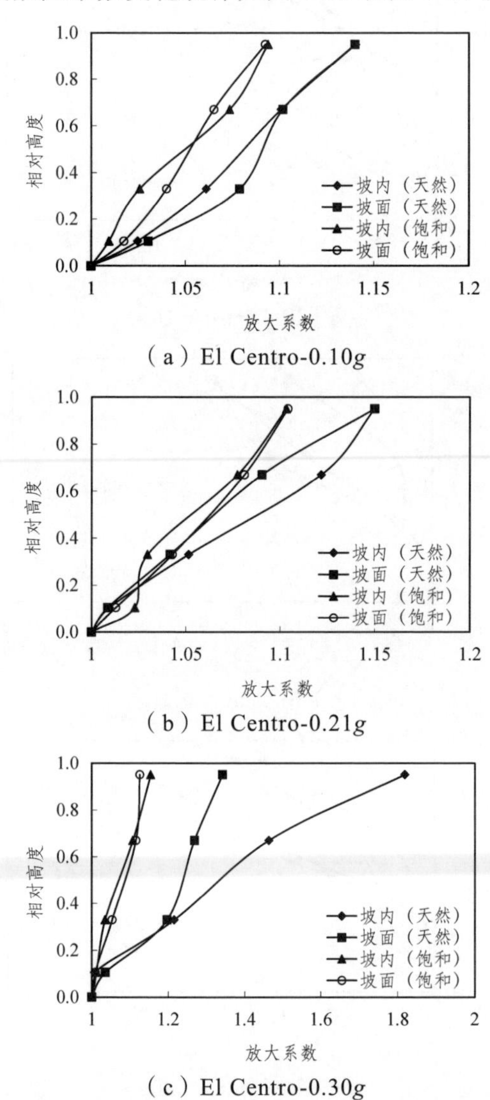

（a）El Centro-0.10g

（b）El Centro-0.21g

（c）El Centro-0.30g

图 3-30　El Centro 地震波作用下反倾边坡水平方向加速度放大系数

水平方向，软弱夹层饱水前坡面和坡体内部加速度放大系数大于软弱夹层饱水后坡面和坡体的加速度放大系数。软弱夹层饱水前，随着输入地震动强度的提高，坡体内部加速度放大系数逐渐大于坡面加速度放大系数，当输入地震动强度达到 0.3g 时，坡体内部的加速度放大系数远远大于坡面的加速度放大系数。软弱夹层饱水后，坡体内部和坡面的加速度放大系数相差不大，坡体内部和坡面具有相近的加速度放大效应。

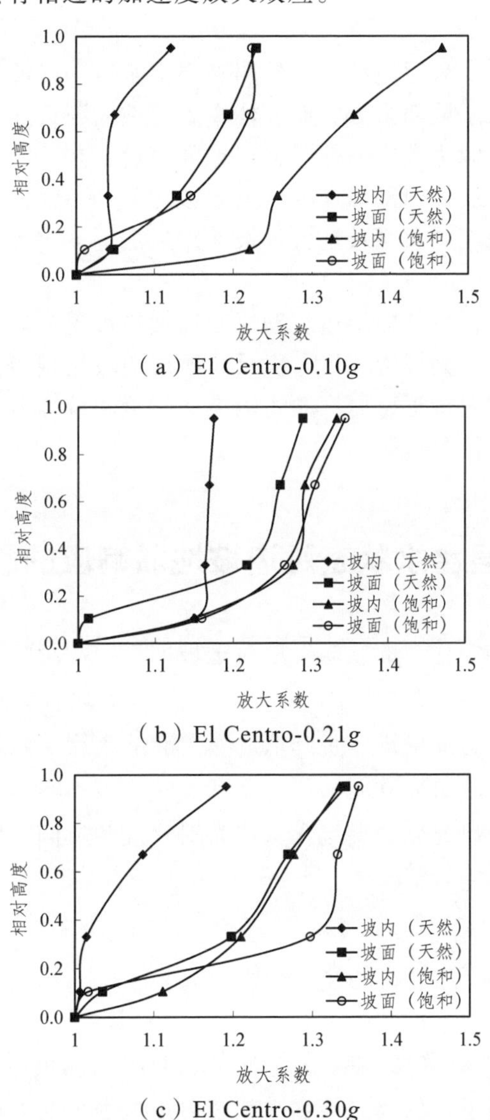

（a）El Centro-0.10g

（b）El Centro-0.21g

（c）El Centro-0.30g

图 3-31　El Centro 地震波作用下反倾边坡垂直方向加速度放大系数

垂直方向，随着相对高度的增加，坡面附近和坡体内部的加速度放大系数逐渐增大。软弱夹层饱水后坡体和坡面的加速度放大系数大于软弱夹层饱水前坡体和坡面的加速度放大系数。软弱夹层饱水前，坡面的加速度放大系数大于坡体的加速度放大系数。

综合对比分析含软弱夹层顺层和反倾岩质边坡的加速度响应，可以发现顺层边坡和反倾边坡加速度响应规律存在较大差异，主要体现在以下两个方面：

（1）水平方向，顺层边坡中，软弱夹层饱水后，在坡体下部，坡体内部加速度放大系数大于坡面附近，而坡体中上部坡面附近加速度放大系数大于坡体内部；而在反倾边坡中，软弱夹层饱和前后，在不同高程上，坡面附近加速度放大系数与坡体内部加速度放大系数均差异不大，只在 0.30g 地震波激励下坡内的加速度放大系数远大于坡面附近加速度放大系数（软弱夹层处于天然状态下）。

（2）垂直方向，虽然顺层边坡和反倾边坡均表现为边坡天然状态时加速度放大系数大于软弱夹层饱和后，但是，顺层边坡表现为坡面附近和坡体内部加速度放大系数较接近，而反倾边坡坡面附近和坡体内部加速度放大系数差别较大，且无规律可循。

3.5 软弱夹层含水状态对边坡地震响应的影响

层状岩质边坡中存在的软弱夹层对边坡的稳定性影响极大，尤其是顺层岩质边坡[13, 14]。软弱夹层中水的存在将进一步弱化软弱夹层的物理力学性质，软弱夹层的抗剪强度进一步降低。对含软弱夹层层状岩质边坡的地震稳定性进行探究时，应研究软弱夹层含水状态对边坡地震响应的影响规律。本节选取典型工况，研究软弱夹层含水状态对顺层和反倾边坡加速度放大系数以及频谱特性的影响特征。

3.5.1 对加速度放大效应的影响

因对边坡地震稳定性影响最大的为水平向加速度，故此节仅讨论 El Centro 地震波作用下，软弱夹层含水状态对边坡水平向加速度放大系数的影响规律。图 3-18 至图 3-31 表明：

对于含软弱夹层顺层岩质边坡，软弱夹层饱和后边坡内部的加速度放大系数均大于软弱夹层天然状态时的加速度放大系数；软弱夹层饱和后，边坡中下部坡面附近的加速度放大系数小于软弱夹层天然状态时的加速度放大系数，边坡中上部坡面附近的加速度放大系数大于软弱夹层天然状态时的加速度放大系数。出现这一现象的原因可能为：受顺层岩质边坡特殊结构影响，软弱夹层饱和后边坡岩层水平向的侧向约束减小，刚度降低，在同强度地震作用下，软弱夹层饱和后顺层边坡在水平向较软弱夹层处于天然状态时具有更加剧烈的加速度响应。对于边坡中下部坡面附近的加速度放大系数，因为坡体中下部岩层和软弱夹层受上部岩层的重力挤压作用，层间摩擦作用导致水平约束较大，边坡中下部的加速度响应仍受软弱夹层的吸能作用影响，所以软弱夹层饱和后边坡中下部的加速度放大系数小于软弱夹层处于天然状态时。

对于含软弱夹层反倾岩质边坡，软弱夹层饱和后坡面附近的加速度放大系数和坡体内部的加速度放大系数均小于软弱夹层天然状态时的加速度放大系数。出现这一现象的原因可能为：对于反倾边坡，饱和后的软弱夹层对地震波能量的吸收作用增强，进而降低了反倾边坡的地震响应水平，坡体内部和坡面附近的地震加速度放大系数减小。

综合上述分析不难看出，对于本书研究的含软弱夹层层状岩质边坡，在不考虑坡高、坡体形态等因素的前提下，其水平向加速度响应主要受软弱夹层的吸能作用和岩层的水平向刚度影响，含软弱夹层层状岩质边坡的加速度放大系数变化是上述两种因素共同作用的结果。

3.5.2 对边坡频域响应的影响

1. 傅里叶谱分析

以含软弱夹层顺层和反倾岩质边坡坡顶附近加速度测点（顺层边坡为A14测点，反倾边坡为A11测点，参见图2-22和图2-23）的加速度时程为例进行分析，研究工况为0.21g汶川地震清平波，探究软弱夹层含水状态对地震波频率成分的影响。实测地震波经过基线校正和带通滤波处理后，利用MATLAB计算得到各个测点各种工况下的傅里叶谱，分别如图3-32和图3-33所示。

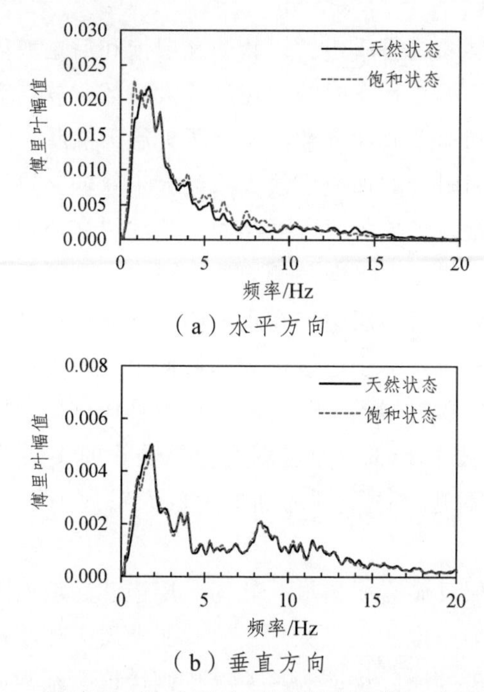

（a）水平方向

（b）垂直方向

图 3-32　软弱夹层含水状态对顺层边坡傅里叶谱的影响

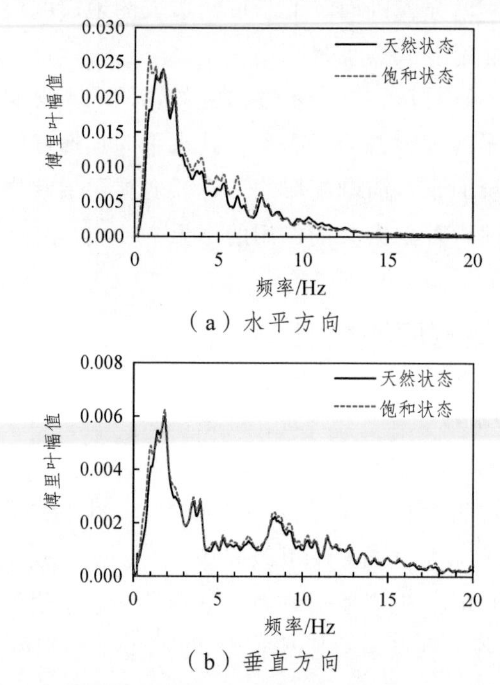

（a）水平方向

（b）垂直方向

图 3-33　软弱夹层含水状态对反倾边坡傅里叶谱的影响

图 3-32 和图 3-33 中，软弱夹层处于天然状态和饱和状态时的傅里叶谱幅值几乎重合，这表明软弱夹层的含水状态对水平向和垂直向地震波频率成分的影响可以忽略不计。

2. 反应谱分析

以 0.21g 汶川地震清平波激励下顺层和反倾边坡坡顶附近的反应谱为研究对象，探究软弱夹层含水状态对边坡反应谱的影响规律。软弱夹层饱水前后顺层和反倾岩质边坡坡顶附近的反应谱分别如图 3-34、3-35 所示。

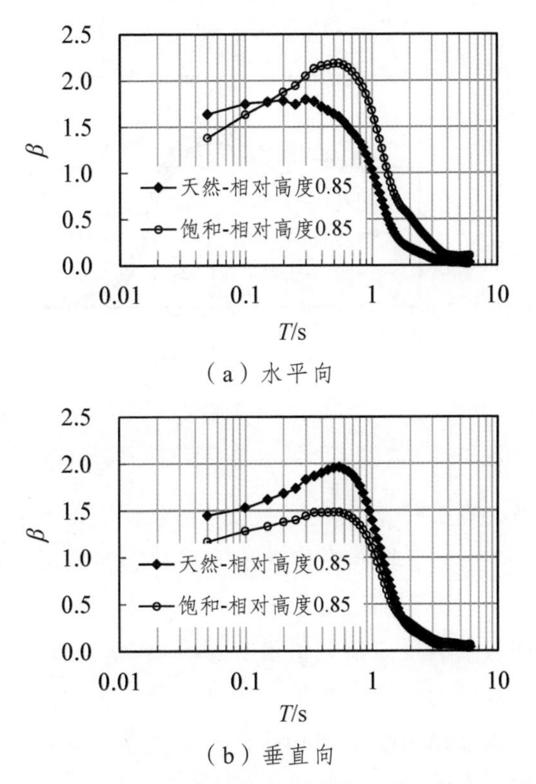

（a）水平向

（b）垂直向

图 3-34　软弱夹层饱水前后顺层岩质边坡反应谱

图 3-34 表明，对于含软弱夹层顺层岩质边坡而言，水平方向反应谱在周期 0.05～0.15 s 区间表现为：软弱夹层处于天然状态时，反应谱幅值大于其处于饱和状态时的幅值，在周期 0.15～6 s 区间表现为软弱夹层天然状态时的反应谱幅值小于其处于饱和状态时的幅值。垂直方向，反应谱在周期 0.05～6 s 区间表现为软弱夹层天然状态时的反应谱幅值大于其处于饱和状态时的幅值。

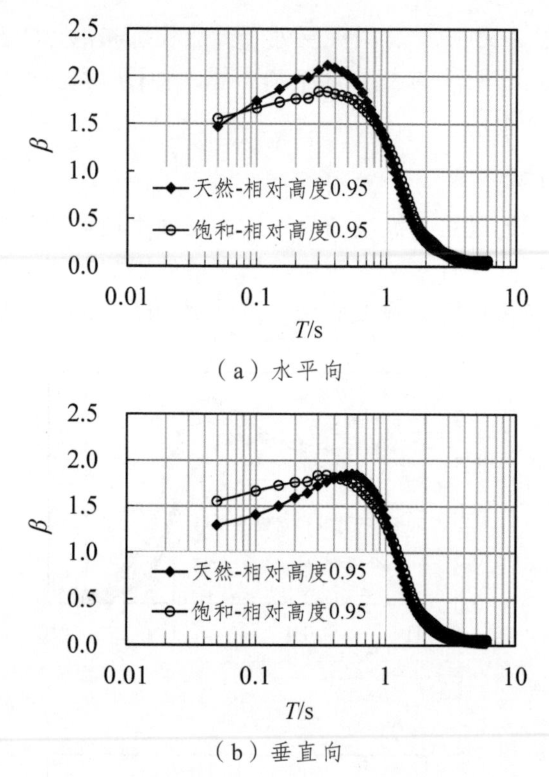

（a）水平向

（b）垂直向

图 3-35　软弱夹层饱水前后反倾边坡反应谱

对于反倾边坡，图 3-35 表明在水平方向，软弱夹层饱和后反应谱幅值在周期 0.05 ~ 0.8 s 区间小于软弱夹层处于天然状态时的反应谱幅值，在周期 0.8 ~ 6 s 区间软弱夹层饱和前后反应谱幅值变化不大，可以认为软弱夹层饱水状态对这一周期区间的反应谱幅值没有影响。在垂直方向，周期 0.05 ~ 0.4 s 区间内软弱夹层饱和后的反应谱幅值大于饱和前，在周期 0.4 ~ 0.8 s 区间软弱夹层饱和后的反应谱幅值小于饱和前，其余周期区间软弱夹层含水状态对反应谱幅值几乎没有影响，可以忽略不计。

3.6　本章小结

本章利用振动台模型试验对含软弱夹层层状岩质边坡的地震响应进行了研究，对含软弱夹层层状岩质边坡的加速度响应、位移响应、频谱响应等方面进行了分析，取得了以下一些研究成果：

（1）随着相对高度的增加，顺层和反倾边坡坡面的加速度放大系数逐渐增加。对于顺层边坡，在水平方向，软弱夹层饱水后坡脚部位的加速度放大系数小于软弱夹层饱水前，坡面中上部软弱夹层饱水后的加速度放大系数大于软弱夹层饱水前；垂直方向软弱夹层饱水后坡面的加速度放大系数大于软弱夹层饱水前。对于反倾边坡，水平方向软弱夹层饱水后的加速度放大系数小于软弱夹层饱水前，垂直方向软弱夹层饱水后坡面加速度放大系数大于软弱夹层饱水前。

（2）对于顺层边坡，软弱夹层饱和前后，坡面位移均表现为随着高程的增加而增大；软弱夹层饱和后，坡面位移较软弱夹层处于天然状态时大。对于反倾边坡，软弱夹层饱水前，随着相对高度的增加，坡面位移呈现非线性单调增长趋势；软弱夹层饱和后，随着相对高度的增加，坡面的位移先增大后减小，临近坡肩处坡面位移最大。

（3）对于含软弱夹层顺层和反倾边坡，在水平方向，地震波在由坡脚向坡顶传播的过程中，高频部分（3 ~ 16 Hz）被明显放大，并出现双峰值现象；在垂直方向，边坡对地震波的频谱成分几乎没有影响；垂直方向的傅里叶谱峰值仅为水平方向的 1/2 左右。

（4）对于顺层边坡，无论是水平方向还是垂直方向，边坡中下部（相对高度不大于 0.6），反应谱幅值几乎不随高程发生变化；在周期 0.05 ~ 0.2 s 区间，坡顶附近的反应谱幅值大于边坡中下部的反应谱幅值；在周期 0.2 ~ 6 s 区间，坡顶附近的反应谱幅值小于边坡中下部的反应谱幅值。对于反倾边坡，在水平方向，边坡中下部（相对高度不大于 0.67）反应谱幅值随高程的变化较小，坡顶附近的反应谱幅值在周期 0.05 ~ 0.6 s 区间较坡体中下部出现较大幅度的增加，在周期 0.6 ~ 6 s 区间坡顶反应谱幅值与坡体中下部接近。在垂直方向，不同高程处的反应谱幅值接近。

（5）软弱夹层饱和后，顺层和反倾岩质边坡坡面位移均出现一定幅度的增加。

（6）软弱夹层含水状态不影响含软弱夹层顺层边坡和反倾边坡对地震波频率成分的影响规律。

本章参考文献

[1] Seismosoft（2002）Seismosignal. Pavia，Italy.

[2] 刘汉香，许强，侯红娟. 岩性及岩体结构对斜坡地震加速度响应的影响[J]. 岩土力学，2013，34（9）：2482-2488.

[3] 中华人民共和国住房和城乡建设部. GB 50011—2010 建筑抗震设计规范[S]. 北京：中国建筑工业出版社，2010.

[4] BOORE D M. A note on the effect of simple topography on seismic SH waves[J]. Bull Seismol Soc Am，1972，62：275-284.

[5] CELEBI M. Topographic and geological amplification determined from strong-motion and aftershock records of the 3 March 1985 Chile earthquake[J]. Bull Seismol Soc Am，1987，77：1147-1167.

[6] SCOTT A A，SITAR N，LYSMER J，et al. Topographic effect on the seismic response of steep slopes[J]. Bull Seismol Soc Am，1997，87：701-709.

[7] SEPÚLVEDA S A，MURPHY W，JIBSON R W，et al. Seismically induced rock slope failures resulting from topographic amplification of strong ground motions：The case of Pacoima Canyon，California[J]. Eng Geol，2005，80：336-348.

[8] 范刚，刘飞成，张建经，等. 地形对地震动的影响规律研究[J]. 地震工程学报，2014，36（4）：1039-1046.

[9] 王济. MATLAB 在振动信号处理中的应用[M]. 北京：中国水利水电出版社，2006：73-78.

[10] 朱传彬. 深厚软土场地地震响应分析及大型振动台试验研究[D]. 成都：西南交通大学，2014.

[11] ANIL K CHOPRA. Dynamic of structure-theory and application to earthquake engineering[M]. 2nd ed. 谢礼立，吕大刚，等，译. 北京：高等教育出版社，2005.

[12] 蒋良潍，姚令侃，胡志旭，等. 地震扰动下边坡的浅表动力效应与锚固控制机理试验研究[J]. 四川大学学报（工程科学版），2010，42（5）：164-174.

[13] 李龙起，罗书学，魏文凯，等. 降雨入渗对含软弱夹层顺层岩质边坡性状影响的模型试验研究[J]. 岩石力学与工程学报，2013，32（9）：1772-1778.

[14] 范刚，张建经，付晓，等. 含泥化夹层顺层岩质边坡动力响应大型振动台试验研究[J]. 岩石力学与工程学报，2015，34（9）：1750-1757.

4 传递函数在层状岩质边坡参数识别及频域分析中的应用

4.1 概　述

在以往研究边坡动力响应的振动台试验或数值计算中，对边坡试验模型或数值分析模型施加预定的地震波，通过监测边坡模型的加速度、位移等物理量来分析边坡的动力响应特征[1-3]。边坡动力响应研究中经常使用的地震波包括汶川地震波、El Centro 地震波、Kobe 地震波等。值得注意的是，这些用来进行研究的地震波只是地震这一复杂随机事件中的某几个确定性实现,边坡在地震作用下的响应是输入地震波与边坡自身特性共同作用的结果，且地震波具有极强的随机性，因此，同一边坡在不同地震波激励下将具有截然不同的动力响应特征。传递函数表征了边坡在地震作用下动力响应与输入地震波特性之间的对应关系，是边坡自身的一种特性，与输入量或驱动函数的大小和性质无关，已被广泛运用于地下工程[4]、上部结构[5]的动力响应研究以及控制理论[6, 7]中。边坡传递函数的研究有利于从本质上把握边坡的动力响应特征，经过有限的计算对边坡的动态特性进行充分的描述，同时，边坡的动力特性参数能够通过传递函数计算得到，能够为边坡动力分析的数值计算参数选取提供参考。目前，部分学者已经针对均质边坡在地震或爆破振动下的传递函数进行了研究[8, 9]。含软弱夹层顺层岩质边坡是工程中常见的地质体，其在地震作用下的动力响应特征将极大地影响该类边坡的稳定性，从本质上预估其动力响应特征至关重要。因此，开展含软弱夹层层状岩质边坡传递函数研究具有极强的理论价值和工程意义。

本章基于含软弱夹层层状岩质边坡的大型振动台试验，在场地动力响应研究过程中引入传递函数的概念，探究在含软弱夹层层状岩质边坡动力特性参数计算过程中传递函数的选择，以及在其频域动力响应估算时传递函数的适用性和准确性。

4.2 传递函数

4.2.1 传递函数理论

假定边坡中某一岩层厚度为 H，岩体动剪切模量为 G，黏滞阻尼系数为 C，响应阻尼比为 λ，岩体密度为 ρ，竖向坐标原点固定于岩层底面上，以上为正，现从岩层中取出一个单位横截面积的岩柱，从岩柱中取出长度为 dz 的微元体，受力分析模型如图 4-1 所示[10]。

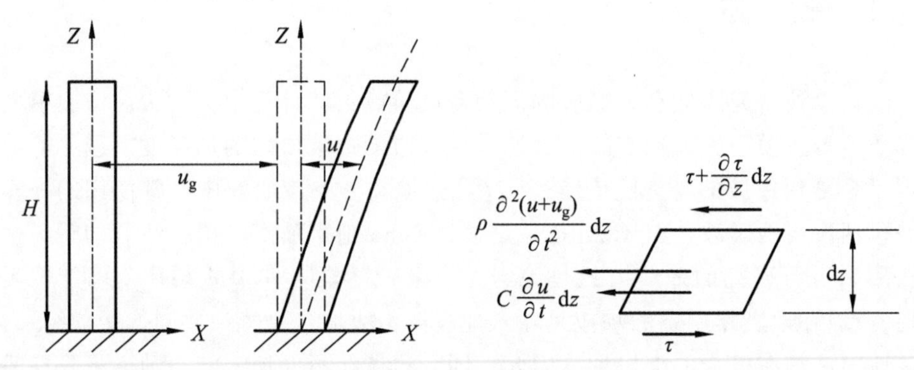

图 4-1　分析模型

根据微元体上的动力平衡条件可得：

$$\frac{\partial^2 u}{\partial t^2}-\frac{G}{\rho}\frac{\partial^2 u}{\partial z^2}+\frac{C}{\rho}\frac{\partial u}{\partial t}=-\ddot{u}_{\mathrm{g}} \tag{4-1}$$

上式的定解条件为：

$$\begin{cases} z=H,\ \dfrac{\partial u}{\partial z}=0 \\ z=0,\ u=0 \\ t=0,\ u=\dfrac{\partial u}{\partial t}=0 \end{cases}$$

采用分离变量法，令 $u(z,t)=\sum\limits_{i=1}^{\infty}\Phi_i(z)Y_i(t)$，$\sum\limits_{i=1}^{\infty}\eta_i\Phi_i(z)=1$，可以得到：

$$\frac{\mathrm{d}^2 Y_i(t)}{\mathrm{d}t^2}+2\lambda_i\omega_i\frac{\mathrm{d}Y_i(t)}{\mathrm{d}t}+\omega_i^2 Y_i(t)=-\eta_i\ddot{u}_{\mathrm{g}} \tag{4-2}$$

其中：$2\lambda_i\omega_i=\dfrac{C}{\rho}$； $\omega_i=A_i\sqrt{\dfrac{G}{\rho}}$。

式中：λ_i 为第 i 阶振型的阻尼比；ω_i 为第 i 阶振型的自振圆频率；$\Phi_i(z)$ 为第 i 阶振型的振型位移函数；$Y_i(t)$ 为第 i 阶的正则坐标，即振型反应的时间函数；η_i 为第 i 阶振型的振型参与系数；A_i 为待定系数。

传递函数表征了边坡输入地震动激励与边坡动力响应之间的对应数学关系。传递函数常以傅里叶变换的形式表征，而傅里叶变换是双边拉普拉斯变换在复频域平面上的一种特殊情况。对于某输入信号和输出信号而言，传递函数是输出信号与输入信号的拉普拉斯线性映射比值[9]。基于简谐振动分析，对式（4-2）进行傅里叶分解，可以得到相对加速度传递函数 $T_{\mathrm{r}}(\omega,h)$ 以及绝对加速度传递函数 $T(\omega,h)$ 的计算公式为：

$$T_{\mathrm{r}}(\omega,h)=\sum_{j=1}^{N}\frac{\phi_j\eta_j\omega^2}{(\omega_j^2-\omega^2)-2\mathrm{i}\lambda\omega_j\omega} \tag{4-3}$$

$$T(\omega,h)=\sum_{j=1}^{N}\frac{\phi_j\eta_j\omega^2}{(\omega_j^2-\omega^2)-2\mathrm{i}\lambda\omega_j\omega}+1 \tag{4-4}$$

在振动台试验中，在每一幅值地震波激励前先施加 0.1g 平宽谱的白噪声，利用经过含软弱夹层层状岩质边坡调节后的响应谱计算传递函数。某一测点处加速度传递函数由式（4-5）计算：

$$T(\omega,h_A)=\frac{G_{XY}(\omega,\omega_A)}{G_{XX}(\omega,\omega)} \tag{4-5}$$

式中：$T(\omega,h_A)$ 表示某一测点处的传递函数；h_A 表示该测点处的高程；$G_{XY}(\omega,\omega_A)$ 为该测点加速度（包括绝对加速度或相对加速度）与坡底测点加速度的互功率谱；$G_{XX}(\omega,\omega)$ 为坡底加速度的自功率谱。

在含软弱夹层层状岩质边坡振动台试验中，通过布设于坡底及坡体内的加速度传感器可以测得绝对加速度和相对加速度两种加速度时程，其中边坡相对加速度时程为坡体内加速度与坡底加速度之间的差值，绝对加速度时程为相对大地的加速度时程，即为试验中加速度传感器实测的加速度时程。对含软弱夹层层状岩质边坡而言，其在地震作用下的失稳破坏源于地震引起的坡体动力形变，而动力形变是边坡相对加速度的作用结果。因此，可以计算得到含软弱夹层层状岩质边坡的绝对传递函数和相对传递函数。

4.2.2 两种传递函数的对比

1. 顺层边坡

研究边坡整体传递函数的特性对掌握边坡整体的动力特性至关重要，因此，本节以坡顶测点（A14 测点和 S-A40 测点，详见图 2-23）水平向为例，对两种传递函数进行对比分析，且因边坡加速度响应存在趋表效应，坡面附近的 A14 测点与坡体内的 S-A40 测点具有不同的加速度响应特性，因此，本节对 A14 和 S-A40 测点进行对比分析。同时，本节还探究高程对传感函数的影响特征，研究对象取坡面附近的加速度监测序列，即 A3、A21、A14 测点。根据计算结果，上述各个监测点的传递函数图象如图 4-2 ~ 4-5 所示。其中，坡面附近测点传递函数计算参考点为 A1，坡体内部 S-A40 测点计算参考点为 A19。

本节利用试验初始第一次白噪声扫描下 A14 和 S-A40 实测加速度时程进行传递函数分析。

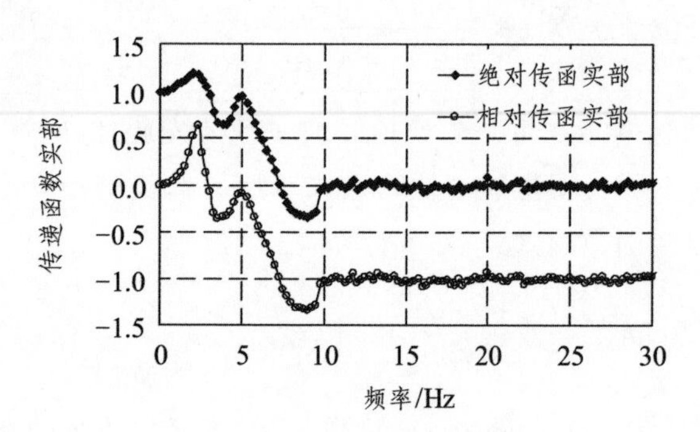

（a）传递函数实部

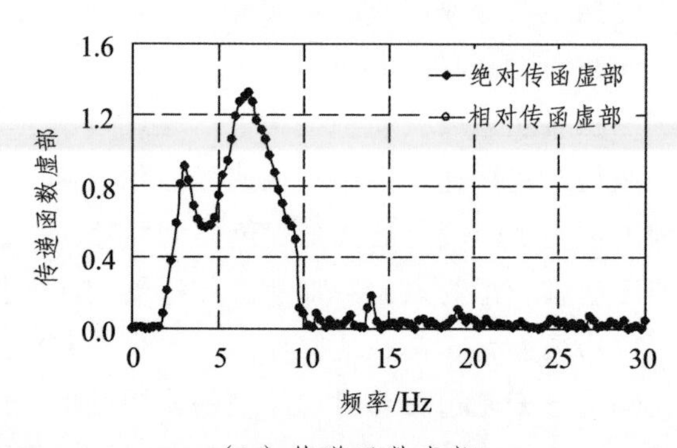

（b）传递函数虚部

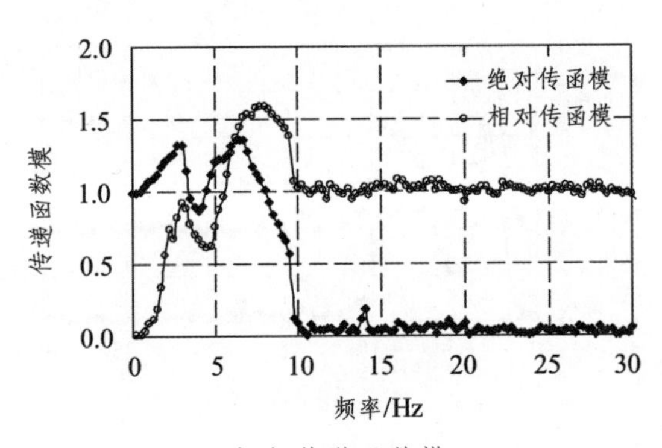

（c）传递函数模

图 4-2　A3 测点两种传递函数

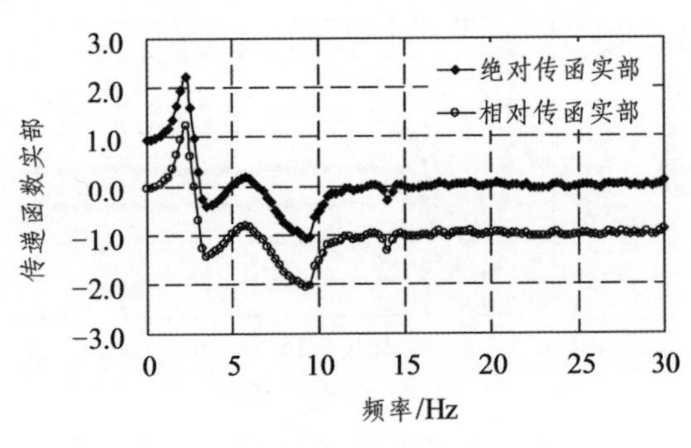

（a）传递函数实部

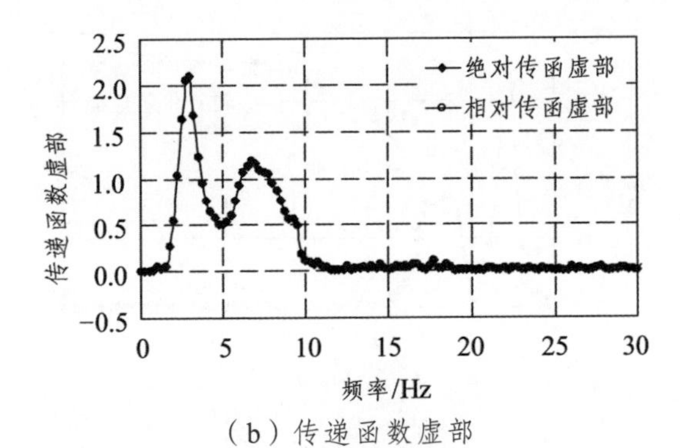

（b）传递函数虚部

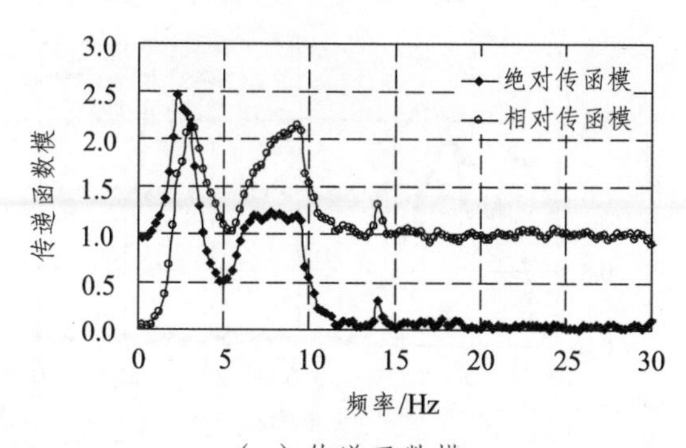

（c）传递函数模

图 4-3　A21 测点两种传递函数

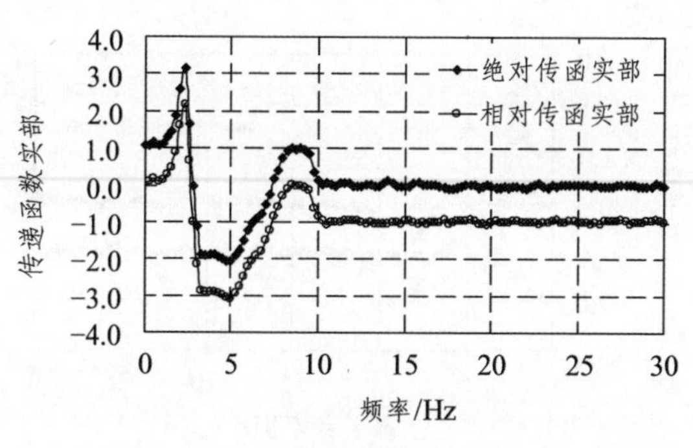

（a）传递函数实部

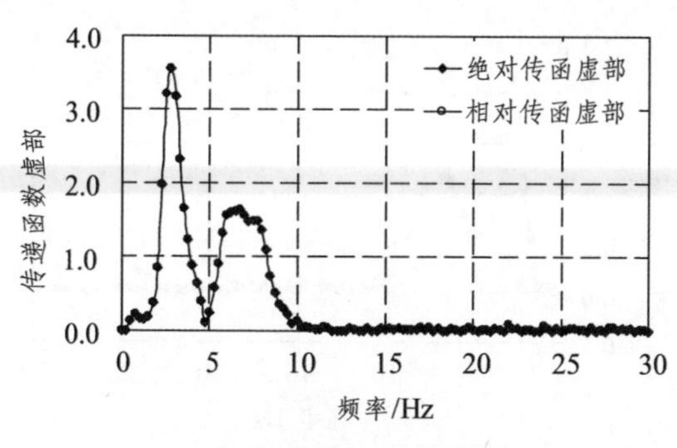

（b）传递函数虚部

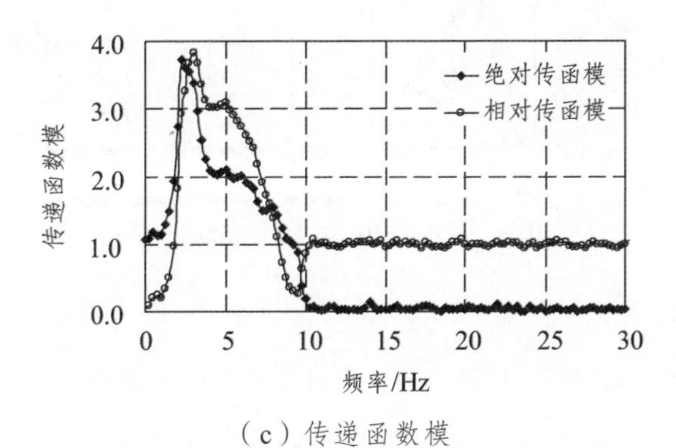

（c）传递函数模

图 4-4　坡面附近 A14 测点两种传递函数

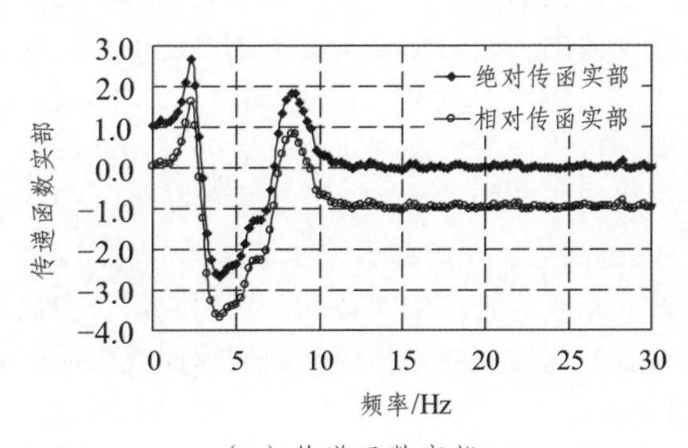

（a）传递函数实部

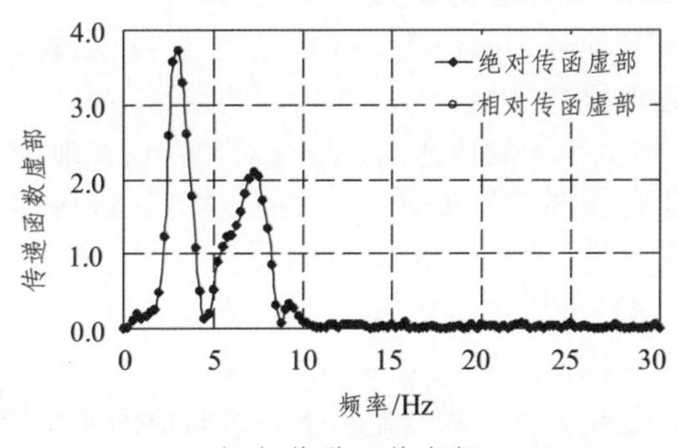

（b）传递函数虚部

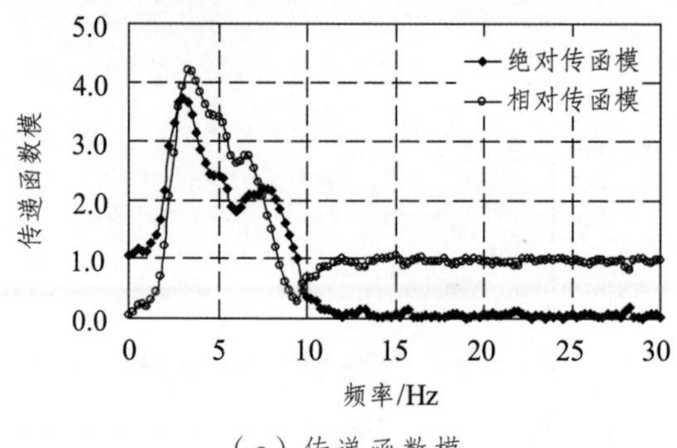

（c）传递函数模

图 4-5　坡体内部 S-A40 测点两种传递函数

对坡顶附近的 A14 和 S-A40 测点传递函数进行对比分析发现，利用 A14 和 S-A40 实测值计算得到的两种传递函数实部、虚部、模曲线具有类似的分布形态，且两者的峰值相差较小。对比分析两种传递函数不难看出，相对传递函数实部比绝对传递函数实部小 1。频率小于 10 Hz 部分，两种传递函数实部均出现较大幅度波动；在频率大于等于 10 Hz 部分，两种传递函数实部趋于稳定；绝对传递函数实部在 0 附近小幅波动，相对传递函数实部在 −1 附近小幅波动。两种传递函数的虚部重合，表明利用两种传递函数的虚部进行含软弱夹层顺层岩质边坡动力参数计算具有等价性。传递函数虚部的波动也集中在 0 ~ 10 Hz 范围内，在频率大于 10 Hz 部分传递函数虚部趋于 0。传递函数虚部在峰值周围具有较好的对称性，表明利用传递函数虚部进行动力特性参数计算具有较好的适用性。传递函数的模曲线表明含软弱夹层顺层岩质边坡对 0 ~ 10 Hz 的地震波频率成分影响较大。当频率大于 10 Hz 时，两种传递函数的模趋于稳定，且相对传递函数的模大于绝对传递函数的模，相对传递函数的模趋于 1，绝对传递函数的模趋于 0。

计算坡顶以下其他测点的传递函数并对相对传递函数和绝对传递函数进行对比分析，可以取得与 A14、S-A40 相同的结论。但是，对纵向分布的各个测点（A3，A21，A14）的传递函数进行对比可以发现以下一些现象：

（1）对于两类传递函数的实部：一方面，不同高程处两种传递函数实部表现为，其大幅波动频率范围仍为 0 ~ 10 Hz 区段，绝对传递函数的实部最终趋于 0，相对传递函数的实部最终趋于 −1；另一方面，随着高度的增加，两种传递函数实部的上峰值逐渐正向增大，下峰值逐渐负向增大，上峰值对应的频率几乎不发生变化，但是坡顶附近下峰值对应的频率较坡脚（A3 测点）和坡体中部（A21 测点）下峰值对应的频率大幅降低。

（2）对于两种传递函数的虚部，其表现为双峰特性，第一个峰值对应于 3.00 Hz，第二个峰值对应 6.75 Hz。在坡脚附近（A3 测点），第一个峰值占优，但是随着高程的增加，第二个峰值的幅值几乎没有发生变化，但第一个峰值出现了较大幅度的增加，所以，在坡中和坡顶呈现为第二个峰值占优。

（3）对于两种传递函数的模，因其受传递函数实部和虚部的综合影响，所以两种传递函数的模幅值亦在 0 ~ 10 Hz 区间波动较大。在坡脚附近和坡体中部，两种传递函数的模还呈现双峰值特性，但是在坡顶附近，两种传递函数的模表现为单峰。随着高程的增加，两种传递函数模曲线的峰值逐渐增大。

2. 反倾边坡

为了与顺层边坡形成对比，反倾边坡中，选择相对高度为 0.33 的 A14 测点、相对高度 0.67 的 A4 测点以及相对高度 0.95 的 A11 测点（坡顶的坡面附近）和 A18 测点（坡顶的坡体内部）进行分析，第一次白噪声激励作用下含软弱夹层反倾岩质边坡各个测点的传递函数如图 4-6 至图 4-9 所示。

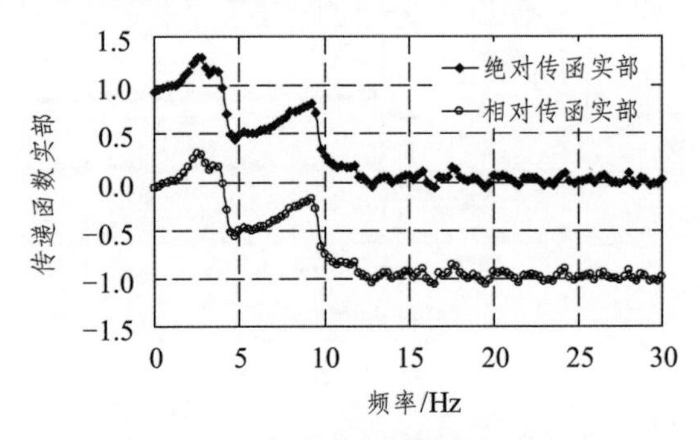

（a）传递函数实部

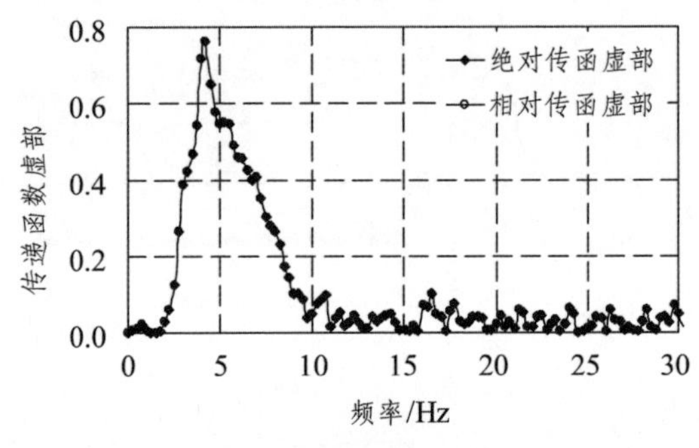

（b）传递函数虚部

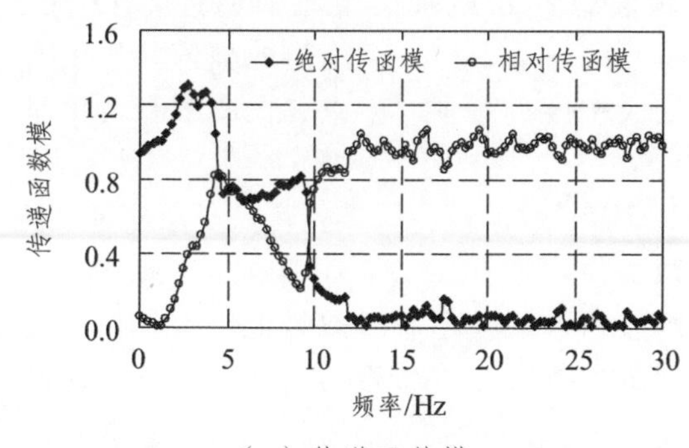

（c）传递函数模

图 4-6　A14 测点两种传递函数

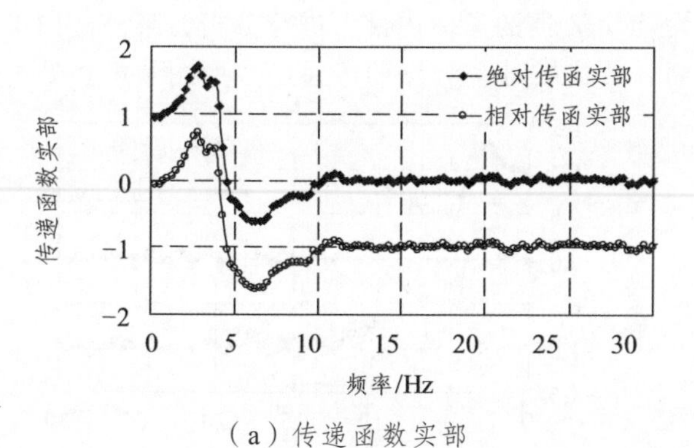

（a）传递函数实部

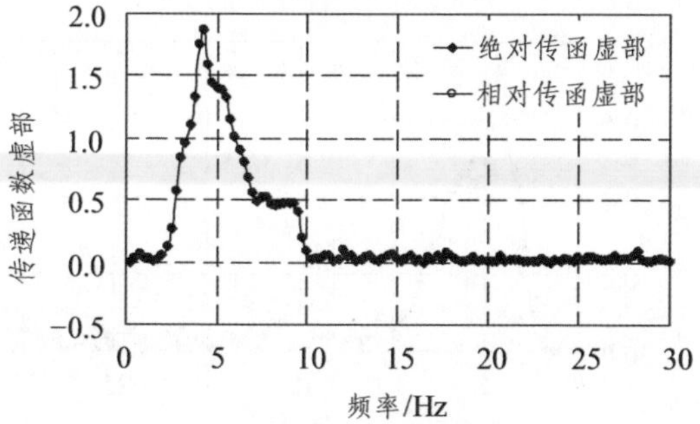

（b）传递函数虚部

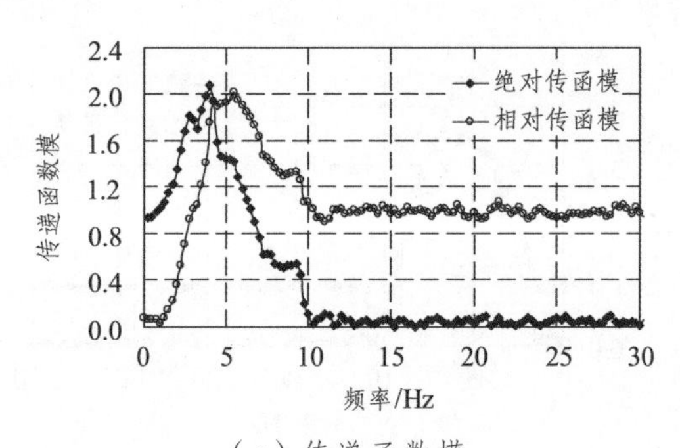

（c）传递函数模

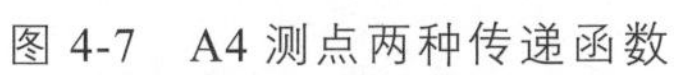

图 4-7　A4 测点两种传递函数

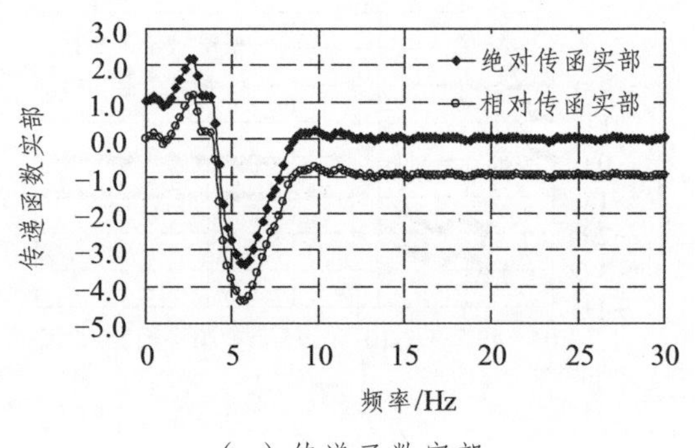

（a）传递函数实部

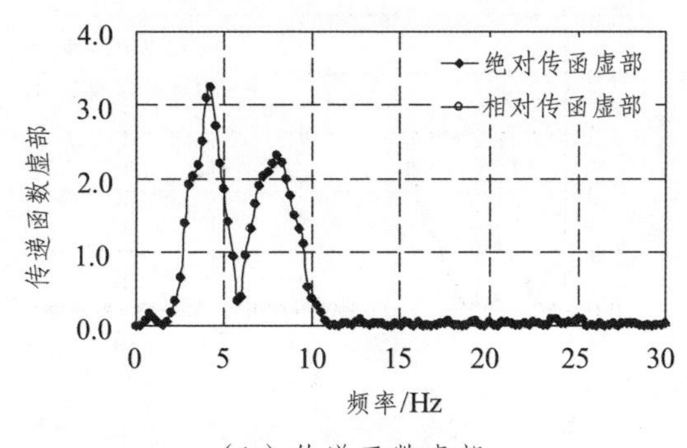

（b）传递函数虚部

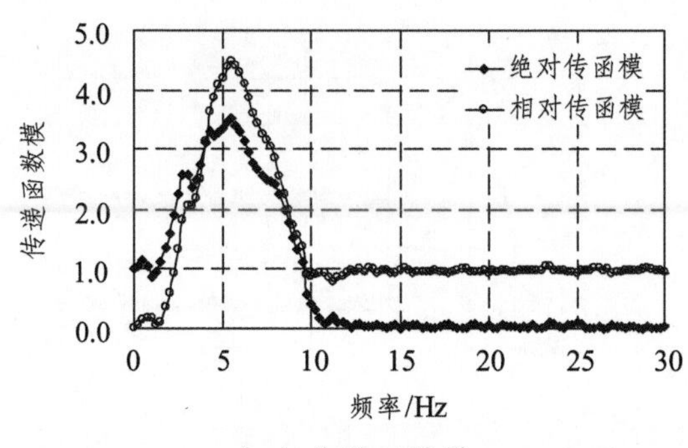

（c）传递函数模

图 4-8　坡面附近 A11 测点两种传递函数

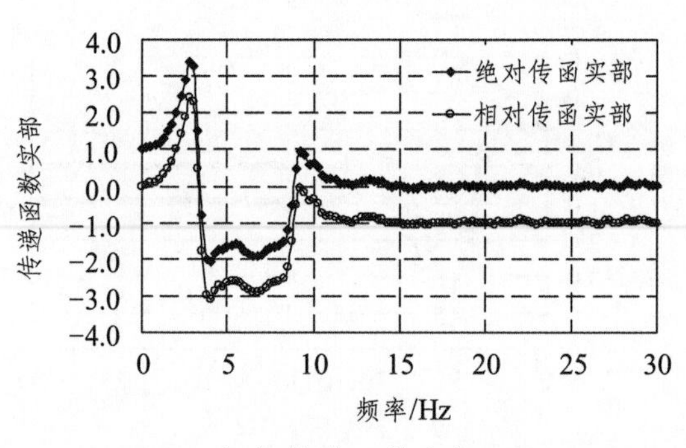

（a）传递函数实部

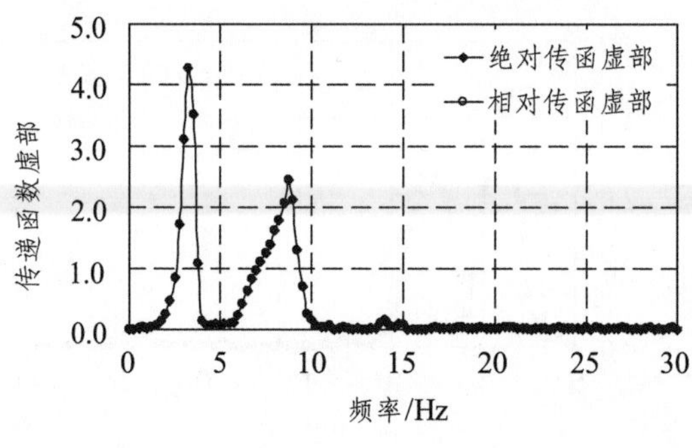

（b）传递函数虚部

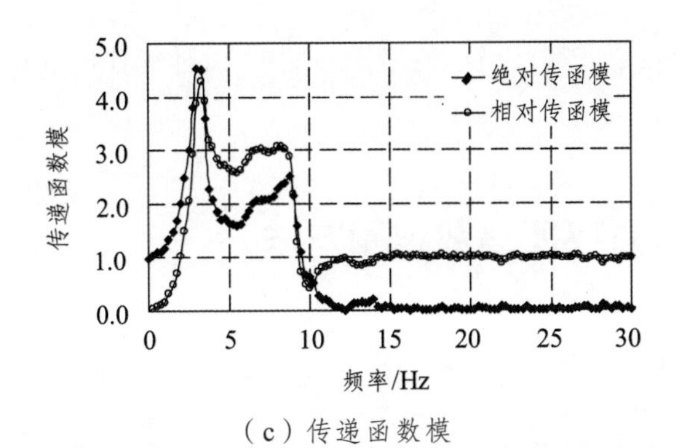

（c）传递函数模

图 4-9 坡体内部 A18 测点两种传递函数

对含软弱夹层反倾岩质边坡坡顶附近的 A11 和 A18 测点传递函数进行对比分析发现，同顺层边坡类似，反倾边坡坡顶附近两类传递函数具有以下共性：绝对传递函数实部比相对传递函数实部大 1；在频率小于 10 Hz 部分，两种传递函数实部均出现较大幅度波动，在频率大于等于 10 Hz 部分，两种传递函数实部趋于稳定，绝对传递函数实部在 0 附近小幅波动，相对传递函数实部在 – 1 附近小幅波动；传递函数虚部的波动也集中在频率 0 ~ 10 Hz 范围内，在频率大于 10 Hz 部分传递函数虚部趋于 0，传递函数虚部在峰值周围对称性较好；传递函数的模曲线在 0 ~ 10 Hz 频段波动较大；当频率大于 10 Hz 时，两种传递函数的模趋于稳定，且相对传递函数的模大于绝对传递函数的模，相对传递函数的模趋于 1，绝对传递函数的模趋于 0。

对比分析图 4-6 至图 4-9 不难发现，反倾边坡不同高程处的传递函数实部、虚部和模具有与坡顶附近 A11 和 A18 测点传递函数相同的分布规律。对纵向分布的各个测点的传递进行对比可以发现以下一些现象：

（1）对于两类传递函数的实部：一方面，不同高程处的两种传递函数实部表现为其大幅波动频率范围依然为 0 ~ 10 Hz 频段，绝对传递函数的实部最终趋于 0，相对传递函数的实部最终趋于 – 1；另一方面，随着高度的增加，两种传递函数实部的上峰值逐渐正向增大，下峰值逐渐负向增大，上峰值和下峰值对应的频率几乎不发生变化。

（2）对于两种传递函数的虚部，坡脚附近（相对高度 0.33）和坡体中上部（相对高度 0.67）处的两种传递函数虚部曲线为单峰，坡顶附近（相对高度 0.95）处的两种传递函数虚部曲线表现为双峰特性，第一个峰值占优，对应频率约为 4 Hz，第二个峰值对应频率约为 9 Hz。虚部曲线峰值两侧一定频率范围内对称性较好。

（3）对于两种传递函数的模，两种传递函数的模幅值同顺层边坡一样也在 0 ~ 10 Hz 区间波动较大。随着高程的增加，两种传递函数模曲线的峰值逐渐增大。

4.3 边坡动力特征参数识别方法

4.3.1 概　述

地震波是一种包含了多种频率成分的复杂信号，地震波在坡体内传播过程中，某些频率成分被放大，某些频率成分被衰减。边坡对地震波频率成分的影响与边坡自身的动力特性密切相关，试验中对边坡的动力特性参数进行识别对解释边坡的地震响应及震害损伤模式具有较大的意义。

本章研究的边坡动力特性参数包含自振频率、阻尼比及加速度振型。著者利用传递函数理论，对含软弱夹层层状边坡在不同工况激励下的动力特征参数进行识别和计算，探究含软弱夹层层状边坡在连续地震波激励作用下自身动力特性的变化规律，以期为科学准确地理解含软弱夹层层状边坡的地震响应及破坏模式提供依据，进而为该类边坡的加固治理提供科学指导。

1. 自振频率

在试验中通过用一定的频率对试验对象进行激振，监测激振对象的位移情况，当观测对象的位移达到最大时，即对象达到共振或接近共振时，此时的激振频率即为被激振对象的固有频率，也可以称为自振频率。

2. 阻尼比

阻尼比指阻尼系数与临界阻尼系数之比，定量表征了结构体标准化的阻尼大小，阻尼是促使自由振动衰减的各种摩擦及其他阻碍作用。在结构动力学中，阻尼比ζ通过以下式子进行计算：

$$\zeta=\frac{c}{c_{\mathrm{cr}}} \tag{4-6}$$

式中　c_{cr}——临界阻尼系数，由下式计算：

$$c_{\mathrm{cr}}=2m\omega_{\mathrm{n}}=2\sqrt{km}=\frac{2k}{\omega_{\mathrm{n}}} \tag{4-7}$$

式中：m 为质量；k 为刚度；ω_{n} 为无阻尼固有频率（rad/s）；c 为阻尼常数，

指在自由振动一个循环或强迫谐振一个循环中能量耗散的一种测度。但是，阻尼比（阻尼的无量纲测度）是体系的一种特性，它取决于体系的质量和刚度。

3. 振　型

振型即振动的模式（Mode of Vibration），是对应于频率而言的，一个固有频率对应一个振型，指的是该固有频率下结构的振动形态。按照频率从低到高依次称为第一阶振型、第二阶振型、第三阶振型等。根据多质点体系自由振动运动微分方程的通解，在一般初始条件下，结构的振动是由各主振型的简谐振动叠加而成的复合振动，即实际中结构的振动形态并不是一个规则的形状，而是各阶振型叠加的结果。因为振型越高，阻尼作用造成的衰减越快，导致高振型只在振动初始才较明显，随着振动时间增长逐渐衰减，因此，工程的抗震设计中仅仅考虑较低的几个振型。实际运用中，存在应变振型、位移振型、加速度振型等[11]，本章研究对象为含软弱夹层层状岩质边坡的加速度振型。

4.3.2　边坡动力特征参数计算方法

含软弱夹层层状岩质边坡传递函数的一个重要作用是求解边坡的动力特性参数，包括固有频率、加速度振型以及阻尼比。利用传递函数计算边坡的动力特性参数的具体计算方法如下：

（1）固有频率的值近似等于传递函数曲线峰值对应的频率。

（2）阻尼比 λ 的计算采用半功率带宽法，计算公式为：

$$\lambda=(\omega_2-\omega_1)/(2\omega_0) \tag{4-8}$$

式中：ω_0 为固有频率；ω_1 和 ω_2 满足 $\omega_1<\omega_2$，以相对或绝对传递函数虚部进行阻尼比计算时，ω_1 和 ω_2 两者分别为传递函数虚部峰值两侧 0.5 倍峰值对应的频率，以相对或绝对传递函数模进行计算时，ω_1 和 ω_2 两者分别为传递函数模峰值两侧 0.707 倍峰值对应的频率。

（3）将固有频率下不同高程测点的传递函数峰值进行归一化处理，得到含软弱夹层层状岩质边坡的加速度振型。

本章将对利用两种传递函数计算含软弱夹层层状岩质边坡动力特征参数的准确性和适宜性进行对比分析，为利用传递函数计算含软弱夹层层状岩质边坡动力特征参数提供探索和参考。

4.4　利用传递函数识别边坡动力特征参数

4.4.1　含软弱夹层顺层岩质边坡

根据上述计算方法，本章利用含软弱夹层顺层岩质边坡坡面附近测点（A3 测点、A21 测点和 A14 测点）的两种传递函数虚部及模计算含软弱夹层顺层岩质边坡的动力特性参数，研究两种传递函数计算该类边坡动力特性参数的适用性，计算结果如图 4-10 至图 4-12 所示，计算采用试验中第一次白噪声激励下的实测数据。

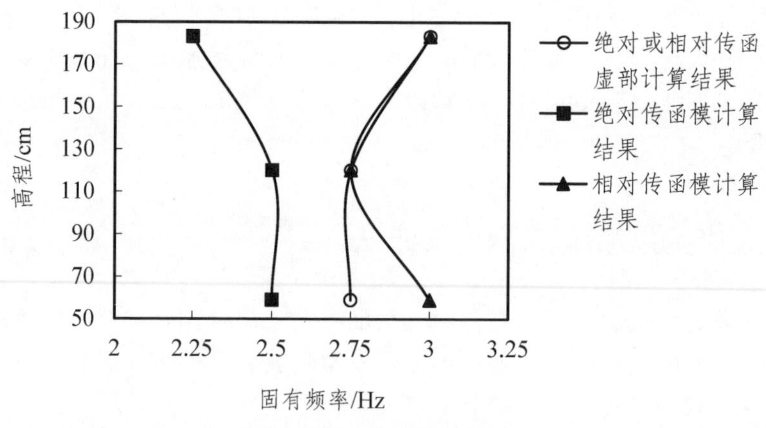

图 4-10　固有频率计算结果

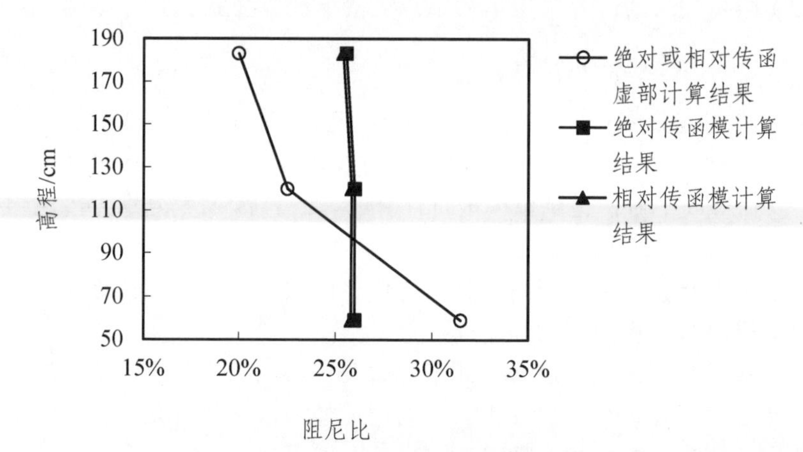

图 4-11　阻尼比计算结果

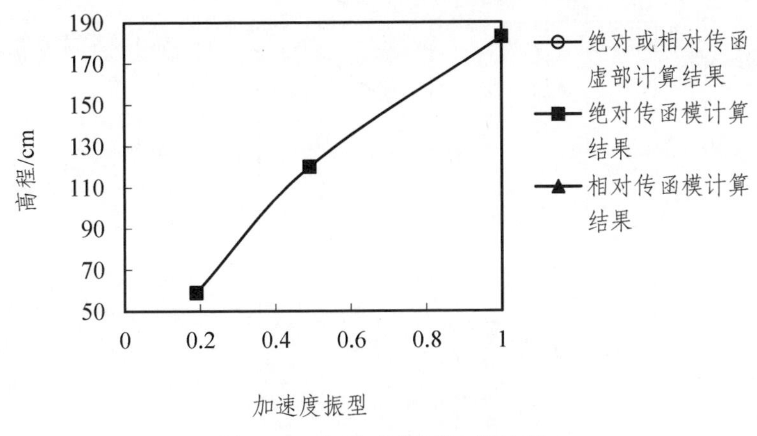

图 4-12　加速度振型计算结果

图 4-10 表明利用两种传递函数虚部及相对传递函数模计算得到的含软弱夹层顺层岩质边坡固有频率比较接近，两者仅相差 0.25 Hz，绝对传递函数计算得到的固有频率与上述两者计算结果差别较大。

阻尼比的计算公式 $\lambda=(\omega_2-\omega_1)/(2\omega_0)$ 表明阻尼比不受振型以及振型参与系数影响，同一阶自振频率下的阻尼比应不随高程增大而变化。因此，从图 4-11 可以看出，绝对传递函数和相对传递函数模计算得到的阻尼比比较准确，且两者计算结果十分接近，以绝对传递函数和相对传递函数虚部计算得到的阻尼比误差较大。阻尼比决定结构振动衰减的速度，表征了该振型下结构耗散振动的能力。图 4-11 的计算结果表明本试验模型的阻尼比约为 0.26，高于均质岩质边坡的阻尼比[8]，出现这一现象的原因：一方面是边坡中软弱夹层的存在增大了边坡的阻尼；另一方面，边坡模型中模块黏结强度不高，模块间出现破裂及相对滑移，导致边坡阻尼增加。

图 4-12 表明利用两种传递函数虚部及模计算得到的含软弱夹层顺层岩质边坡加速度振型相同。

4.4.2　含软弱夹层反倾岩质边坡

根据上述边坡动力参数识别方法，利用含软弱夹层反倾岩质边坡坡面附近的 A14 测点、A4 测点和 A11 测点序列的两种传递函数虚部及模计算含软弱夹层反倾岩质边坡的动力特性参数，研究两种传递函数计算含软弱夹层反倾岩质边坡动力特性参数的适用性，计算结果如图 4-13 至图 4-15 所示。计算数据依然采用试验中第一次白噪声激励下的实测数据。

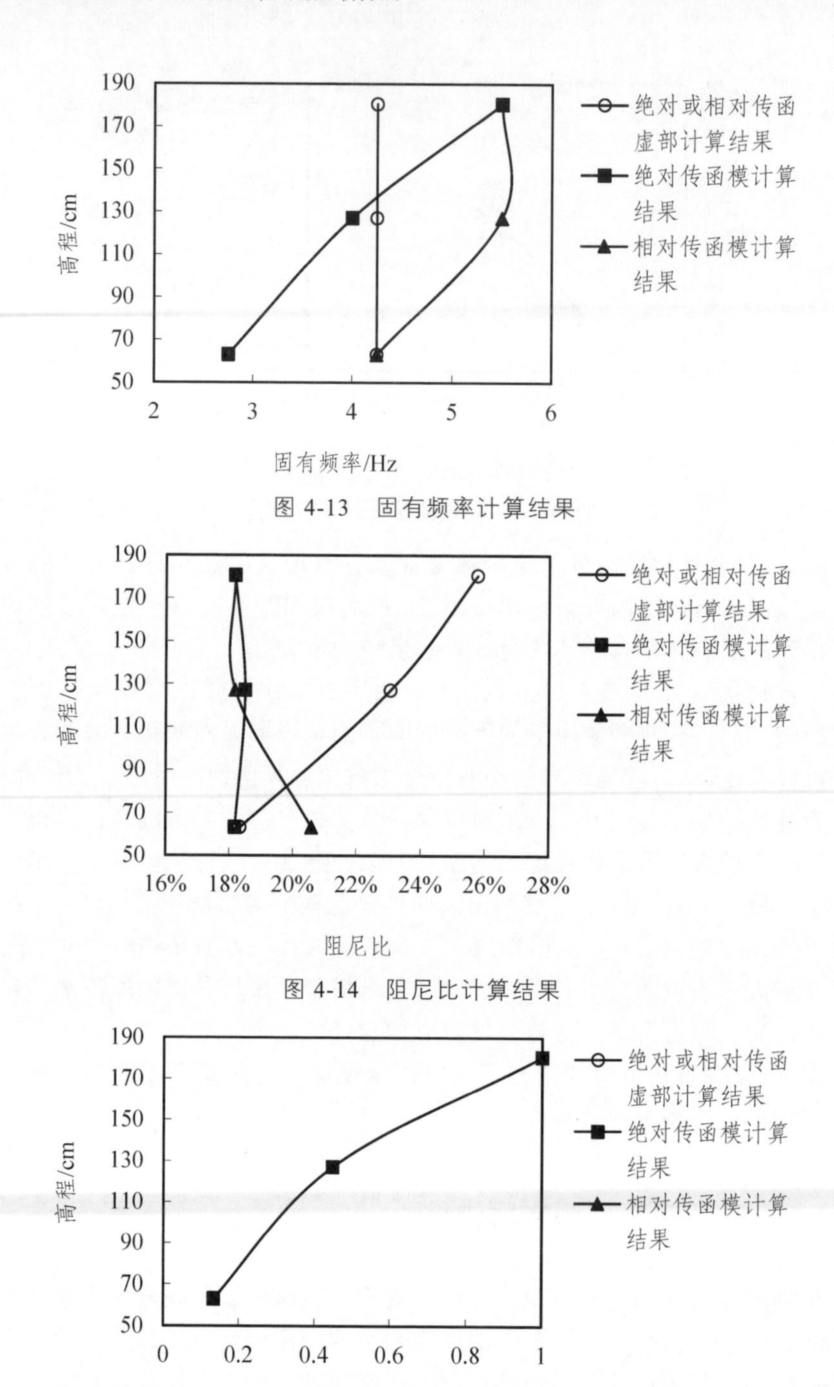

图 4-13　固有频率计算结果

图 4-14　阻尼比计算结果

图 4-15　加速度振型计算结果

图 4-13 表明利用两种传递函数虚部、相对传递函数模以及绝对传递函数模计算得到的含软弱夹层反倾岩质边坡固有频率差别较大。两种传递函数虚部计算得到的含软弱夹层反倾岩质边坡固有频率不随高程的变化而变化，而相对传递函数模以及绝对传递函数模计算得到的固有频率随高程的变化较大。

如前文中阐述，边坡的阻尼比不应随着高程的增加而变化，因此可以判定，针对含软弱夹层反倾岩质边坡，绝对传递函数和相对传递函数模计算得到的阻尼比较准确，以绝对传递函数和相对传递函数虚部计算得到的阻尼比误差较大。计算结果表明，含软弱夹层反倾岩质边坡的阻尼比约为 0.19，这一数值高于常见的岩土体材料，其原因同含软弱夹层顺层岩质边坡一致，详见上文 4.4.1 节。

同含软弱夹层顺层岩质边坡一样，利用两种传递函数虚部及模计算得到的含软弱夹层反倾岩质边坡加速度振型相同。

4.4.3 顺层边坡与反倾边坡对比分析

含软弱夹层顺层和反倾岩质边坡因结构不同，两者动力特性参数必然存在差异性。本小节将对上文中顺层和反倾边坡的固有频率、阻尼比及加速度振型进行对比分析。

计算结果表明，顺层边坡的固有频率一般为 2.75 ~ 3.00 Hz，反倾边坡的固有频率约为 4.25 Hz，含软弱夹层反倾岩质边坡的固有频率高于含软弱夹层顺层岩质边坡。

含软弱夹层顺层岩质边坡的阻尼比为 0.26，反倾边坡的阻尼比为 0.19，可见反倾边坡的阻尼比小于顺层边坡，表明反倾边坡对地震波的耗散作用弱于顺层边坡。同时，由于软弱夹层的存在以及坡体结构的松散特性，本试验中的含软弱夹层层状边坡的阻尼比大于常见岩土体材料。针对含软弱夹层顺层岩质边坡和反倾岩质边坡，利用两种传递函数的模计算得到的阻尼比准确性较高。

对比分析含软弱夹层顺层和反倾岩质边坡的加速度振型计算结果，采用两类传递函数虚部和两种传递函数模计算得到的加速度振型相同，且顺层边坡的加速度振型与反倾边坡的加速度振型十分接近。

4.5　基于传递函数的边坡频域响应估算方法

频域内的信号处理往往较时域内更加直接和全面，传递函数是边坡动力特性影响边坡动力响应特征的表现形式。地震波在含软弱夹层层状岩质边坡内自下而上传播过程中，一些频率成分被放大，一些频率成分被衰减，含软弱夹层层状岩质边坡对经过其传播的地震波频率成分的影响可以由传递函数定量进行表达[12，13]。利用传递函数对含软弱夹层层状岩质边坡的频域动力响应进行估算，既能体现其动力响应的内因作用，又能掌握在复杂且随机的地震激励下其频域动力响应的基本规律。传递函数研究基于小应变的线弹性系统假设，而含软弱夹层层状岩质边坡在强震作用下将表现出应力-应变关系的非线性特性，因此进行边坡频域动力响应估算的激励地震波幅值应与白噪声幅值接近。

本章选择 0.1*g* El Centro 地震波和汶川地震清平波进行研究，将幅值为 0.1*g* 的上述两种地震波作用下坡脚处测点的加速度时程（边坡激励地震时程）进行快速傅里叶变换后与两种传递函数逐频复数相乘，得到坡顶附近测点频域动力响应的传递函数估算值，并将该估算值与坡顶附近测点实测频域响应进行对比，以研究利用两种传递函数进行含软弱夹层层状岩质边坡频域动力响应估算的适宜性和准确性。

1. 含软弱夹层顺层岩质边坡

针对含软弱夹层顺层岩质边坡，首先计算坡脚附近 A3 测点的傅里叶谱，再将其分别与相对传递函数和绝对传递函数逐频进行相乘，得到坡顶 A14 测点的两种频域响应估算值，如图 4-16 和图 4-17 所示。

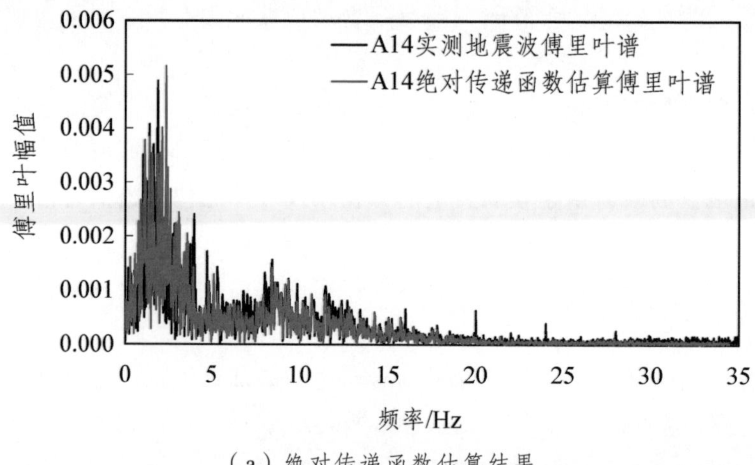

（a）绝对传递函数估算结果

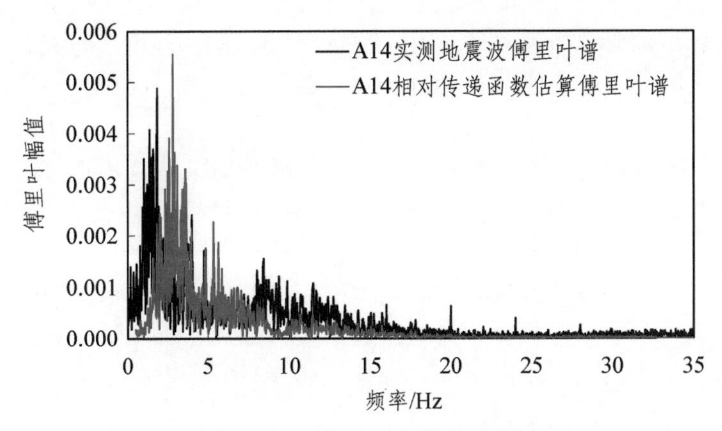

（b）相对传递函数估算结果

图 4-16　El Centro 地震波作用下对比结果

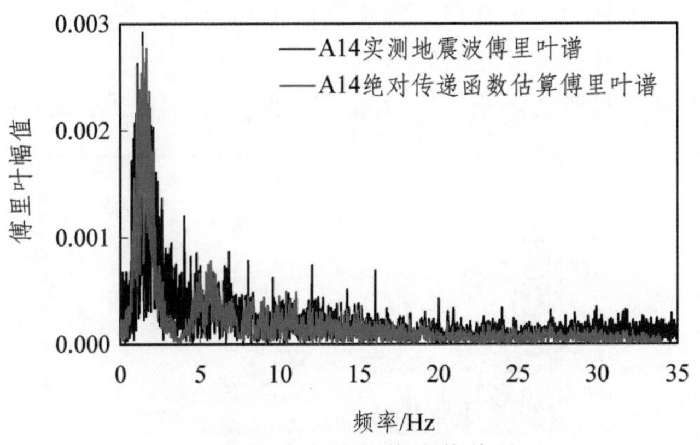

（a）绝对传递函数估算结果

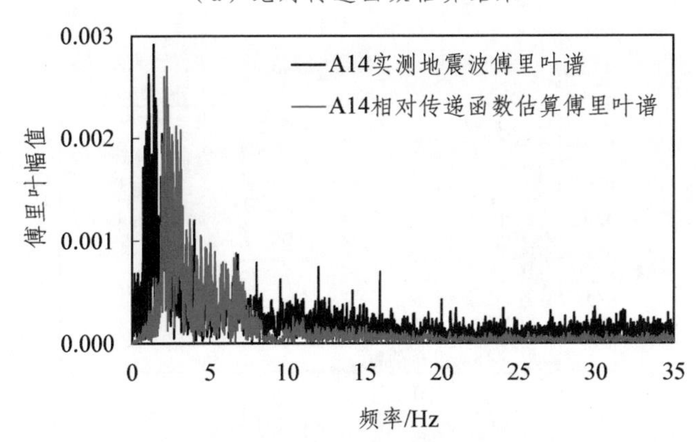

（b）相对传递函数估算结果

图 4-17　汶川地震清平波作用下对比结果

需要指出的是，因为本节是对坡顶 A14 测点的频域响应进行估算，所以本节进行逐频复数相乘采用的两种传递函数须为由第一次白噪声激励下 A14 测点实测数据计算得到的两种传递函数。

从图 4-16 和图 4-17 不难看出，El Centro 地震波和汶川地震清平波作用下，以绝对传递函数估算得到的边坡频域响应更加接近实际边坡实测的频域响应，表明绝对传递函数更加适合用于估算含软弱夹层顺层岩质边坡的频域响应。利用相对传递函数进行频域动力响应估算时傅里叶谱主频段与实测结果存在差距，且在某些频段幅值差别较大，例如 El Centro 波激励下的 8 ~ 15 Hz 频段和清平波激励下的 9 ~ 35 Hz 频段。

2. 含软弱夹层反倾岩质边坡

针对含软弱夹层反倾岩质边坡，首先计算坡脚附近 A35 测点的傅里叶谱，再将其分别与相对传递函数和绝对传递函数进行逐频复数相乘，得到坡顶 A11 测点的两种频域响应估算，分别如图 4-18 和图 4-19 所示。同理，此处进行逐频相乘采用的两种传递函数由第一次白噪声激励下 A11 测点实测数据计算得到。

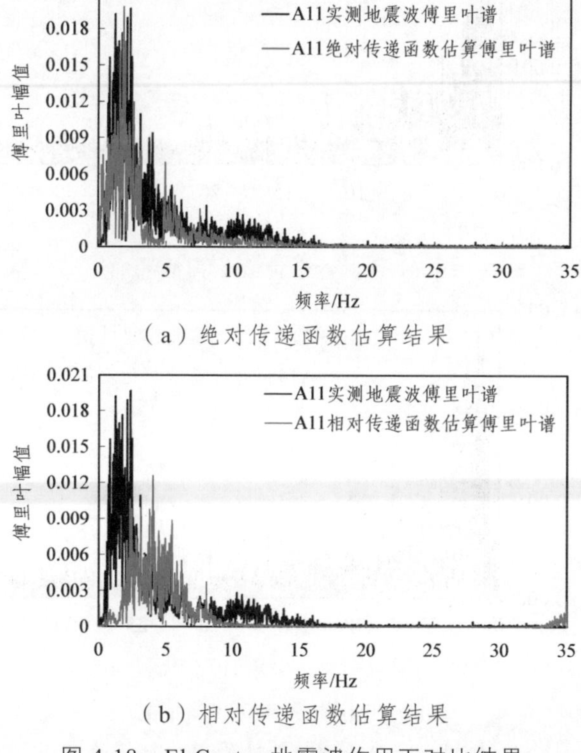

（a）绝对传递函数估算结果

（b）相对传递函数估算结果

图 4-18　El Centro 地震波作用下对比结果

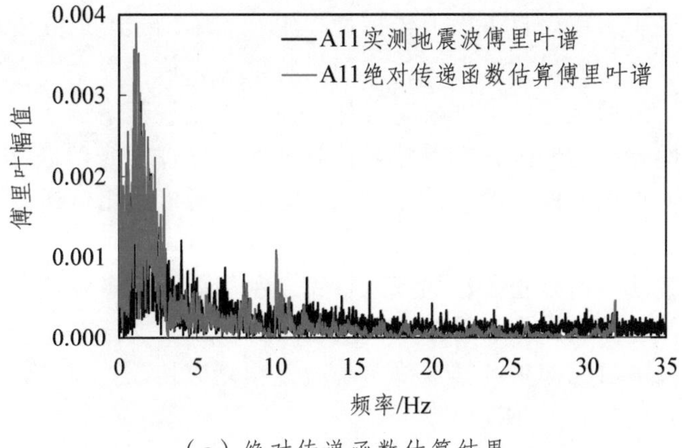

（a）绝对传递函数估算结果

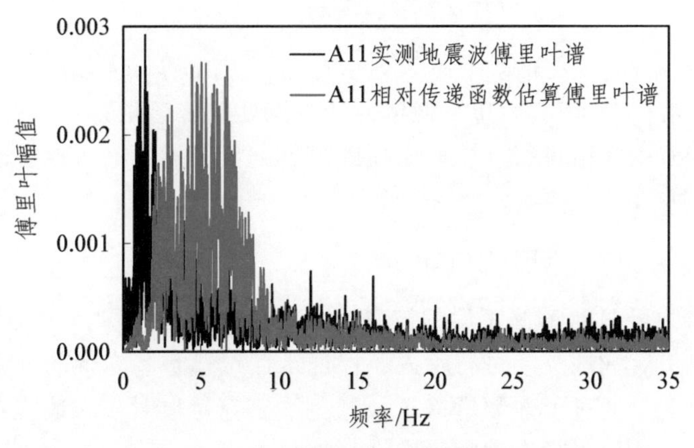

（b）相对传递函数估算结果

图 4-19　汶川地震清平波作用下对比结果

图 4-18 和图 4-19 表明，汶川地震清平波和 El Centro 地震波作用下，对于含软弱夹层反倾岩质边坡，以绝对传递函数估算得到的边坡频域响应更加接近实际边坡实测的频域响应，表明绝对传递函数更加适合用于估算含软弱夹层反倾岩质边坡的频域响应。利用相对传递函数进行频域动力响应估算时傅里叶谱主频段和幅值均与实测结果存在一定差距。

4.6　基于传递函数的频谱修正方法

对边坡的地震稳定性进行计算时，由于地震波的频谱特性对边坡稳定性影响极大，所以输入地震波的频谱特性选择是一个关键问题。地震波在含软弱夹层层状岩质边坡内自下而上传播过程中，其不同频率成分出现一定程度的衰减或者放大，使得输入地震波的频谱特性、幅值均发生一定的变化。因此，为了保证传播至边坡地震稳定性计算点的地震波频谱特性及幅值满足边坡地震安全性评价的要求，需对输入地震波的频谱进行修正。传递函数是边坡地震波输入与边坡输出响应的定量表达方式，可以利用传递函数对输入地震动的频谱进行修正。

输入地震动频谱修正方法如下：首先，利用白噪声激励获得边坡稳定性计算点处的传递函数，对稳定性计算拟输入的地震波进行 FFT 变换，获得目标傅里叶谱，将目标傅里叶谱与传递函数逐频复数相除，即得到最终的输入傅里叶谱，如式（4-9）所示。

$$F'(\omega',h_A)=F''(\omega',h_A)/T(\omega,h_A) \tag{4-9}$$

式中：$F'(\omega',h_A)$ 为最终的坡底输入傅里叶谱；$F''(\omega',h_A)$ 为边坡稳定性计算的目标傅里叶谱；$T(\omega,h_A)$ 为边坡稳定性计算点处的传递函数。

对输入傅里叶谱进行 IFFT 变换即可得到修正后的输入地震动时程，如式（4-10）所示。

$$f(t')=\mathrm{IFFT}[F'(\omega',h_A)] \tag{4-10}$$

式中：$f(t')$ 为经过频谱修正后的坡底输入地震波时程。

采用修正后的地震动进行输入，保证了后续边坡稳定性研究建立在合适的输入机制上，通过上述频谱修正，避免了研究对象对输入地震频率成分和幅值的影响，从而得到合理的稳定性计算结果。

值得注意的是，上述频谱修正方法与 4.5 节介绍的频域响应估算方法互为逆运算。根据前文的研究，在进行含软弱夹层层状边坡频域响应估算时，绝对传递函数比相对传递函数具有更高的适宜性，因此，在利用传递函数进行频谱修正时，也应该采用绝对传递函数进行计算。

4.7 本章小结

本章基于传递函数理论，并计算了含软弱夹层层状岩质边坡的相对传递函数和绝对传递函数，对利用上述两种传递函数计算边坡的动力特征参数、频域响应估算进行了适宜性和准确性分析，并对利用传递函数修正边坡地震稳定性计算时的输入地震波做了一定的探讨。本章的研究成果如下：

（1）不同高程处的两种传递函数实部表现为在 0 ~ 10 Hz 频段出现大幅波动，绝对传递函数的实部最终趋于 0，相对传递函数的实部最终趋于 – 1。

（2）随着高度的增加，两种传递函数实部的上峰值逐渐正向增大，下峰值逐渐负向增大。

（3）两种传递函数的虚部曲线峰值两侧一定频率范围内对称性较好。

（4）随着高程的增加，相对传递函数和绝对传递函数模曲线的峰值逐渐增大，两种传递函数的模幅值在频率 0 ~ 10 Hz 区间出现较大幅度的波动。

（5）含软弱夹层层状岩质边坡固有频率的计算应采用相对传递函数和绝对传递函数的虚部，计算结果表明，含软弱夹层顺层岩质边坡的固有频率一般为 2.75 ~ 3.00 Hz，含软弱夹层反倾岩质边坡的固有频率约为 4.25 Hz，含软弱夹层反倾岩质边坡的固有频率高于含软弱夹层顺层岩质边坡。

（6）计算含软弱夹层层状岩质边坡的固有频率时应采用相对传递函数和绝对传递函数的模，计算结果表明，含软弱夹层顺层岩质边坡的阻尼比为 0.26，反倾边坡的阻尼比为 0.19，表明反倾边坡对地震波的耗散作用弱于顺层边坡。

（7）采用两类传递函数虚部和两种传递函数模计算得到的加速度振型相同。

（8）利用绝对传递函数估算得到的边坡频域动力响应结果更接近实际值。

（9）基于传递函数，可以对边坡地震稳定性计算时的输入地震波频谱进行修正，以保证得到更加合理和准确的稳定性计算结果。

本章参考文献

[1] 黄润秋，李果，巨能攀. 层状岩体斜坡强震动力响应的振动台试验[J]. 岩石力学与工程学报，2013，32（5）：865-876.

[2] 刘汉香，许强，徐鸿彪，等. 斜坡动力变形破坏特征的振动台模型试验研究[J]. 岩土力学，2011，32（2）：334-339.

[3] 董金玉，杨国香，伍法权，等. 地震作用下顺层岩质边坡动力响应和破坏模式大型振动台试验研究[J]. 岩土力学，2011，32（10）：2977-2988.

[4] 盛谦，崔臻，刘加进，等. 传递函数在地下工程地震响应研究中的应用[J]. 岩土力学，2012，33（8）：2253-2258.

[5] 刘军，吴从师. 用传递函数预测建筑结构的爆破震动效应[J]. 冶治工程，1998，18（4）：1-4.

[6] DUARTE VALERIO，JOSE SA DA COSTA. Identifying digital and fractional transfer functions from a frequency response[J]. International Journal of Control，2011，84（3）：445-57.

[7] SAMIMI S E，MASIHI M. An Improvement of the Matrix-fracture Transfer Function in Free Fall Gravity Drainage[J]. Petroleum Science and Technology，2013，31：2612-2620.

[8] 蒋良潍，姚令侃，吴伟，等. 传递函数分析在边坡振动台模型试验的应用探讨[J]. 岩土力学，2010，31（5）：1368-1374.

[9] 林鹏，卓家寿. 岩质高边坡开挖爆破动力特性的传递函数研究[J]. 河海大学学报，1997，25（6）：122-125.

[10] 陈国兴. 岩土地震工程学[M]. 北京：科学出版社，2007.

[11] 刘续兴，张伟民，赵翔. 应变振型转换为加速度振型的方法[J]. 直升机技术，2011，127（3）：29-34.

[12] 丁海平，金星. 土层地震反应传递函数的模拟[J]. 世界地震工程，2000，16（4）：35-41.

[13] 崔江余，杜修力. 河谷自由场地震动经验传递函数研究[J]. 水利学报，2001，32（10）：57-60.

5 基于边际谱的层状岩质边坡震害损伤模式能量判识

在山区工程建设中，含软弱夹层的顺层岩质边坡普遍存在，且这类边坡的稳定性较低，该类边坡的存在对其周围工程建筑物的安全构成了极大威胁。在边坡周围环境不发生改变的情况下，含软弱夹层顺层岩质边坡在自然静力作用下可能处于稳定状态，但在突发性地震作用下，该类边坡可能发生大规模的滑动失稳，造成灾难性的后果。目前，针对均质岩质边坡和层状岩质边坡的动力破坏模式已经取得了一些研究成果[1-4]，但是，尚无学者研究含软弱夹层层状岩质边坡的动力破坏模式。这类边坡的稳定性较均质和水平层状岩质边坡更差，因此，这类边坡的动力破坏模式具有更大的研究意义。以往的边坡破坏模式研究多基于模型试验或数值分析中边坡表面的位移和变形监测，未能从边坡自身特征参数和坡体内部监测物理量入手进行研究。

本章首先介绍基于希尔伯特-黄变换边际谱的边坡震害损伤识别方法，然后介绍基于边际谱的含软弱夹层层状边坡震害损伤模式识别结果，并据此对含软弱夹层顺层和反倾岩质边坡的震害损伤模式进行了对比分析。

5.1 概　述

作为处理非平稳非线性地震信号的首选方法，希尔伯特-黄变换（HHT）在联合时频域中描述原始信号时具有极高的时频分辨率，可以克服以往基于傅里叶变换和小波变换等常见信号处理方法所存在的弊端。经过希尔伯特-黄变换后得到的 Hilbert 边际谱表征了信号能量幅值在频率轴上的分布，与常见信号处理方法相比，Hilbert 边际谱在时频域内以能量的角度清楚地表征了工程实体结构内部的损伤特征。本章基于含软弱夹层层状岩质边坡的大型振动台试验，对边坡内部不同位置测点实测地震加速度时程进行 HHT 变换，在时频联合域内研究坡体内部的损伤发展过程，据此探究含软弱夹层层状岩质边坡的破坏模式。

5.2 边坡地震破坏状态的能量判识方法

希尔伯特-黄变换是由Huang于1998年提出来的一种随机信号处理方法，其包含经验模态分解和希尔伯特变换两个部分，经验模态分解和希尔伯特变换的结合被定义为希尔伯特-黄变换（HHT）。其中，经验模态分解是进行希尔伯特变换前的必要预处理过程，是希尔伯特-黄变换的核心。

5.2.1 希尔伯特变换

对于任意时间序列 $X(t)$ 的希尔伯特变换记为 $Y(t)$：

$$Y(t)=\frac{1}{\pi}P\int_{-\infty}^{\infty}\frac{X(t')}{t-t'}\mathrm{d}t' \tag{5-1}$$

式中：P 代表柯西主分量值，构建解析信号 $Z(t)$

$$Z(t)=X(t)+\mathrm{i}Y(t)=a(t)\mathrm{e}^{\mathrm{i}\theta(t)} \tag{5-2}$$

式中：$a(t)$ 为瞬时幅值，$\theta(t)$ 为瞬时相位，分别由下式进行计算

$$a(t)=[X^2(t)+Y^2(t)]^{1/2} \tag{5-3}$$

$$\theta(t)=\arctan\left[\frac{Y(t)}{X(t)}\right] \tag{5-4}$$

希尔伯特变换中，瞬时频率 $\omega(t)$ 定义如下：

$$\omega(t)=\frac{\mathrm{d}\theta(t)}{\mathrm{d}t} \tag{5-5}$$

在进行希尔伯特变换时，有时可能计算得到负的频率值或者得到与实际振动毫无关联的频率成分，这一缺陷使得希尔伯特变换的适用性较差。1998年Huang提出的经验模态分解方法克服了希尔伯特变换的这一缺陷，这使得希尔伯特变换的优势凸显出来。

5.2.2 经验模态分解

经验模态分解假设任何复杂时间序列均是由一系列互异、非正弦函数的简单本征模态函数组成。根据这一假设，可以从任一复杂随机时间序列中分

离出频率由高到低分布的若干阶本征模态函数（IMF）。本征模态函数满足如下两个条件：

（1）其零值点和极值点个数相等或差 1。

（2）在任意一点，其极大值包络线和极小值包络线的均值为 0。

经过经验模态分解，任一随机信号 $X(t)$ 将被分解为：

$$X(t)=\sum_{j=1}^{n}c_j+r_n \tag{5-6}$$

式中：c_j 为第 j 阶本征模态函数；r_n 为经过 n 次经验模态函数分解后的残余项，残余项 r_n 为常数、单调函数或只有一个极大值和极小值点的函数。某一条实测地震波的经验模态分解结果如图 5-1 所示，各阶本征模态函数对应的瞬时频率如图 5-2 所示。

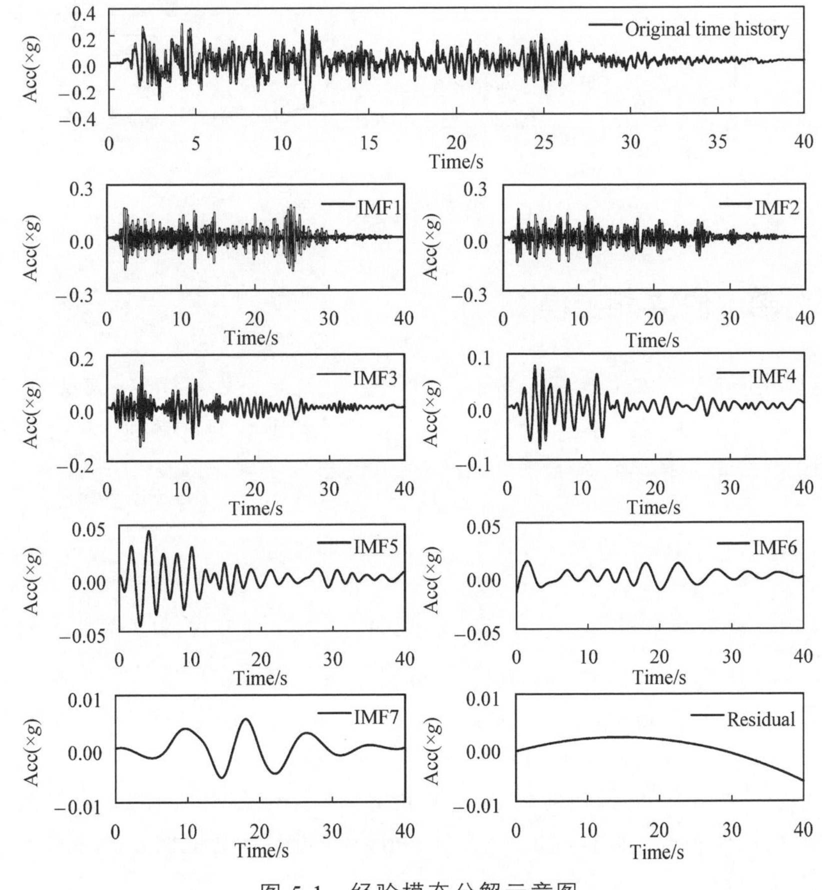

图 5-1　经验模态分解示意图

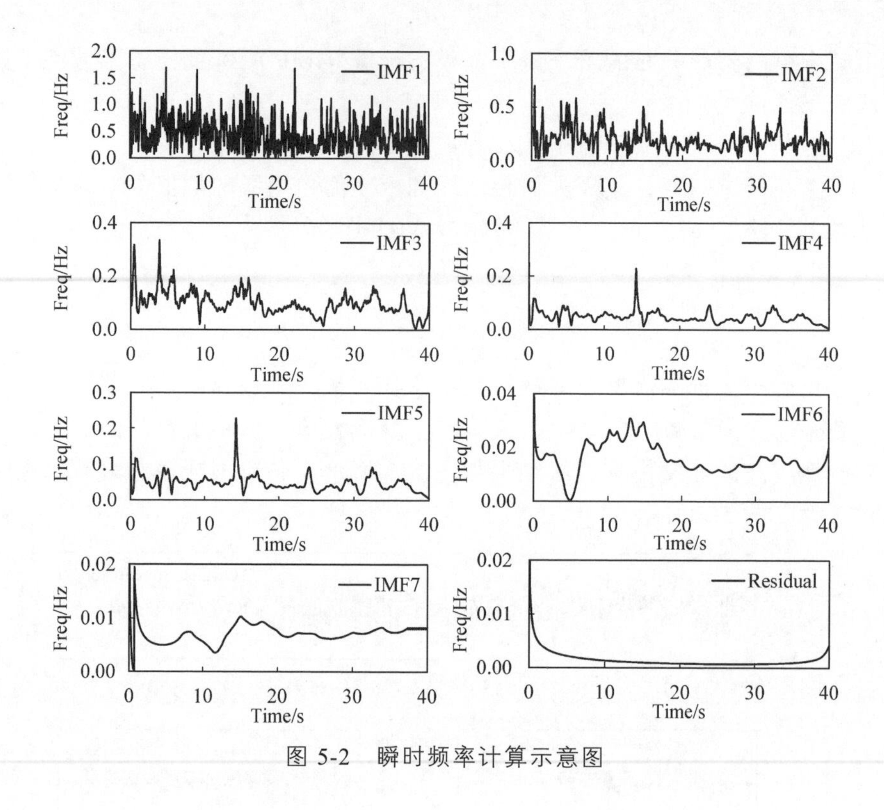

图 5-2　瞬时频率计算示意图

5.2.3　希尔伯特-黄变换

在得到每一个本征模态函数后，便可以对每一个本征模态函数进行希尔伯特变换，并利用式（5-5）计算每一个本征模态函数的瞬时频率。在对每一个 IMF 进行希尔伯特变换后，原始信号可以表达为：

$$Z(t)=PR\sum_{j=1}^{n}a_j(t)\mathrm{e}^{\mathrm{i}\int\omega_j(t)\mathrm{d}t} \quad (5\text{-}7)$$

式中：PR 表示实数部分；$a_j(t)$ 为第 j 阶 IMF 在 t 时刻与瞬时频率 ω_j 对应的幅值，为一常数。需要指出的是，希尔伯特变换中残余项包含的振动能量具有不确定性，且不在本章研究关注的频段内，因此，式（5-7）中省去了经验模态分解的残余项 r_n。

式（5-7）表征的信号能量在时间-能量-频率三维空间内的分布被定义为希尔伯特谱 $H(t,\omega)$。对希尔伯特谱 $H(t,\omega)$ 在时间轴上进行积分，得到 $X(t)$ 的边际谱 $h(t,\omega)$：

$$h(t,\omega)=\int_0^T H(t,\omega)\mathrm{d}t \tag{5-8}$$

边际谱定量表征了信号能量在频率轴上的分布。Hilbert 边际谱某一频率对应的幅值表示在信号的整个持续时间内存在该频率的振动，该频率振动出现的具体时刻由希尔伯特谱确定[5]。希尔伯特-黄变换为定量表征地震波能量提供了科学方法。El Centro 地震波的希尔伯特谱和边际谱如图 5-3 所示。

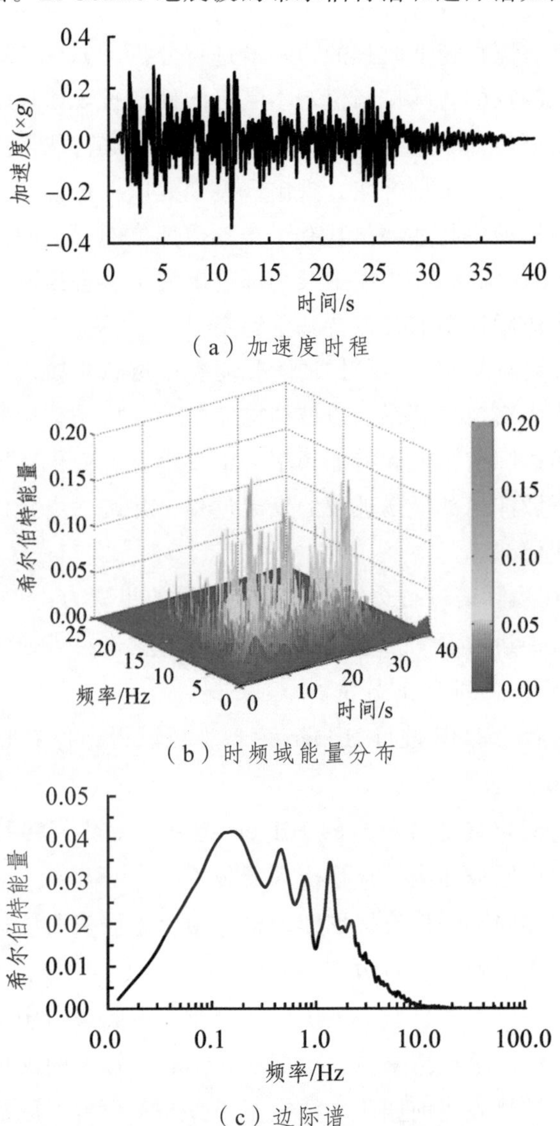

（a）加速度时程

（b）时频域能量分布

（c）边际谱

图 5-3　El Centro 地震波的加速度时程、时频域能量分布及边际谱

5.2.4 边坡地震破坏状态的能量判识步骤

地震波在边坡内传播过程中，若坡体中某一部位出现了震害损伤，将导致边坡结构中的震动能量无法在该处完整地进行传递，能量的耗损将引起边际谱幅值出现剧烈波动和突变。将上述各阶 IMF 分量进行 Hilbert 变换，可以得到反映边坡震动能量分布规律的边际谱曲线和具有时变特性的瞬时频率谱。对边坡各个测点加速度时程的边际谱进行分析，如果从坡脚到坡顶一个测点序列中各个测点的边际谱峰值基本满足线性增长规律且幅度变化较小，说明此过程中模型内并未出现破裂。当在某一级地震荷载作用下，边坡中某一位置处边际谱特征值出现突变，且出现突变处以上位置坡体内边际谱幅值变化不大，表明模型中某些部位具有了与其他部位不一致的地震响应，从损伤分析的角度来看，表明在边坡中某个部位出现了震害损伤，且位于损伤部位上方的各测点边际谱幅值将保持基本稳定[6]。

综上所述，对于具有一定结构的含软弱夹层层状岩质边坡，在地震波激励下，一旦坡体中出现显著影响边坡结构完整性的损伤破裂时，位于损伤部位上部各测点的边际谱幅值和特征频率必定发生显著变化，据此可以判识出在地震波激励下坡体内部损伤破裂的发展过程，并进一步分析可以得到确切的边坡动力破坏模式。

利用 Hilbert 边际谱进行边坡破坏模式研究的步骤为：

（1）对试验中边坡不同位置处实测加速度时程进行带通滤波，然后进行 EMD 分解，得到一系列 IMF 分量。

（2）通过对各个 IMF 进行 Hilbert 变换，可以得到各个 IMF 的瞬时频率谱曲线以及 Hilbert 边际谱。

（3）根据不同位置处各测点的 Hilbert 边际谱变化规律判定坡体内部能量分布，并据此推断坡体内部损伤出现的位置。

（4）基于坡体内部损伤位置推断结果，结合边坡表面位移和裂隙观测结果，推断含软弱夹层顺层岩质边坡破坏模式。

需要指出的是，本书含软弱夹层层状岩质边坡震害损伤模式能量判识方法的研究工况为汶川地震清平波，对振动台试验中输入的汶川地震清平波进行 EMD 分解，结果表明前四阶本征模态函数几乎包含了原信号所有的幅值成分，如图 5-4 所示。

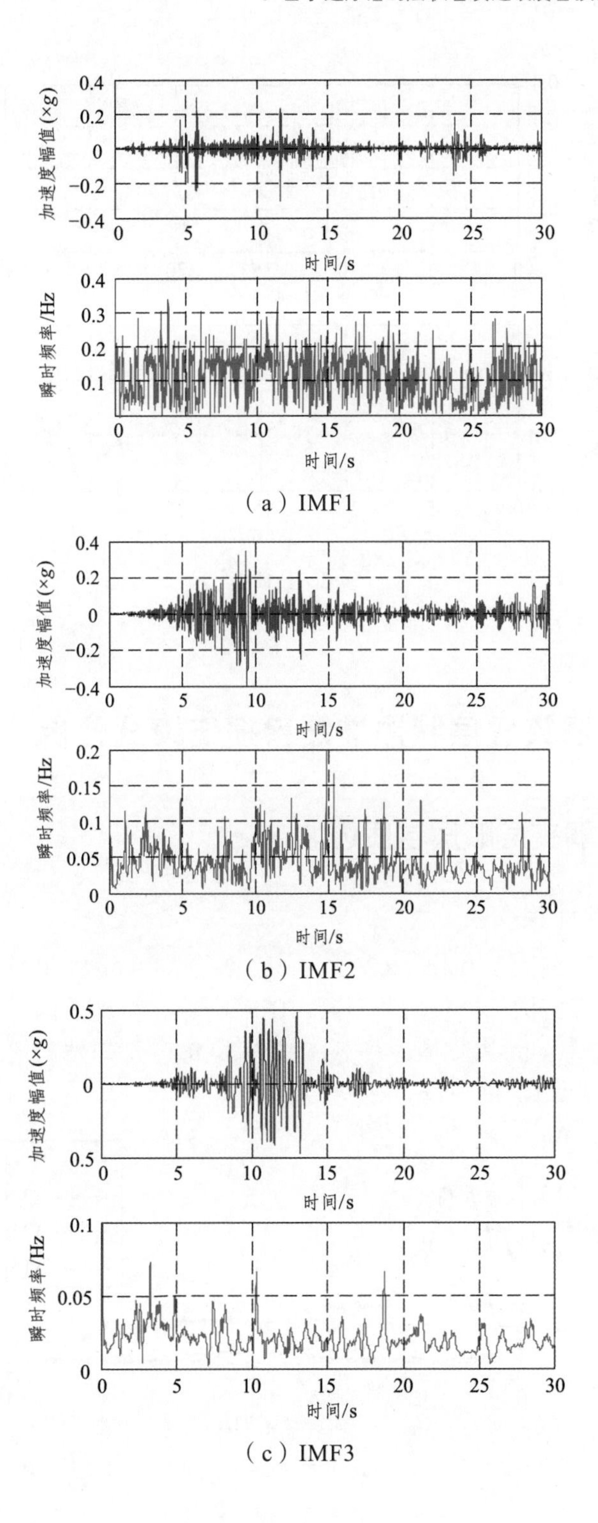

（a）IMF1

（b）IMF2

（c）IMF3

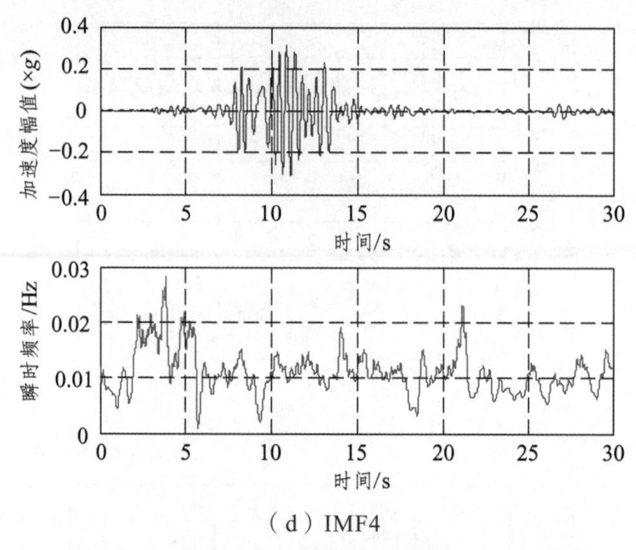

（d）IMF4

图 5-4 输入汶川地震清平波的 EMD 分解结果（前四阶）

5.3 含软弱夹层层状边坡震害损伤模式分析

5.3.1 含软弱夹层顺层岩质边坡

1. 边际谱计算

对软弱夹层饱和后 0.1g、0.21g、0.3g、0.4g 和 0.6g 汶川地震清平波作用下边坡中各测点实测加速度时程进行 HHT 变换，得到不同幅值地震波作用下各个测点的 Hilbert 边际谱。其中，0.21g 和 0.6g 汶川地震清平波作用下的边际谱如图 5-5 至图 5-8 所示。

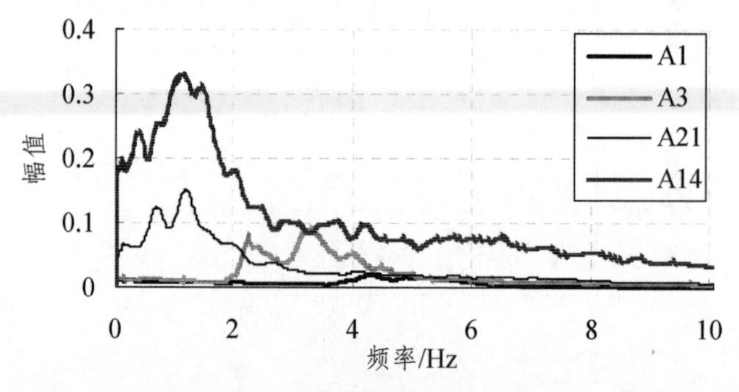

图 5-5 0.21g 清平波作用下坡面附近各测点边际谱

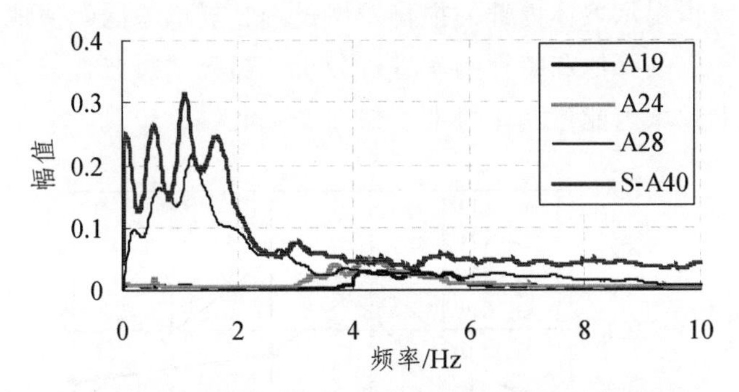

图 5-6　0.21g 清平波作用下坡内各测点边际谱

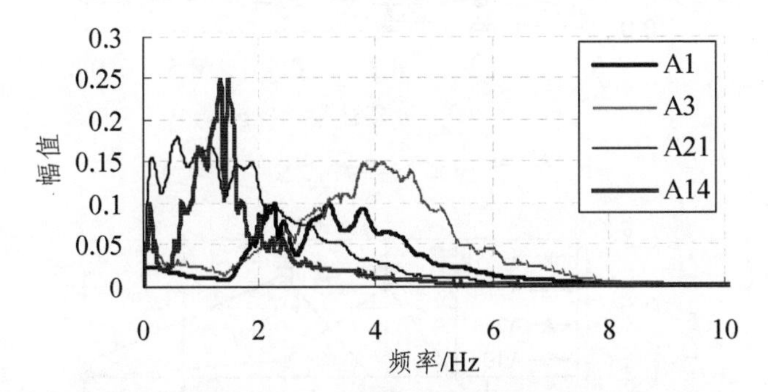

图 5-7　0.6g 清平波作用下坡面附近各测点边际谱

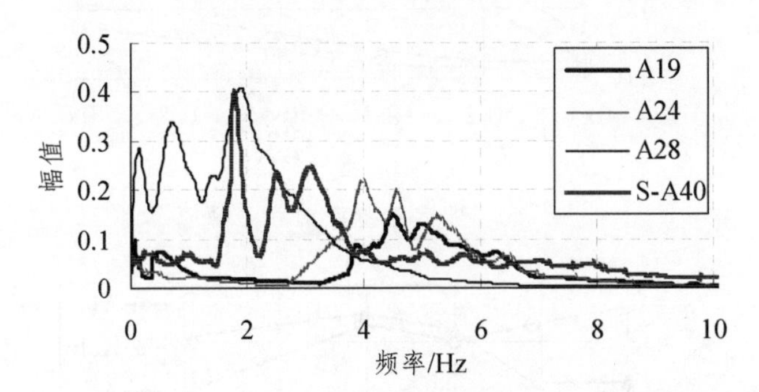

图 5-8　0.6g 清平波作用下坡内各测点边际谱

从图 5-5 至图 5-8 可以看出：在 0.2g 地震波作用下，坡面和坡内各测点边际谱峰值随着高程的增加而增大；在 0.6g 地震波作用下，边坡中部以上的 A21 和 A14 测点，A28 和 S-A40 测点具有相近的边际谱峰值，边坡中部以下的 A1 和 A3，A19 和 A24 测点边际谱峰值随着高程的增加而增大。边际谱峰值出现这样的差异说明坡体内部已经出现了震害损伤。

为了进一步揭示坡体内部的损伤发展过程，提取不同幅值地震波作用下各个测点边际谱的峰值和特征频率进行分析，探究地震波在坡体内部自下而上传播过程中频域内能量变化特征，如图 5-9 至图 5-12 所示。

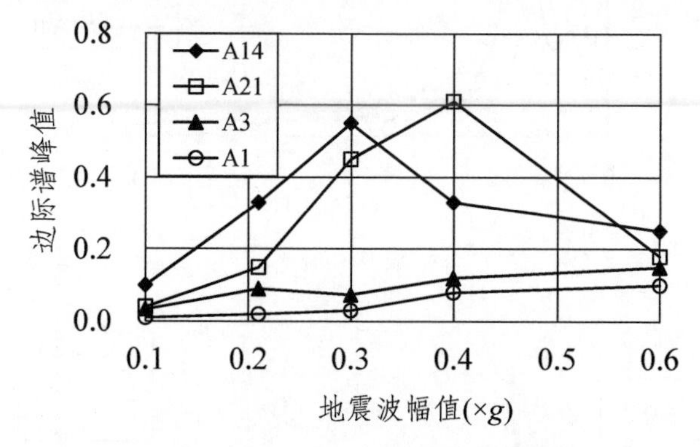

图 5-9 坡面附近各测点边际谱峰值

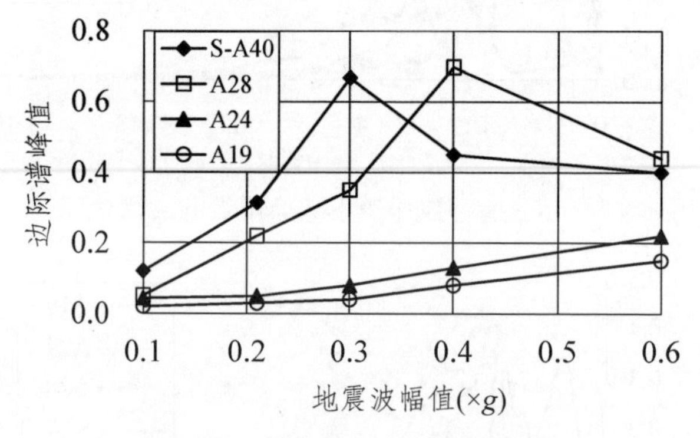

图 5-10 坡内各测点边际谱峰值

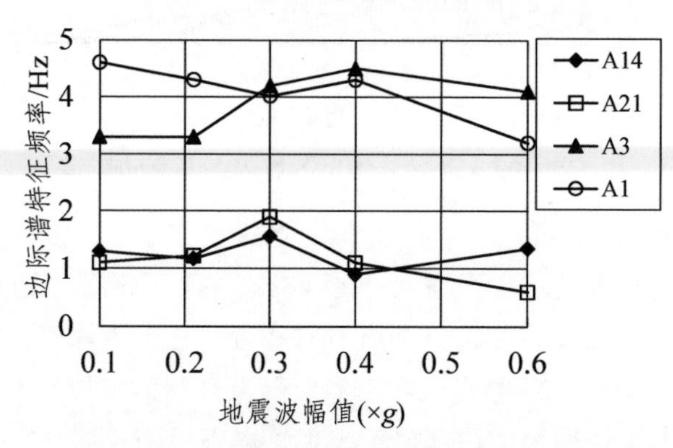

图 5-11 坡面附近各测点边际谱特征频率

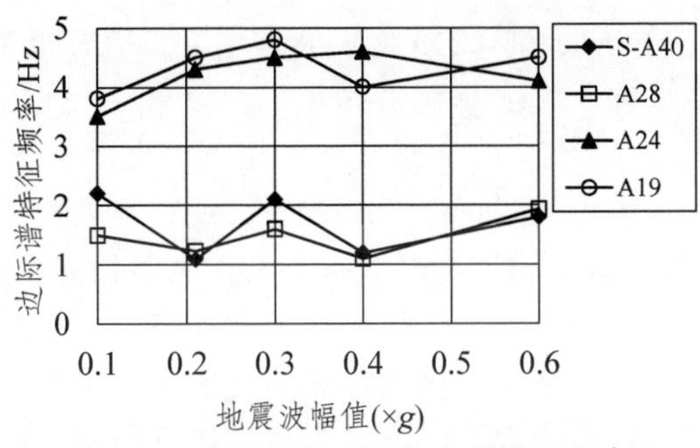

图 5-12　坡内各测点边际谱特征频率

图 5-9 和图 5-10 反映了含软弱夹层顺层岩质边坡在地震波作用下的破坏过程。在地震波作用下，坡体中部的 A21、A28 测点以及顶部的 A14、S-A40 测点出现了明显的峰值波动，且这四个点的峰值高于其他测点，表明上述四点（A21、A28、A14、S-A40）在地震激励作用下出现了震害损伤。在 0.3g 地震波作用下，顶部 A14、S-A40 测点边际谱峰值出现明显变化，而中部的 A21、A28 测点边际谱的峰值在 0.4g 地震波作用下才出现明显变化，这表明边坡的损伤首先出现在坡肩位置，随后逐渐向低高程发展。同时可以发现，位于坡面附近的 A21 和 A14 测点的峰值变化幅度大于位于坡体内部的 A28 和 S-A40 测点，A21 和 A14 测点的特征频率整体上稍小于 A28 和 S-A40 测点。以上两点印证了坡面附近的破坏程度比坡体内部更加严重。2008 年汶川地震后的震害调查发现，具有含软弱夹层顺层结构特征的岩质边坡震害表现为坡面附近震害程度强于坡体内部[7]。结合本章的研究成果，可以得出：具有含软弱夹层顺层结构特征的边坡震害具有趋表效应。

试验中坡面的位移监测结果也很好地验证了上述分析结果，试验中坡面的位移监测结果如图 5-13 所示。因在 0.6g 地震波作用下边坡已沿下部软弱夹层剪切滑动失稳，层间错动位移较大，坡面位移值已超过激光位移计量程，数据失真，故图 5-13 中未包含 0.6g 地震波作用下坡面的位移监测数据。

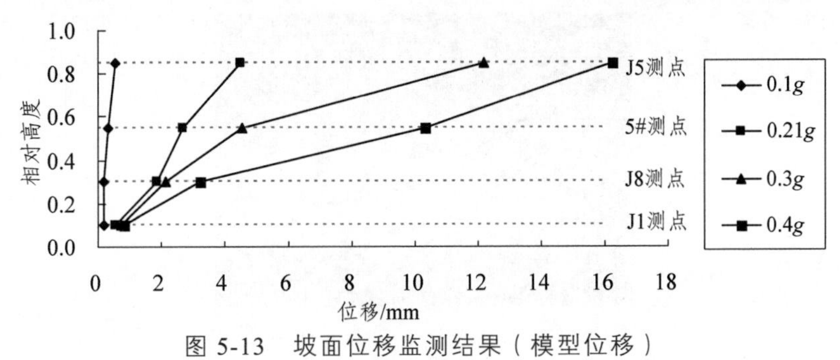

图 5-13　坡面位移监测结果（模型位移）

图 5-13 表明，在 0.1*g* 和 0.21*g* 地震波作用下，随着相对高度的增加，坡面位移近似呈线性增加。0.3*g* 地震波作用下，坡肩 J5 测点位移较 5#测点出现陡增，增大幅度为 170%。0.4*g* 地震波作用下，坡体中上部 5#测点位移较 J8 测点出现大幅度增加，增大幅度为 221%，观察边坡模型发现此时坡体中部 5#与 J8 测点之间出现了层间滑移。两个测点之间位移出现大幅度的增加，说明在地震作用下两个测点之间坡体出现了震损裂隙，坡体结构已破坏。以上位移监测数据清楚地表征了坡体内部破坏性裂隙的发展过程：0.3*g* 地震波作用下坡体上部出现竖向裂隙，0.4*g* 地震波作用下竖向裂隙进一步发展至坡体中下部，0.6*g* 地震波作用下边坡已经沿下部软弱夹层剪切滑出破坏。

另外，分析图 5-11 和图 5-12 可得，坡体相对高度 0.295 与相对高度 0.6 之间一带为边坡动力响应的不连续带。以边坡表面测点序列为例，相对高度 0.295 的 A3 测点与相对高度 0.6 的 A21 测点特征频率存在突变，边坡中上部的 A21、A14 测点具有相近的特征频率，低于边坡底部的 A1、A3 测点的特征频率，边坡内部的测点序列具有相同的规律。因此可以得到，在地震作用下，含软弱夹层顺层岩质边坡中下部存在动力响应的不连续带。

2. 试验现象分析

对试验中每一级地震荷载施加后边坡的破坏现象进行描述，可以概括边坡的破坏过程如下：在 0.1*g* 和 0.21*g* 地震波作用下，边坡未出现任何破坏现象；当输入地震动幅值达到 0.3*g* 时，边坡坡顶开始出现明显的张拉裂隙，同时，坡肩边缘出现局部散落体掉落，层间无滑动；当输入地震动幅值达到 0.4*g* 时，边坡坡顶张拉裂隙进一步扩大，坡肩继续有散落体掉落，坡体中上部层间开始出现错动现象，如图 5-14（a）所示；当输入地震动幅值达到 0.6*g* 时，边坡坡顶张拉裂隙进一步发展扩大，边坡中上部层间错动位移加大，并沿相对高度 0.56 处的软弱夹层剪切滑出，如图 5-14（b）所示；坡顶出现明显位移，坡体后缘与模型箱分离，如图 5-14（c）所示。破坏过程如图 5-15 所示。

（a）坡体中上部出现小幅度层间错动

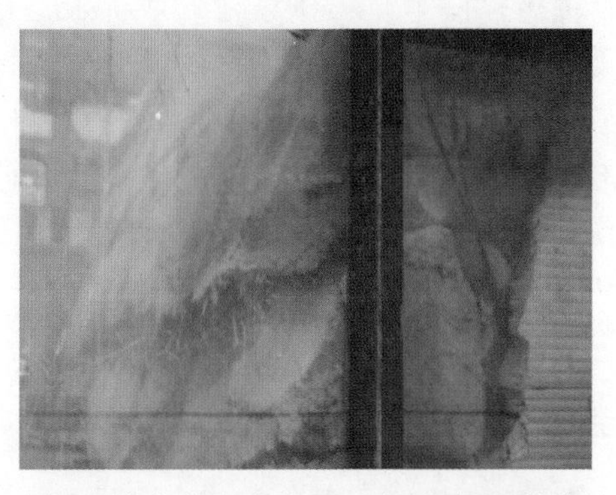

（b）坡体中上部出现大幅度层间错动

（c）坡顶张拉裂隙，后缘分离

图 5-14　试验过程中坡体破坏过程

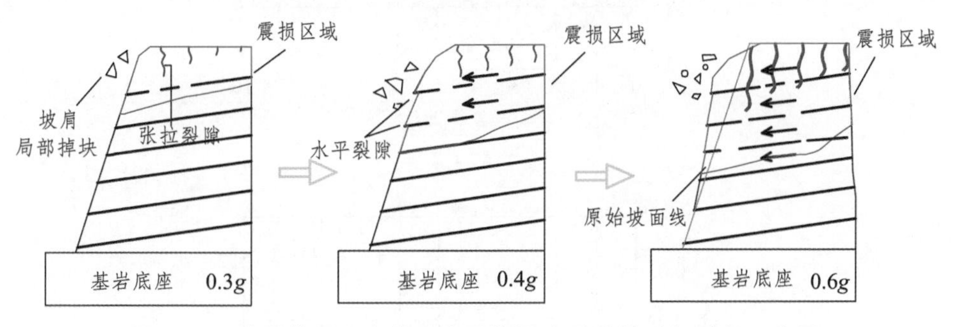

图 5-15　地震作用下含软弱夹层顺层岩质边坡破坏过程示意图

3. 顺层边坡震害损伤模式探究

梳理边坡破坏过程可以发现，边坡的破坏主要表现形式为边坡后缘垂直的拉裂和沿软弱夹层的剪切滑动，发生剪切滑动的软弱夹层位于坡体中上部。在剪切破坏过程中岩块与岩块之间破裂分离并发生相互碰撞，形成碎屑流，堆积于坡脚。在水平地震激励下，岩块受到水平向地震力作用，由于岩块间存在结构面，岩块未能形成整体以抵抗水平地震力的影响，岩块间张拉形成众多竖向裂缝，且裂缝不断由表面垂直向下延伸，直至和软弱夹层贯通。贯通后，坡体被切割形成松散体，当地震强度进一步加大时，极易发生沿某一软弱夹层的整体失稳破坏。

综上，含软弱夹层顺层岩质边坡的破坏模式为拉裂—滑移—崩落式。

5.3.2 含软弱夹层反倾岩质边坡

1. 边际谱计算

针对含软弱夹层反倾岩质边坡，选取相对高度分别为 0.105、0.33、0.67 和 0.95 的测点进行研究，包括坡面附近的 A24、A14、A4、A11 测点以及坡内的 A28、A13、A9、A18 测点，计算工况为软弱夹层处于饱和状态时 0.1*g* 和 0.6*g* 的汶川地震清平波激励，各个测点的边际谱如图 5-16 至图 5-19 所示。

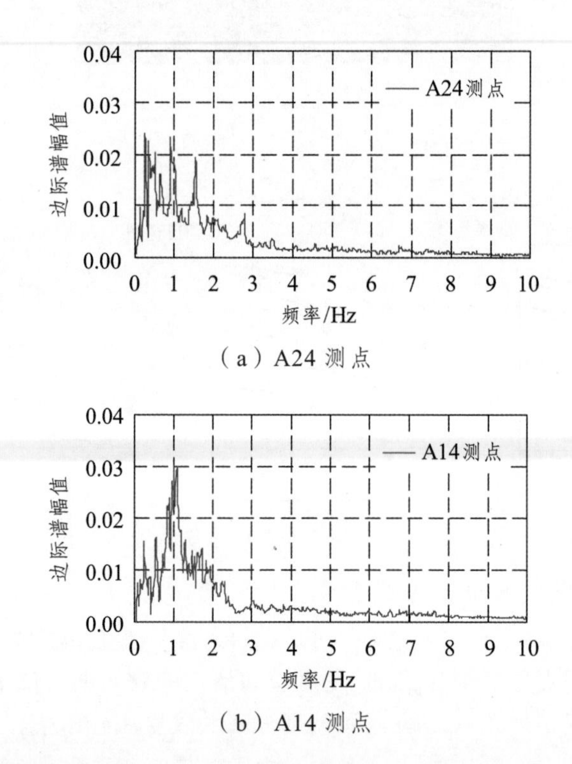

（a）A24 测点

（b）A14 测点

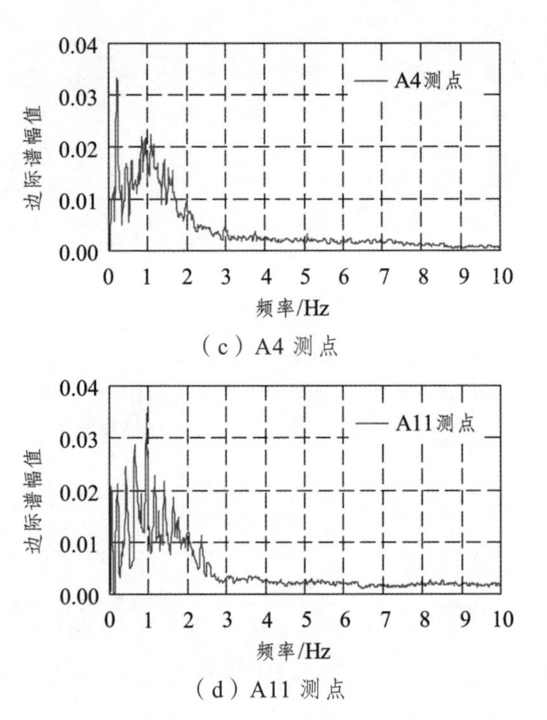

（c）A4 测点

（d）A11 测点

图 5-16　0.1g 汶川地震清平波作用下坡面测点序列边际谱

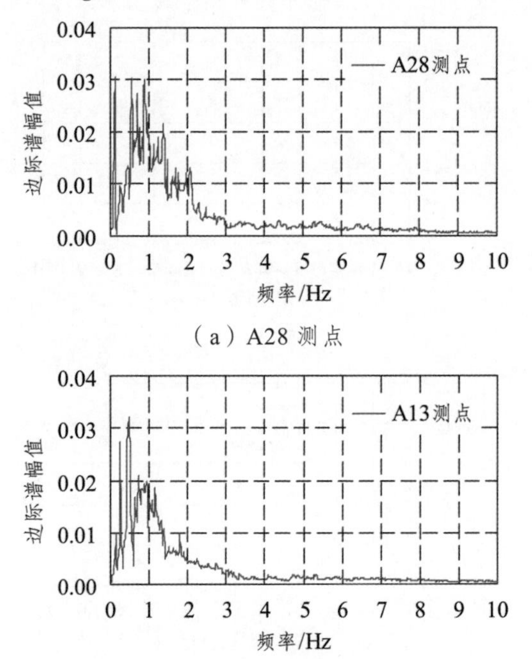

（a）A28 测点

（b）A13 测点

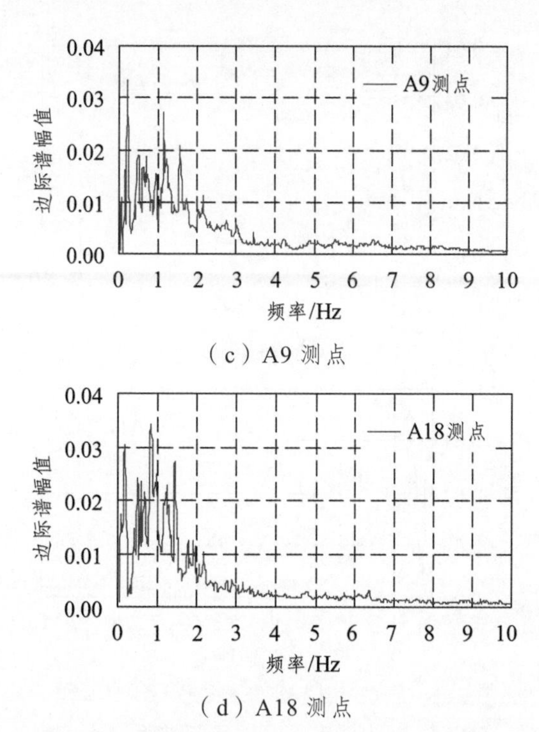

（c）A9 测点

（d）A18 测点

图 5-17　0.1g 汶川地震清平波作用下坡内测点序列边际谱

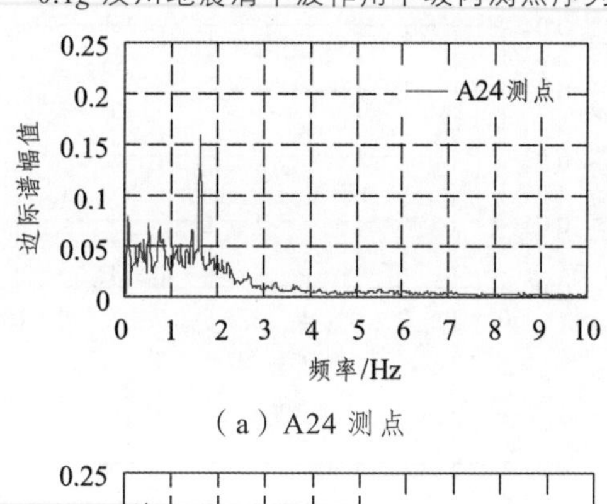

（a）A24 测点

0.25
0.2
0.15
0.1
0.05
0
边际谱幅值
— A14测点
0 1 2 3 4 5 6 7 8 9 10
频率/Hz

（b）A14 测点

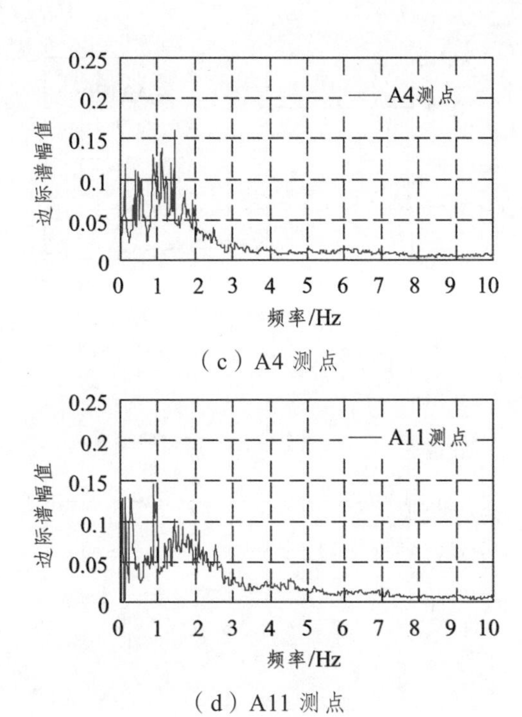

（c）A4 测点

（d）A11 测点

图 5-18　0.6*g* 汶川地震清平波作用下坡面测点序列边际谱

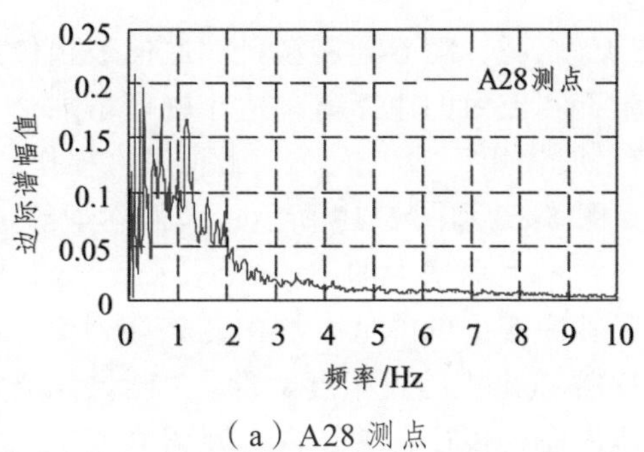

（a）A28 测点

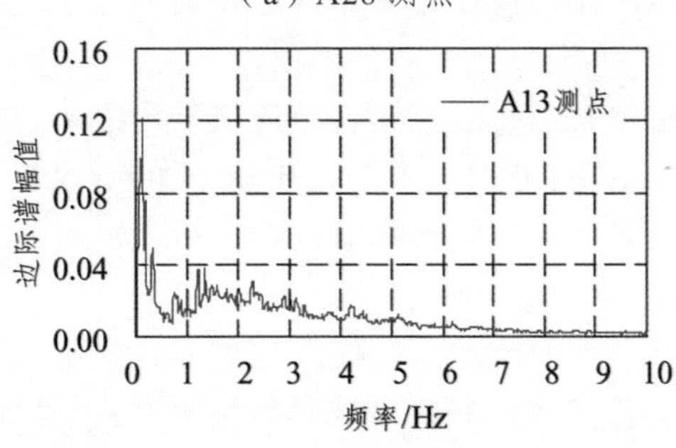

（b）A13 测点

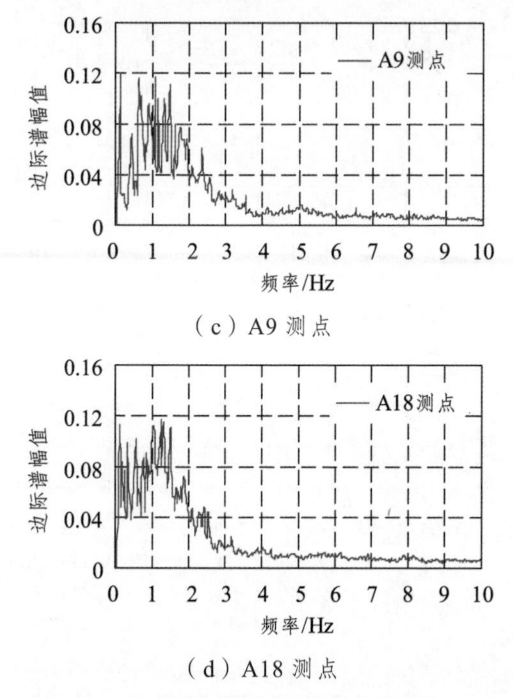

（c）A9 测点

（d）A18 测点

图 5-19　0.6g 汶川地震清平波作用下坡内测点序列边际谱

图 5-16 至图 5-19 表明，随着地震波自坡底向坡顶传播过程中，相对高程逐渐增大，坡面附近和坡内的边际谱幅值小幅度增加，未出现突变，表明在 0.1g 汶川地震清平波作用下边坡内尚未出现震害损伤。但在 0.6g 汶川地震清平波作用下，如图 5-18 和图 5-19 所示，坡面附近的 A24 和 A14 测点表现出边际谱峰值随高程增大而增大的趋势，但 A4、A11 测点边际谱峰值与 A14 测点相比出现了较大幅度的降低。坡内测点序列中，A13、A9、A18 测点边际谱峰值较 A28 测点出现较大幅度降低。边际谱峰值突变降低说明地震波能量并未能在坡体内完整传播，坡体内边际谱峰值出现突变降低的位置处出现了震害损伤。

为了进一步探究含软弱夹层反倾岩质边坡坡内震害损伤的出现位置及发展过程，本章分别对 0.1g、0.21g、0.3g、0.4g 和 0.6g 汶川地震清平波作用下坡面附近和坡内各个测点的边际谱峰值进行分析，如图 5-20 和图 5-21 所示。

如图 5-20 所示：对于坡面附近测点序列，0.1g 和 0.21g 地震波作用下，边际谱峰值随着相对高程的增加呈近似线性增长；0.3g 地震波作用时，坡顶的 A11 测点边际谱峰值开始出现突变降低，说明 0.3g 地震波作用下 A4 测点（相对高度 0.67）与 A11 测点（相对高度 0.95）之间区域出现了震害损伤；

0.4g 和 0.6g 地震波作用下，A4 测点相较于 A14 测点边际谱峰值出现了较大幅度降低，说明 A4 测点与 A14 测点（相对高度 0.33）之间区域出现了震害损伤，且地震波幅值由 0.4g 增大至 0.6g 时坡内的震害损伤并未发展至 A14 测点以下部位。

对于坡内测点序列，如图 5-21 所示，在 0.1g 和 0.21g 地震波作用下边际谱峰值随相对高程呈近似线性增加，在 0.3g 地震波作用下，坡顶附近出现震害损伤，A18 测点边际谱峰值急剧降低，随后 0.4g 地震波作用下 A9 测点边际谱峰值突变降低，0.6g 地震波作用下 A13 测点边际谱峰值出现急剧降低，可以发现从加载 0.3g 地震波开始，坡内的震害损伤位置不断向低高程发展，直至 0.6g 地震波作用时震害损伤发展至在 A28 与 A13 之间区域。另外值得注意的是，0.6g 地震波作用下 A13、A9 和 A18 测点的边际谱幅值均小于 0.4g 地震波作用下这三点的边际谱峰值，这表明 0.6g 地震波作用下坡内的震害损伤程度远强于 0.4g 地震波作用下的震害损伤程度。

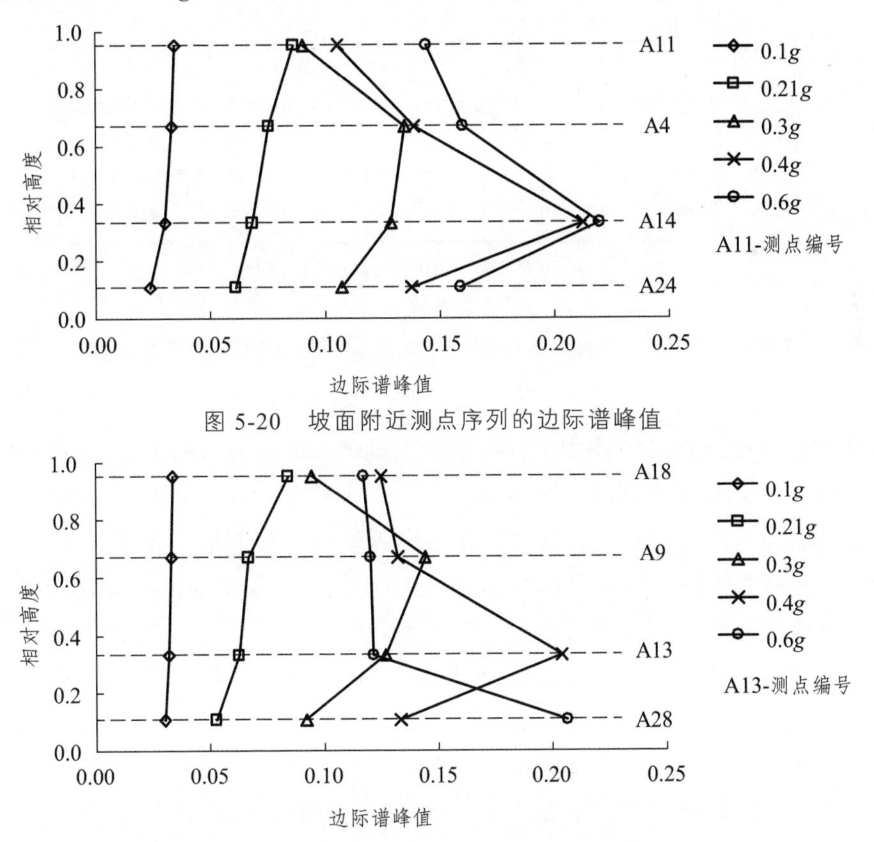

图 5-20　坡面附近测点序列的边际谱峰值

图 5-21　坡内测点序列的边际谱峰值

对比分析图 5-20 和图 5-21 不难发现，0.4g 地震波作用下时，坡面附近和坡内的震害损伤位置均位于相对高程 0.67（A4、A9 测点）与相对高程 0.33（A14、A13 测点）之间，0.6g 地震作用下时，坡面附近震害损伤仍位于相对高程 0.67（A4）和相对高程 0.33（A14）之间，而坡内的震害损伤进一步向下发展，直至相对高度 0.33 以下（A13 测点与 A28 之间）。以上分析可以看出，对于含软弱夹层反倾岩质边坡而言，坡体内部的震害损伤深度强于坡面附近，表明坡体内部的震害程度强于坡面附近。

边坡坡面位移对探究边坡的震害损伤模式至关重要，不同幅值汶川地震清平波作用下含软弱夹层反倾岩质边坡坡面，位移响应如图 5-22 所示。

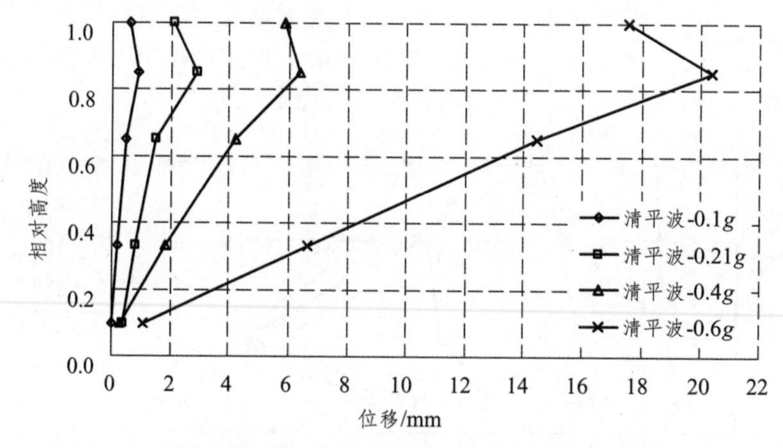

图 5-22　不同幅值清平地震波作用下反倾边坡的坡面位移响应

随着输入地震动强度的增加，坡面的位移响应程度增强，当激励地震波幅值不小于 0.3g 时，坡体中上部出现鼓出现象，表现为边坡中上部位移监测点位移值大于坡面其他位置处的位移值，如图 5-22 中所示。出现这种现象的原因可能为：边坡中软弱夹层的存在将坡体分割成几个相互叠加的岩层，各个岩层之间为抗剪强度较低的软弱夹层，由于软弱夹层的横向抗剪强度较低，在地震惯性力以及上部岩层重力沿软弱面分量的作用下各个岩层将发生沿软弱面的错动，且中上部的岩层受到的地震惯性力较大，横向约束较小，所以中上部的岩层较其他位置处岩层发生的横向位移更大；同时，坡体顶部岩层在地震波不断扰动及重力共同作用下沿着软弱夹层层面向坡体后缘滑动，导致坡顶岩层的横向位移小于坡体中上部岩层。因此，加载结束后坡体中上部出现了鼓出现象。

2. 试验现象分析

试验中对每一级地震荷载施加后坡体的破坏现象进行拍照记录，仔细比照每一级荷载施加后边坡的破坏现象，可以发现输入地震动幅值为 0.1g 和 0.21g 时，坡体未出现任何破坏现象。当输入地震动幅值达到 0.3g 时，坡肩开始出现局部掉块，坡体未出现其他明显的破坏现象。当输入地震动幅值达到 0.4g 时，坡体中上部软弱夹层处出现水平向微裂隙。当输入地震动幅值达到 0.6g 时，坡体中上部的水平向裂隙进一步扩展，上部坡体（相对高程 0.8 附近）向坡面方向滑出，坡面外观上呈现鼓出形态，坡面沿岩块间接触面出现纵向裂隙，并与水平向裂隙贯通，如图 5-23 所示。同时，中部软弱夹层被挤出，如图 5-24 所示，坡顶被震碎，如图 5-25 所示。地震作用下含软弱夹层反倾岩质边坡的破坏过程如图 5-26 所示。

图 5-23　坡体中上部水平向和垂直向微裂隙交错

图 5-24　坡体中部软弱夹层被挤出

图 5-25　坡顶被震碎

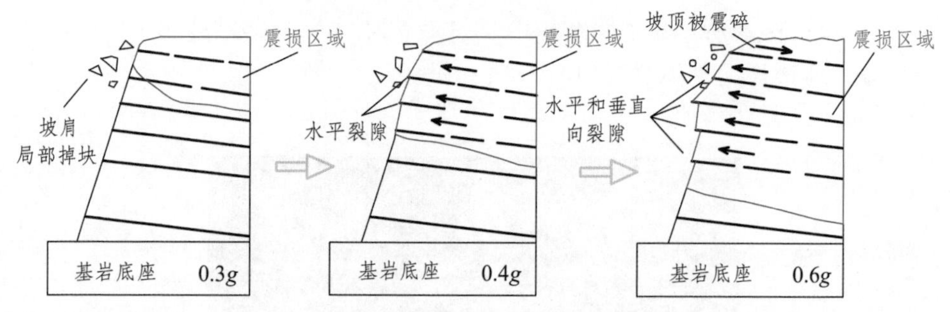

图 5-26　地震作用下含软弱夹层反倾岩质边坡破坏过程示意图

3. 边坡震害损伤模式探究

结合上文边际谱分析结果以及边坡坡面位移监测数据，强震下含软弱夹层反倾岩质边坡的震害损伤模式为：在 0.3*g* 地震波作用下，坡体中上部（相对高度 0.67 至 0.95 之间）出现震害损伤，坡肩出现局部掉块；在 0.4*g* 地震波作用下，边坡震害损伤范围进一步向坡脚发展，坡面附近震害损伤发展至相对高度 0.33 至 0.67 之间，坡内震害损伤发展至相对高度 0.33 以下，此时坡体中上部软弱夹层处出现水平向微裂隙，坡体中上部呈微鼓出形态；在 0.6*g* 地震波作用下，坡面附近和坡内的震害损伤范围进一步扩大，均扩展至相对高度 0.33 以下，此时坡体沿中上部软弱夹层滑动剪出，中上部出现纵向裂隙并与水平裂隙贯通，坡顶被震碎，坡面中上部呈明显鼓出形态。

综上，含软弱夹层反倾岩质边坡的震害损伤模式为中部岩层挤压滑出型。

5.3.3　破坏模式对比分析

含软弱夹层顺层边坡的破坏主要表现形式为边坡后缘垂直拉裂和沿饱和

软弱夹层剪切滑动，发生剪切滑动的软弱夹层位于坡体的中上部。在剪切破坏过程中岩块与岩块之间发生相互碰撞，形成碎屑流，堆积于坡脚。在水平地震激励下，岩块受到水平地震力的作用，由于岩块间结构面的存在，岩块未能形成整体以抵抗水平地震力的影响，岩块间被张拉形成众多竖向裂缝，且裂缝不断由表面垂直向下延伸，直至与软弱夹层贯通。贯通后，坡体被切割形成松散体，当地震强度进一步加大时，极易发生沿某一软弱夹层的整体失稳破坏。因此，与不含软弱夹层的顺层滑移—底部挤出—分层滑移型边坡失稳模式不同，含软弱夹层顺层岩质边坡的破坏模式为拉裂—滑移—崩落式。

含软弱夹层反倾岩质边坡的破坏主要表现为：强震下坡体先出现坡肩局部掉块，随后坡体沿中上部软弱夹层轻微滑动剪出，与此同时，坡体中上部出现纵向裂隙并与水平裂隙贯通，坡顶被震碎。试验中发现反倾岩质边坡中部呈现鼓出现象，这可能是坡体底部附近的岩层出现了向后翻滚，挤压中部岩层的后缘部分，导致中部岩层向坡体外鼓出。与已有研究成果对比发现[8]，反倾边坡中软弱夹层的存在使得边坡的破坏剪出面上移。

综合对比含软弱夹层顺层和反倾岩质边坡的破坏过程可以发现，含软弱夹层反倾岩质边坡较顺层边坡具有更高的地震稳定性，且两者的破坏模式具有较大的差异，主要体现在以下两个方面：第一，破坏启动加速度不同，顺层边坡在 0.3g 地震波作用下出现明显的张拉裂隙，坡顶边缘出现掉块，而反倾边坡在 0.4g 地震波作用下才开始出现沿软弱夹层的水平向微裂隙；第二，破坏形态不同，顺层边坡破坏主要表现为坡体后缘的垂直张拉裂隙、岩层沿软弱夹层的顺层滑动以及坡顶岩块崩落，而反倾边坡的破坏主要表现为坡面水平向和垂直向裂隙交错，因岩层向坡内方向运动导致软弱夹层挤出以及坡顶被震碎。

需要指出的是，岩体静、动力稳定性受其内部大量分布的层理、节理、断裂带等不连续结构面所限制，加之构造作用和地下水等因素影响，使得岩体具有极其复杂的静力和动力特征。岩体动力学研究同样受到各种地质条件的影响，具有不同结构特征的岩体，其动力学特征及地震波在其内的传播特性具有很大差异。当地震波在含有大量节理、裂隙的岩体内传播时，地震波将在这些弱面处发生波的折射和反射以及其他形式的能量耗散。一方面，当地震波传播至两类介质的交界面时，地震波的能量一部分通过折射和透射进入到另一类介质中，另一部分地震波能量则被反射回来；另一方面，岩体中存在的节理、裂隙等不连续面会导致地震波波形的转换，体波在这些不连续面处会被转换成面波或是其他形式的波，这种转换实为地震波能量的再分配，这必将引起地震波作用的各向异性。鉴于上述原因，地震作用下含软弱夹层层状岩质边坡的破坏模式是多种因素共同作用的结果，虽然本章利用能量方法对其进行了探究，但是还需要不断的后续工作进一步深化这一研究成果。

5.4 本章小结

本章基于希尔伯特-黄变换的边际谱理论，从能量的角度对地震作用下边坡内部的震害损伤进行了识别，并结合边坡震害现象，分析了含软弱夹层顺层和反倾岩质边坡的动力破坏模式，并对比分析了两类边坡震害损伤模式的差异。通过本章的研究，可以得到以下结论：

（1）当坡体内出现震害损伤时，表征地震波能量的边际谱峰值会出现突变，据此能够准确判识地震作用下坡体内部的震害损伤发展过程。

（2）含软弱夹层顺层岩质边坡在 0.3*g* 地震波作用下开始出现震害现象，而反倾边坡在 0.4*g* 地震波作用下才开始出现震害现象，反倾边坡较顺层边坡具有更高的地震稳定性。

（3）顺层边坡破坏形式主要表现为坡体后缘的垂直张拉裂隙、岩层沿软弱夹层的顺层滑动以及坡顶岩块崩落，而反倾边坡的破坏形式主要表现为坡面水平向和垂直向裂隙交错、软弱夹层挤出以及坡顶被震碎。

（4）含软弱夹层顺层岩质边坡的破坏模式为拉裂—滑移—崩落式，含软弱夹层反倾岩质边坡的震害损伤模式为中部岩层挤压滑出型。

本章参考文献

[1] 林杭，曹平，李江腾，等. 层状岩质边坡破坏模式及稳定性的数值分析[J]. 岩土力学，2010，31（10）：3300-3304.

[2] 舒继森，才庆祥，郝航程，等. 可拓学理论在边坡破坏模式识别中的应用[J]. 中国矿业大学学报，2005，34（5）：591-595.

[3] 李安洪，周德培，冯君. 顺层岩质路堑边坡破坏模式及设计对策[J]. 岩石力学与工程学报，2009，28（增 1）：2915-2921.

[4] 李祥龙. 层状节理岩体高边坡地震动力破坏机理研究[D]. 武汉：中国地质大学，2013.

[5] 黄天立. 结构系统和损伤识别的若干方法研究[D]. 上海：同济大学，2007.
[6] 李果. 强展条件下层状岩体斜坡动力失稳机理研究[D]. 成都:成都理工大学，2010.
[7] 周德培，张建经，汤涌. 汶川地震中道路边坡工程震害分析[J]. 岩石力学与工程学报，2010，29（3）：565-576.
[8] 黄润秋，李果，巨能攀. 层状岩体斜坡强震动力响应的振动台试验[J]. 岩石力学与工程学报，2013，32（5）：865-876.

6 基覆型滑坡地震失稳机理的能量识别方法

基覆型滑坡指具有下部为基岩上部为松散堆积体结构特征的地质体，一般上部松散堆积体较下部基岩而言强度较低，这种形式的滑坡在自然界中十分常见。经普查，长江上游地区（面积约 1 000 000 km^2）发现的 1 736 个滑坡中有 64%为基覆型滑坡。降雨和地震是诱发滑坡失稳的两个主要因素，虽然这两个因素中地震属于偶发因素，但是地震对滑坡的形成具有极其重要的作用，在某些滑坡中地震甚至可能为主导因素。2008 年汶川地震在中国西部 41 750 km^2 的山区范围内诱发了超过 56 000 处滑坡[1]，这些地震滑坡导致超过 20 000 人丧生[2]。近些年，众多研究者将研究的重点投向了地震滑坡的空间分布[3-6]、滑坡敏感性分析[7-11]、滑坡动力失稳机制[12-15]等方面。在这些研究中，研究者们采用了多种研究方法，例如黏塑性行为模型[16,17]、累计位移分析法[18]、数值分析方法[19,20]等。这些方法为理解地震滑坡的启滑及动力失稳机理提供了可靠的技术手段。

本章首先介绍了地震波能量的识别方法，随后利用数值计算方法和地震波能量识别方法，对基覆型滑坡地震失稳机理进行了判识。

6.1 概 述

地震滑坡往往在地震灾区造成极大的生命及财产损失，近些年地震滑坡已成为国内外的研究热点。地震波能量是触发地震滑坡的根本因素，对地震波的能量进行分析有助于从根本上揭示地震滑坡的内因。地震波是一种典型的非平稳非线性随机信号，利用传统的信号分析方法（傅里叶变换和小波变换）处理地震波信号时存在明显的缺陷和不足。傅里叶变换将信号分解为多个简谐正弦信号的累积，但是对于地震波而言，正弦函数不是任何地震波信号控制方程的解，因此，利用平稳的正弦信号构建非平稳非线性的地震波信号物理意义不明。小波变换存在明显的频域信息辨识缺陷，尤其是在低频部分。

信号处理领域最新的希尔伯特-黄变换（HHT）自 1998 年提出以来，已被广泛应用于航空、气象、水文等多个领域，并逐渐在结构工程和岩土工程地震损伤识别中得到了初步运用。已有研究表明希尔伯特-黄变换是一种处理非平稳非线性信号的理想方法，可以克服傅里叶变换和小波变换等传统信号处理方法在处理地震波信号时存在的弊端。希尔伯特-黄变换可以实现地震波信号时间-频率-幅值三要素的分离和地震波能量的三维时频域辨识。HHT 的详细介绍参见本书 5.2 节。

本书第 5 章介绍了基于希尔伯特-黄变换的地震波能量时频域识别方法，基于此，本章以基覆型滑坡为例，选取地震波能量传递系数作为分析对象，介绍地震波能量识别方法在基覆型滑坡失稳机理辨识方面的应用。

6.2 分析模型及加载工况

本章研究的基覆型滑坡的原型如图 6-1 所示。基于 FLAC3D 数值计算软件，建立如图 6-2 所示的数值计算模型，各个监测点的布置如图 6-2 所示。

图 6-1　某基覆型滑坡原型

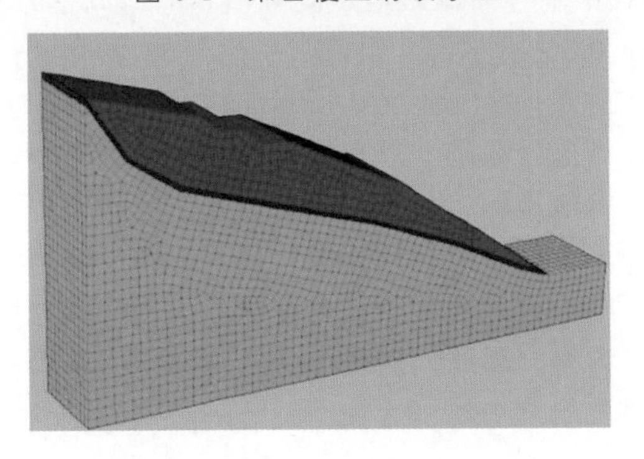

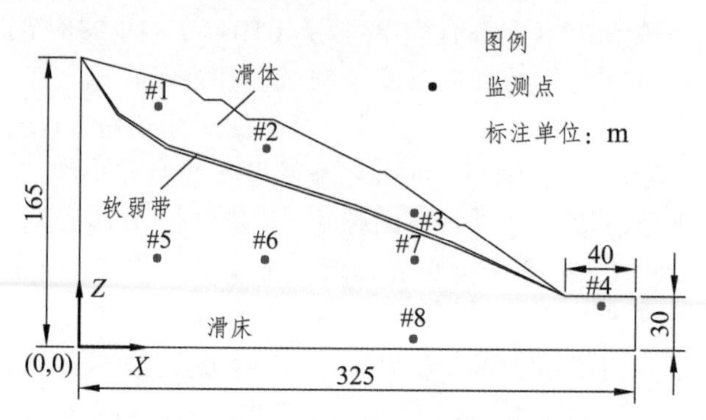

图 6-2　FLAC3D 数值计算模型及监测点设置

数值计算模型中最大的计算网格尺寸为 5 m，边坡材料采用 Mohr-Coulomb 本构模型。在数值计算模型的四周设置自由场边界，以降低边界处地震波的反射对计算精度的影响，数值计算中采用瑞利阻尼。数值计算采用的物理力学参数如表 6-1 所示。

表 6-1　数值计算材料参数

材料	弹性模量 E/GPa	剪切模量 G/MPa	密度 ρ / (g/cm^3)	泊松比 μ	黏聚力 c / kPa	内摩擦角 φ / (°)
滑体	1.67	0.77	2.1	0.3	8	60
滑带	0.025 6	0.007 3	1.95	0.37	15	22
滑床	6.67	4	2.15	0.3	20	80

采用 El Centro 地震波对计算模型进行激励，地震波同时从计算模型的底部 X 向和 Z 向两个方向输入。输入地震波的水平向幅值分别为 0.10g、0.30g、0.50g、0.70g 和 0.90g。大量的现场实测表明地震波的垂向分量约为水平向的 2/3，因此，本研究中垂直向输入地震波幅值相应地调整为 0.067g、0.201g、0.335g、0.469g 和 0.603g[21, 22]。幅值归一化处理为 0.1g 的水平向和垂直向 El Centro 地震波加速度时程如图 6-3 所示。同时，在数值计算中利用 0.1g 白噪声对数值计算模型进行激励，以获取计算模型的动力特征参数。计算模型的自振频率对边坡的地震响应具有较大的影响，因此，本章利用传递函数的虚部对计算模型的自振频率进行计算[23, 24]。#2 和#6 两个测点的传递函数虚部如图 6-4 所示，本章将这两个测点传递函数虚部峰值对应频率的平均值作为计算模型的自振频率。因此，白噪声激励结果表明本研究建立的边坡数值计算模型自振频率为 3.55 Hz。

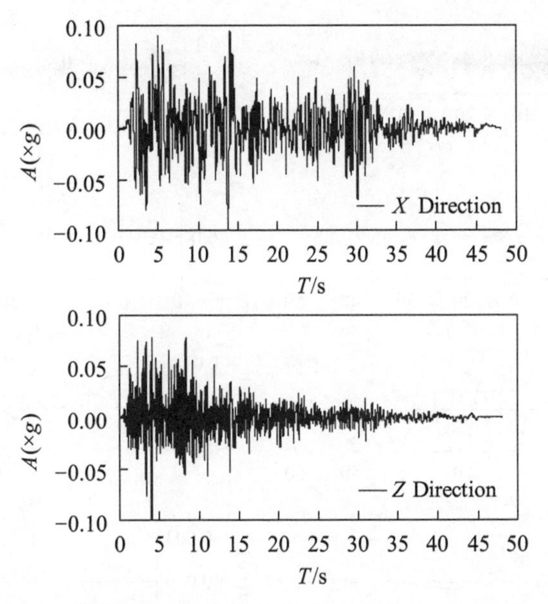

图 6-3　幅值归一化为 0.1g 后的水平及垂直向输入 El Centro 地震波时程

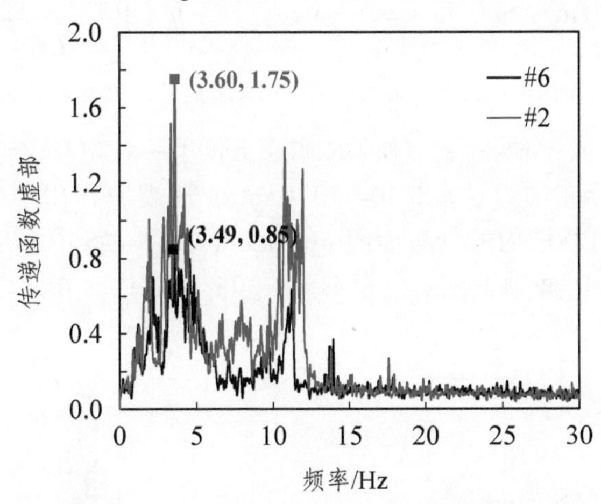

图 6-4　0.1g 白噪声激励下数值计算模型的传递函数

6.3　地震波能量识别

根据本书介绍的经验模态分解（EMD），以 0.30g El Centro 地震波作用下#1 测点实测加速度时程为例，对其进行 7 阶 EMD 分解，分解结果如图 6-5 所示。

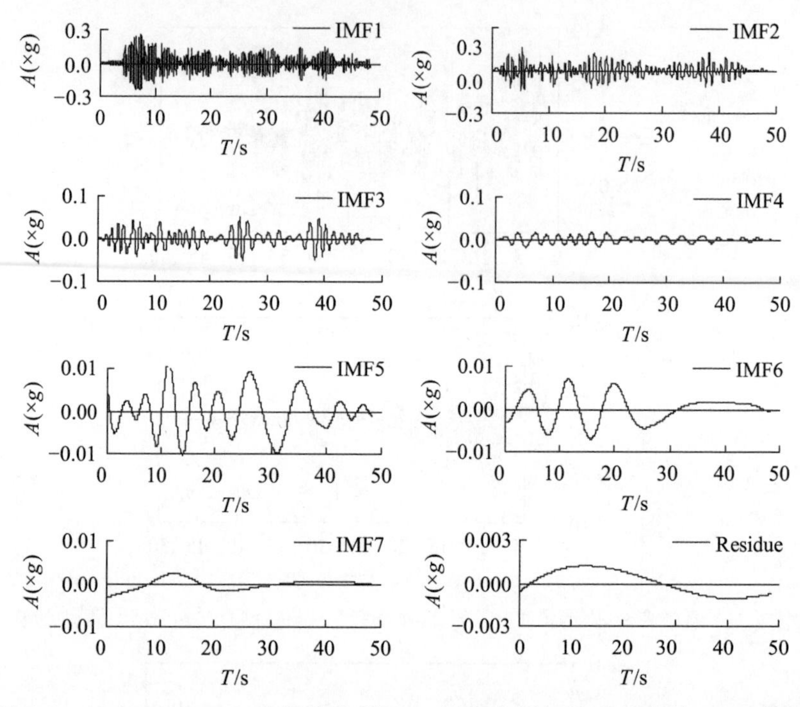

图 6-5 0.30g El Centro 地震波作用下#1 测点实测加速度时程的 EMD 结果

如前所述，希尔伯特-黄变换（HHT）提供了一种定量表征地震波能量在时频联合域内分布的方法。0.30g El Centro 地震波作用下#1 ~ #8 测点的 Hilbert 能量在时频域内的分布如图 6-6 所示，从图 6-6 中不难看出监测点实测地震波能量在时间轴上主要分布在 0 ~ 30 s 范围内，在频率轴上主要分布在 0 ~ 5 Hz 范围内。

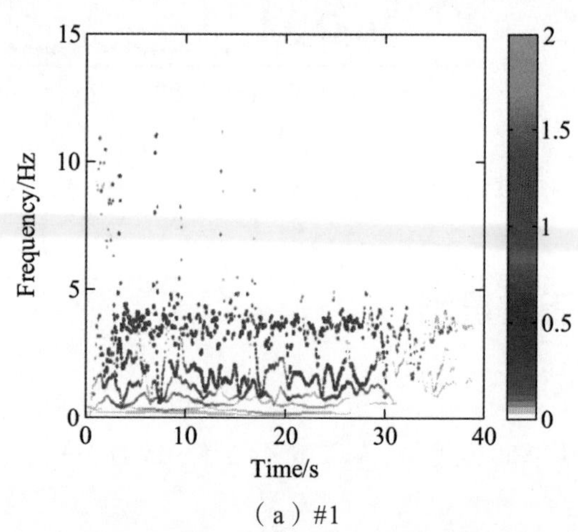

（a）#1

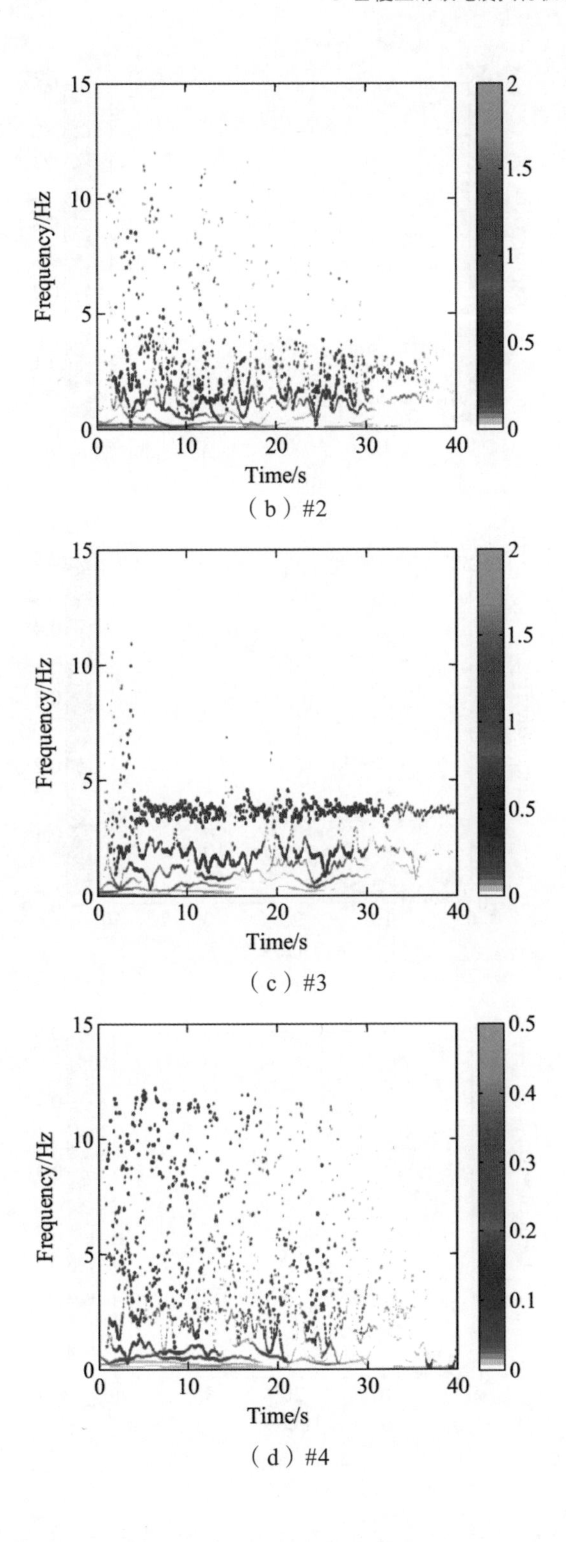

（b）#2

（c）#3

（d）#4

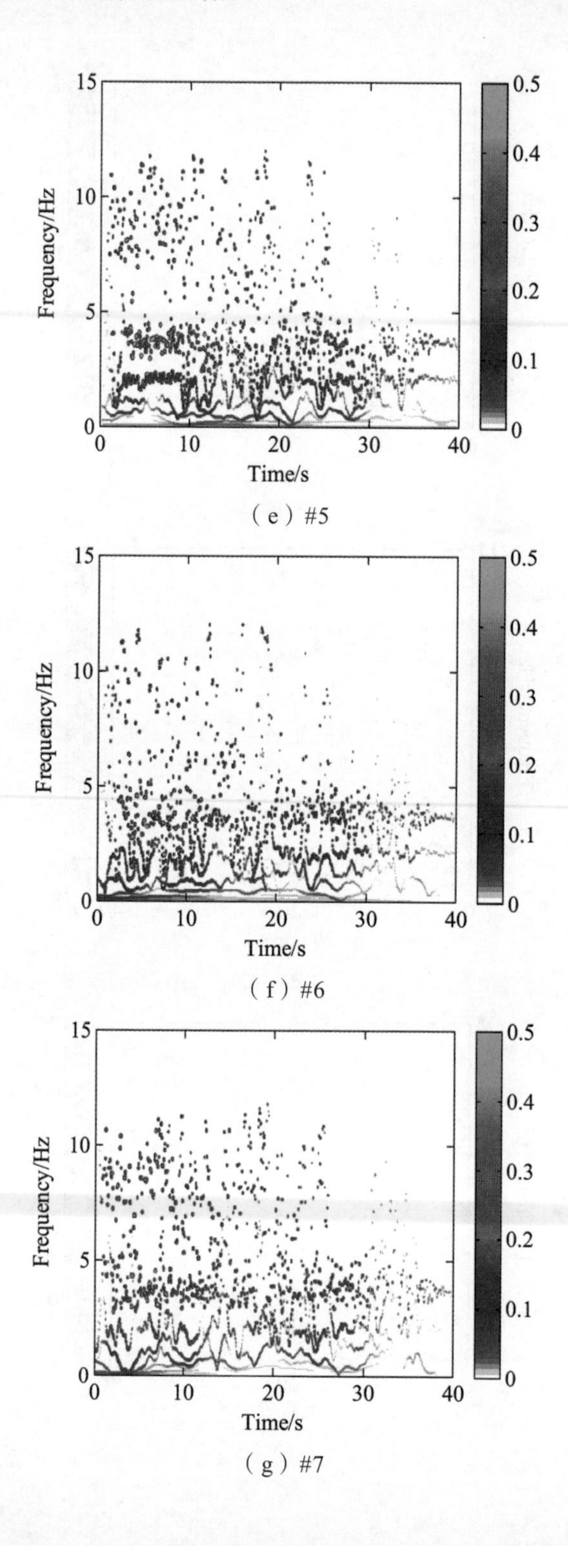

（e）#5

（f）#6

（g）#7

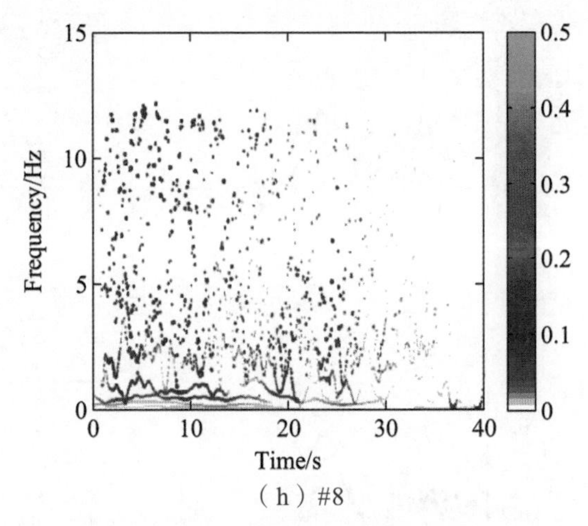

（h）#8

图 6-6　0.30g El Centro 地震波作用下
#1～#8 测点的 Hilbert 能量在时频域内的分布

实际上，地震波能量在频域范围内的分布对揭示地震滑坡的失稳机制具有更加重要的意义。因此，为了进一步探究地震波能量在频域内的分布，在 HHT 的基础上又发展了 Hilbert 边际谱。不同幅值 El Centro 地震波作用下滑体内#1～#3 测点的边际谱如图 6-7 所示。

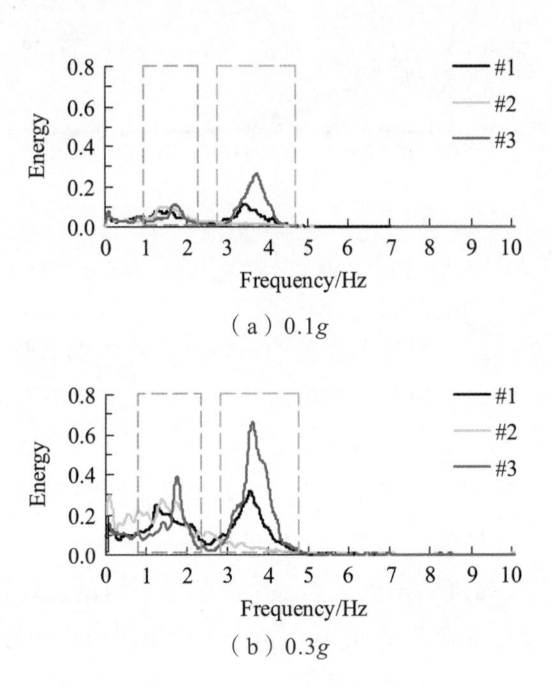

（a）0.1g

（b）0.3g

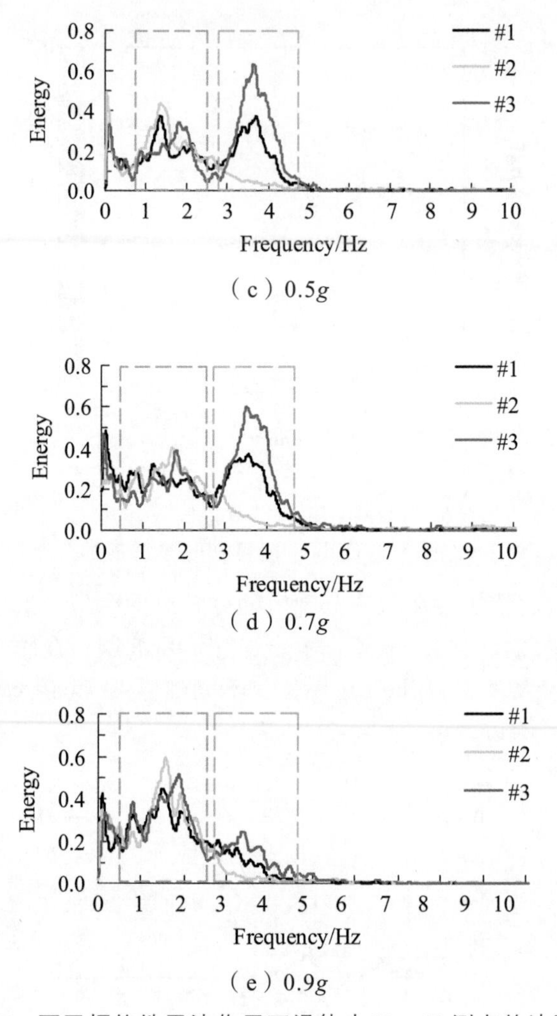

（c）0.5g

（d）0.7g

（e）0.9g

图 6-7　不同幅值地震波作用下滑体内#1～#3 测点的边际谱

由图 6-7 可知，1、3 号监测点处的边际谱主要体现出两个峰值特性，第一峰值在 1～2 Hz 频段，第二个峰值出现在 3～5 Hz 频段，而 2 号监测点处的边际谱只有一个峰值，峰值所在区间与 1、3 号重合。第一个峰值频段内（1～2 Hz）不同高程处三个测点的边际谱幅值相近，且随着输入地震波幅值的增大而增大。1、3 号测点处第二个峰值频段内边际谱峰值大小关系表现为#3>#1，随着地震波强度的增大，第二个峰值频段内的边际谱峰值先增大后减小，当输入地震波峰值为 0.90g 时，边际谱的第二峰值频段退化十分明显，此时第二峰值频段几乎已经不见了。需要指出的是，在第二峰值频段内，2号测点的边际谱峰值几乎不随输入地震波幅值的增大而变化。总结上述变化规律可以发现，随着边坡遭遇的地震波强度不断增大，滑体内的地震波能量在频域内的分布变化较大，尤其在强震作用下（0.90*g*），1～2 Hz 内分布的能量进一步放大，而 3～5 Hz 内的能量被衰减，如图 6-8 所示。出现上述现象的原因为，在强震作用下，滑带内出现了较大的剪应变，剪应变的出现使得 3～5 Hz 内的能量衰减，而对 1～2 Hz 内的能量几乎没有影响。

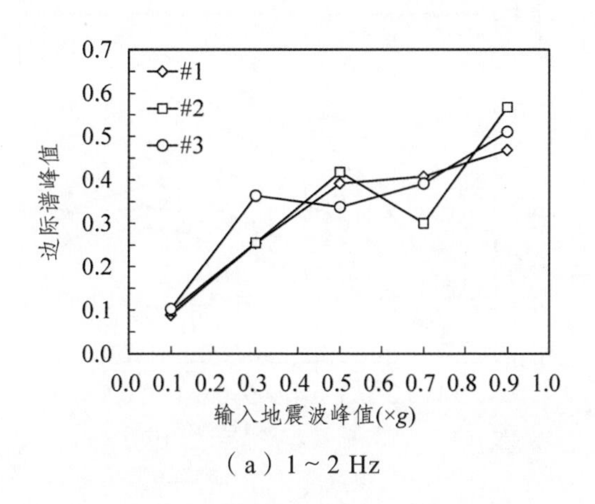

（a）1～2 Hz

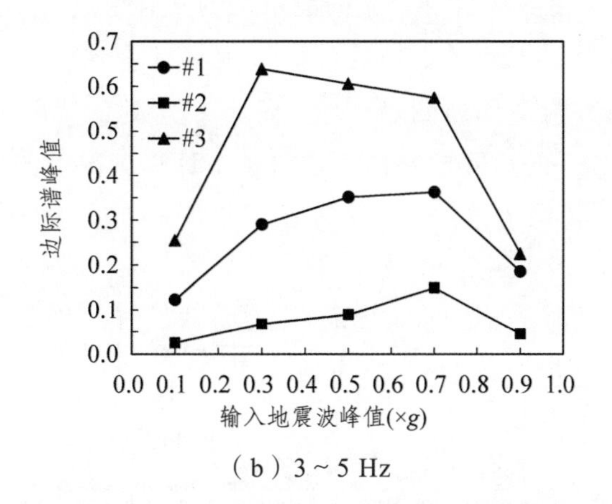

（b）3～5 Hz

图 6-8　边际谱峰值随着输入地震波强度的变化规律

从图 6-9 中可以看出，滑体内的地震波能量高于滑床内，出现这一现象的原因可能包含以下两个方面：一方面，滑体表面的反射波与滑体内的地震波相互叠加，导致滑体内的地震波能量高于滑床内的地震波能量；另一方面，地震波在穿过滑带的过程中某些频段的地震波能量被放大，同时，某些频段的地震波能量被衰减，而不同频段的地震波包含了不同幅值的地震波能量，这导致滑体内的地震波能量高于滑床内的地震波能量。

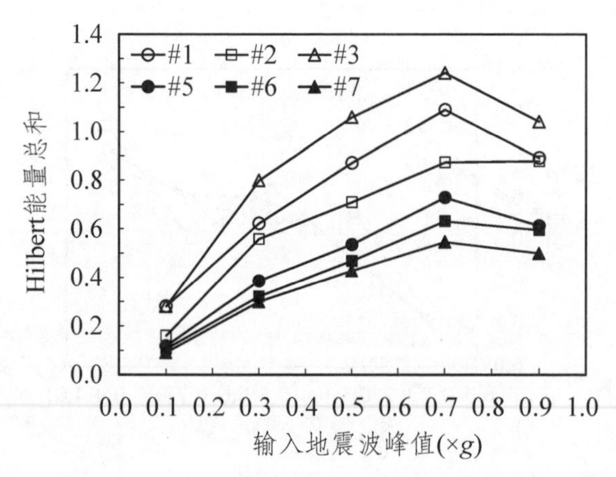

图 6-9 滑体（#1、#2、#3）和滑床（#5、#6、#7）内地震波能量总量对比

滑体内的能量主要来自滑带上的能量透射，因此，探究地震波能量在滑带上的透射系数对认识此类滑坡的失稳机理具有重要意义。本章定义地震波的能量透射系数为滑体内测点（#1、#2、#3）处的边际谱幅值与滑床内测点（#5、#6、#7）的边际谱幅值之比。各个计算工况下的边际谱之比如图 6-10 所示。

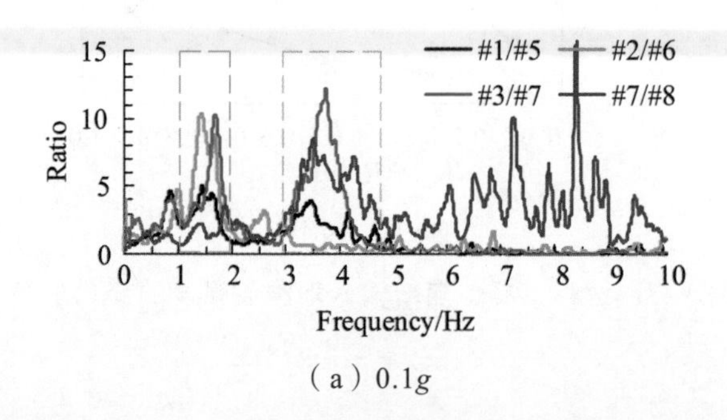

（a）0.1g

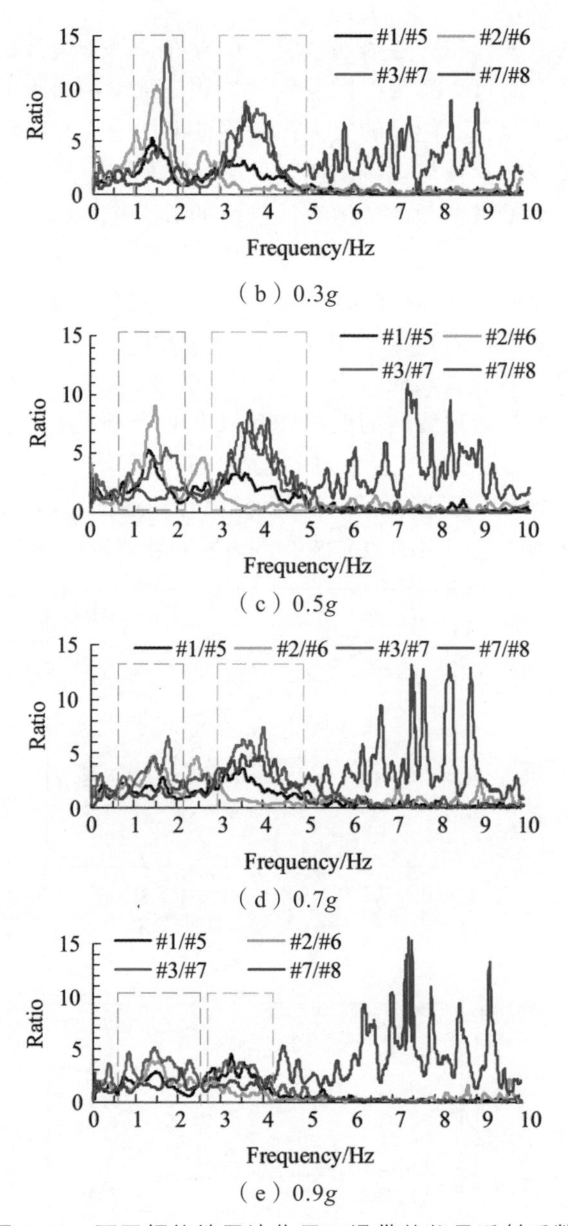

（b）0.3g

（c）0.5g

（d）0.7g

（e）0.9g

图 6-10　不同幅值地震波作用下滑带的能量透射系数

由图 6-10 可知，在 0.1g 和 0.3g 地震波作用下，1 ~ 2 Hz 频段（1、2、3 号测点）和 3 ~ 5 Hz 频段（1、3 号测点）的能量透射系数较大，而高频部分（大于 5 Hz 部分）的透射系数小于 1。这说明滑动带在 1 ~ 2 Hz 频段对地震波能量具有十分明显的放大效应，而对高频部分（大于等于 5 Hz）的地震波能量具有较大的衰减作用，这表明滑动带的存在使得地震波的能量由高频向低频部分移动。同时可以发现，随着输入地震波强度的增大，滑动带对低频部分（小于 5 Hz）地震波能量的放大作用逐渐减弱，放大系数介于 1 ~ 5，对高频部分的地震波能量依然表现出明显的衰减作用。

为了证明滑动带对低频部分地震波能量的放大作用以及对高频部分地震波能量的衰减作用，此处将#7 与#9 监测点之间的地震波能量透射系数也列举于图 6-10 中（#7/#8）。可以看出地震波在滑床内进行传播时，整个 3 ~ 10 Hz 频段均表现出明显的放大效应，尤其是 7 ~ 9 Hz 频段。而在 0 ~ 3 Hz 频段也体现出放大效应，但放大效应较小。

综上可知，滑带处地震波的能量在频域上的分布发生了较大的变化，主要体现在高频部分的地震波能量被剧烈衰减，低频部分的能量被放大，而且随着地震波强度的增大，这种对低频部分的放大作用逐渐衰弱，具体表现为 1 ~ 2 Hz 和 3 ~ 5 Hz 频率范围内的地震波能量透射系数逐渐降低，如图 6-11 所示。

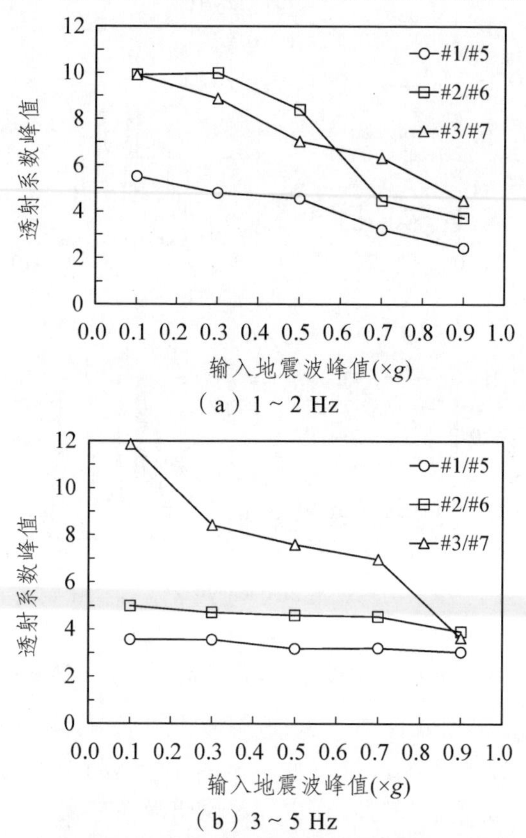

（a）1 ~ 2 Hz

（b）3 ~ 5 Hz

图 6-11 不同幅值地震波作用下滑带能量透射系数峰值变化

6.4 滑坡失稳机理分析

本章对地震波激励作用下滑体和滑床内地震波能量在频率域内的分布差异进行了分析，基于上述分析结果，可以得到以下一些结论：

（1）滑体内的地震波能量大于滑床内的地震波能量。

（2）在地震波自下而上传播过程中地震波能量由高频部分向低频部分转移。

（3）滑体底部的地震波能量最大，其次是滑体顶部，滑体中部的地震波能量最小。

（4）滑体顶部和滑体底部的地震波能量主要集中在 1 ~ 2 Hz 和 3 ~ 5 Hz，而滑体中部的地震波能量主要分布在 1 ~ 2 Hz。

（5）滑带的地震波能量透射系数峰值随着输入地震波强度的增大而降低。

本数值计算模型的自振频率为 3.55 Hz，根据岩土地震学可知，如果激励地震波的主振频率接近边坡模型的自振频率，那么，边坡将出现共振，加剧边坡的地震响应。在本边坡模型滑体的顶部和底部，大量地震波能量分布在 3 ~ 5 Hz 频段内，而边坡的自振频率在 3 ~ 5 Hz 范围内，因此，滑体的顶部和底部将具有更加强烈的地震响应，导致边坡的失稳破坏将首先出现在滑体的顶部和底部。滑带内的剪应变增量监测结果显示滑带内的剪应变增量首先出现在滑带的顶部和底部，并随着地震波激励的持续，剪应变增量不断向滑带中部发展，直至贯穿整个滑带，最终边坡失稳破坏，具体如图 6-12 所示。

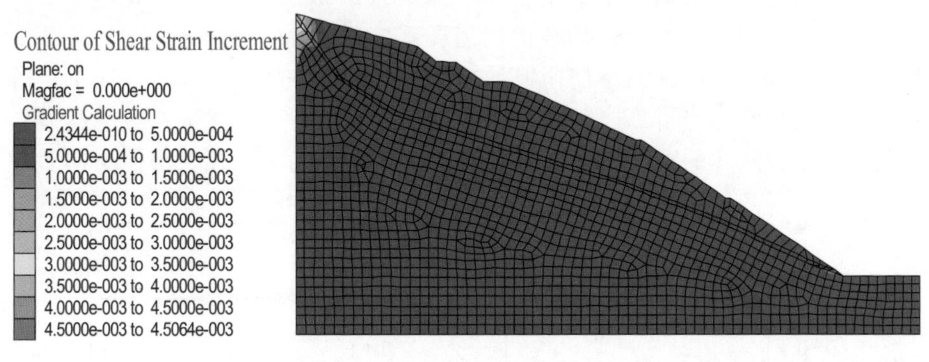

（a）0.1g

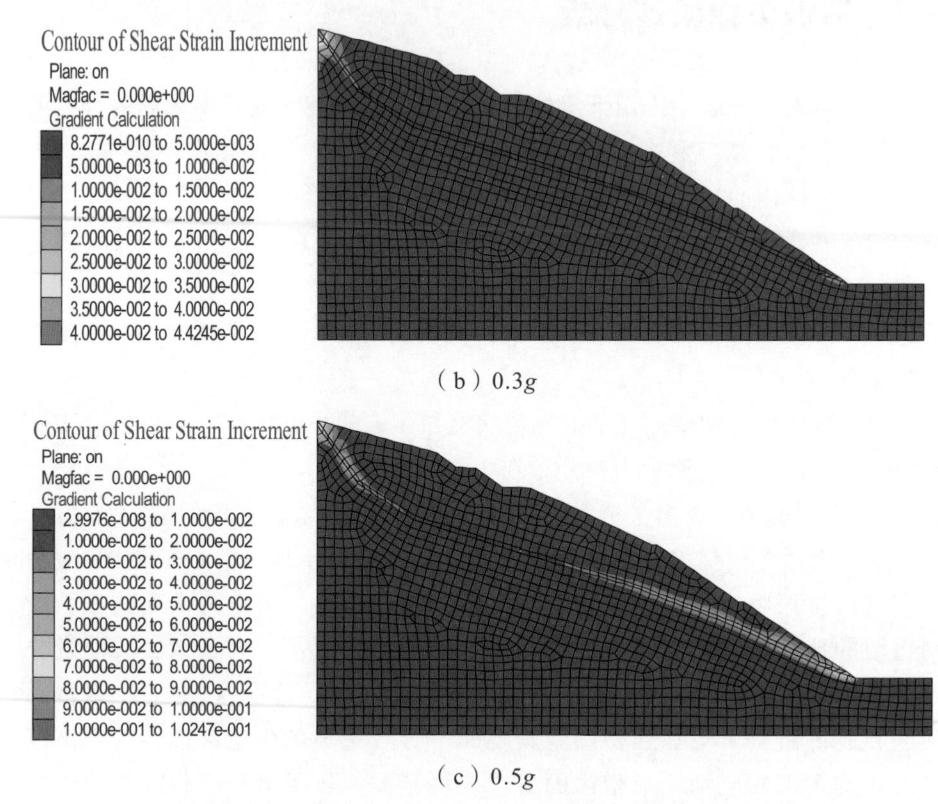

（b）0.3g

（c）0.5g

图 6-12　不同幅值地震波作用下软弱带内剪应变增量的发展

滑体与滑床之间的加速度差异如图 6-13 所示（图中“-”表示两者加速度时程之差），图 6-13 清楚地显示了滑体与滑床之间存在明显的动力响应差异。当输入的加速度幅值小于 0.9g 时，坡脚（#1-#5）和坡顶（#3-#7）的加速度差异大于坡体中部（#2-#6）的加速度差异，且滑体与滑床之间的加速度差异随输入地震动的幅值增加而增加。当输入地震加速度幅值为 0.9g 时，滑带形成，此时滑体与滑床之间的加速度差异趋于接近。上述加速度响应差异也表明在滑坡破坏的初始阶段，坡顶和坡脚的加速度响应强于滑体中部。

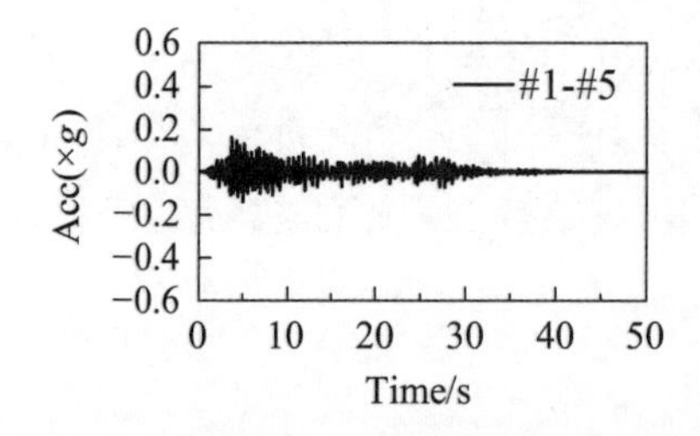

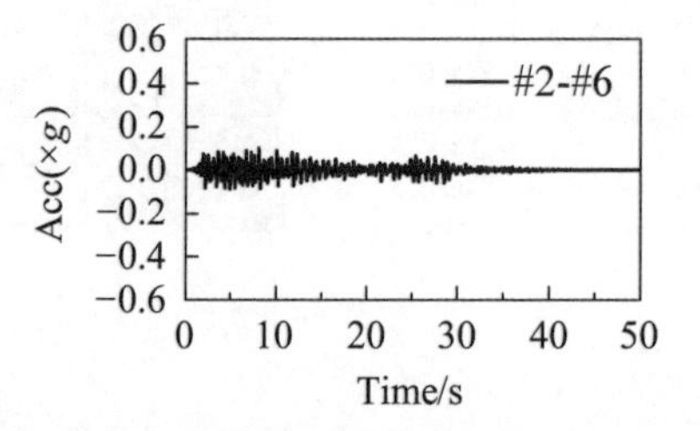

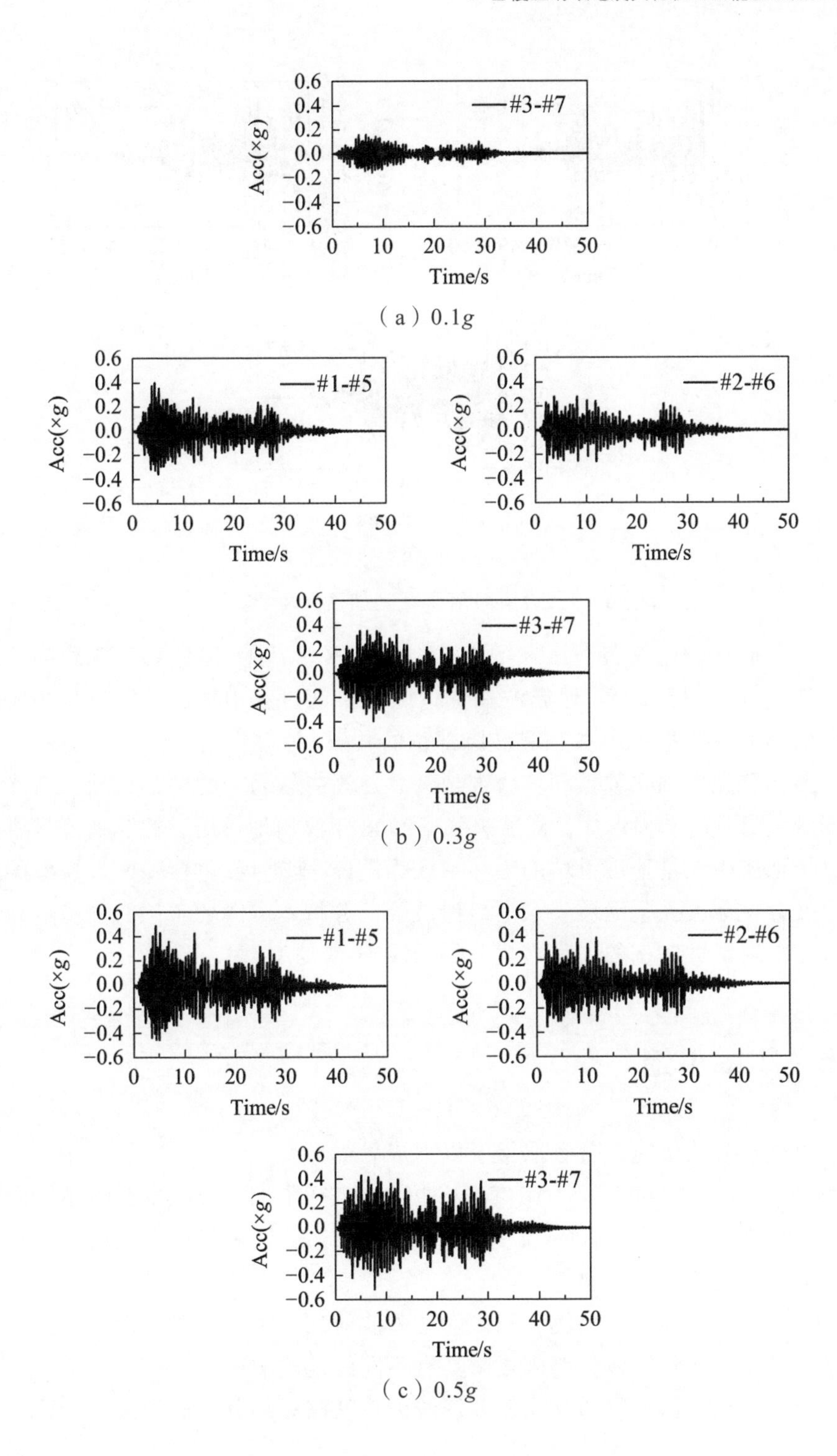

（a）0.1g

（b）0.3g

（c）0.5g

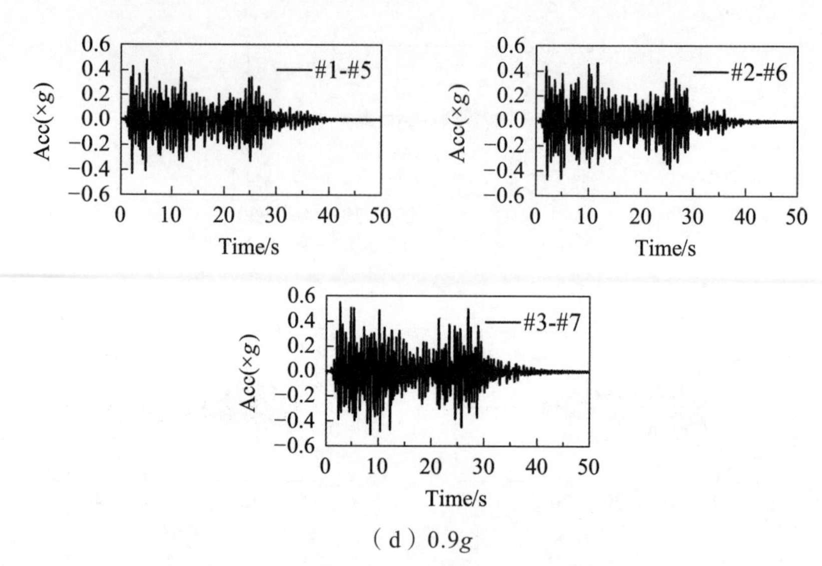

（d）0.9g

图 6-13　滑体与滑床之间加速度差异分析

上述研究表明基覆型滑坡的 3 个触发因素为：① 滑体和滑床之间的地震波能量分布差异；② 地震波在穿过软弱带的过程中地震波能量从高频部分向低频部分转移；③ 坡顶和坡脚部位的共振。地震作用下，由于共振效应，震害损伤首先出现在坡顶和坡脚部位，并逐渐向软弱带的中部移动。最终，软弱带贯通，滑动面形成，滑坡失稳。2008 年汶川地震后，黄润秋等学者指出汶川地震中大量地震滑坡的破坏形式为震碎-滑动型，包括一些大规模的地震滑坡，例如大光包滑坡、东河口滑坡等。分析本节滑坡实例的失稳机理，可以将本章滑坡实例的失稳模式归结为震碎-滑动型。

6.5　本章小结

通过本章的研究，著者取得了以下成果：

（1）希尔伯特-黄变换（HHT）及边际谱表征了地震波能量在时频域内的分布，因此，利用希尔伯特-黄变换（HHT）和边际谱可以探究地震滑坡在启滑阶段的地震波能量传递特征。

（2）由于坡面反射地震波和入射地震波的相互叠加，滑体内的地震波能量高于滑床，导致滑体与滑床之间具有不同的地震响应。

（3）由于软弱夹层的存在，地震波能量从高频部分向低频部分转移。

（4）滑体顶部和滑体底部，3 ~ 5 Hz 频段携带的地震波能量较多，而这一频段与边坡的自振频率相近，由于共振现象，滑坡的破坏首先出现在滑体顶部和底部，并不断向滑动带的中部发展，直至滑带连通，滑坡失稳。

（5）在滑坡体变形过程中，地震波在滑体内被不断耗散，因此，随着输入地震波强度的增大，滑带处地震波能量透射系数逐渐降低。

（6）因为无法明确地震波能量在时间域内的分布，所以利用此方法尚无法确定滑坡的具体失稳时间。

本章参考文献

[1] DAI F C，XU C，YAO X，et al. Spatial distribution of landslides triggered by the 2008 Ms 8.0 Wenchuan earthquake, China[J]. J Asian Earth Sci，2011，40：883-895.

[2] YIN Y P，WANG F W，SUN P. Landslide hazards triggered by the 2008 Wenchuan earthquake，Sichuan，China[J]. Landslides，2009，6：139-152.

[3] BJERRUM L W，ATAKAN K，SØRENSEN M B. Reconnaissance report and preliminary ground motion simulation of the 12 May 2008 Wenchuan earthquake[J]. B Earthq Eng，2010，8：1569-1601.

[4] HUANG R Q，LI W L. Analysis of the geo-hazards triggered by the 12 May 2008 Wenchuan Earthquake，China[J]. B Eng Geol Environ，2009，68：363-371.

[5] ZHANG S，ZHANG L M，GLADE T. Characteristics of earthquake-and rain-induced landslides near the epicenter of Wenchuan earthquake[J]. Eng Geol，2004，175：58-73.

[6] 许冲，王世元，徐锡伟，等. 2017 年 8 月 8 日四川省九寨沟 MS7.0 地震触发滑坡全景[J]. 地震地质，2018，40（1）：232-260.

[7] DING M T，HU K H. Susceptibility mapping of landslides in Beichuan County using cluster and MLC methods[J]. Nat Hazards，2014，70：755-766.

[8] CHANG K J，TABOADA A，LIN M L，et al. Analysis of landsliding by earthquake shaking using a block-on-slope thermo-mechanical

model: Example of Jiufengershan landslide, central Taiwan[J]. Eng Geol, 2005, 80: 151-163.

[9] 陈晓利，张凌，王明明. 基于地震滑坡敏感性分析的同震滑坡分布格局：以2014年M_S6.5鲁甸地震诱发滑坡为例[J]. 地震地质，2018，40（5）：1129-1139.

[10] 邱丹丹，牛瑞卿. 基于斜坡单元的地震滑坡敏感性分析[J]. 自然灾害学报，2017，26（2）：144-151.

[11] 邱丹丹，牛瑞卿，赵艳南. 不同采样策略下地震滑坡敏感性分析研究[J]. 岩石力学与工程学报，2017，36（增1）：3401-3408.

[12] GUO D, HAMADA M. Qualitative and quantitative analysis on landslide influential factors during Wenchuan earthquake: A case study in Wenchuan County[J]. Eng Geol, 2013, 152: 202-209.

[13] HUANG R Q, PEI X J, FAN X M, et al. The characteristics and failure mechanism of the largest landslide triggered by the Wenchuan earthquake, May 12, 2008, China[J]. Landslides, 2012, 9: 131-142.

[14] LI X P, HE S M, LUO Y, et al. Simulation of the sliding process of Donghekou landslide triggered by the Wenchuan earthquake using a distinct element method[J]. Environ Earth Sci, 2012, 65: 1049-1054.

[15] ZHOU J W, CUI P, FANG H. Dynamic process analysis for the formation of Yangjiagou landslide-dammed lake triggered by the Wenchuan earthquake, China[J]. Landslides, 2013, 10: 331-342.

[16] GRELLE G, GUADAGNO F M. Regression analysis for seismic slope instability based on a double phase viscoplastic sliding model of the rigid block[J]. Landslides, 2013, 10: 583-597.

[17] GRELLE G, REVELLINO F M, GUADAGNO. Methodology for seismic and post-seismic stability assessment of natural clay slopes based on a viscoplastic behaviour model in simplified dynamic analysis[J]. Soil Dyn Earthq Eng, 2011, 31: 1248-1260.

[18] PENG W F, WANG C L, CHEN S T, et al. Incorporating the effects of topographic amplification and sliding areas in the modeling of

earthquake-induced landslide hazards, using the cumulative displacement method[J]. Comput Geosci, 2009, 35: 946-966.

[19] WU J H, LIN J S, CHEN C S. Dynamic discrete analysis of an earthquake-induced large-scale landslide[J]. Int J Rock Mech Min, 2009, 46 (2): 397-407.

[20] TANG C L, HU J C, LIN M L, et al. The Tsaoling landslide triggered by the Chi-Chi earthquake, Taiwan: Insights from a discrete element simulation[J]. Eng Geol, 2009, 106: 1-19.

[21] AMBRASEYS N N, DOUGLAS J. Near-field horizontal and vertical earthquake ground motions[J]. Soil Dyn Earthq Eng, 2003, 23: 1-18.

[22] BOZORGNIA Y, NIAZI M, CAMPBELL K W. Characteristics of free-field vertical ground motion during the Northbridge earthquake[J]. Earthq Spectra, 1995, 17 (4): 515-525.

[23] 范刚，张建经，付晓，等. 传递函数在场地振动台模型试验中的应用研究[J]. 岩土力学，2016，37（10）：2869-2876.

[24] 范刚，张建经，付晓. 含软弱夹层顺层岩质边坡传递函数及其应用研究[J]. 岩土力学，2017，38（4）：1052-1059.

7 层状边坡瞬时地震安全系数的时频分析理论

7.1 概　述

关于地震作用下边坡的稳定性计算，《建筑边坡工程技术规范》（GB 50330—2013）5.2.6 规定：塌滑区内无重要建（构）筑物的边坡采用刚体极限平衡法和静力数值计算法计算稳定性时，滑体、条块或单元的地震作用可简化为一个作用于滑体、条块或单元重心处，指向坡外（滑动方向）的水平静力，其值应按下列公式计算：

$$Q_e = \alpha_w G$$

$$Q_{ei} = \alpha_w G_i$$

式中　Q_e，Q_{ei}——滑体、第 i 计算条块或单元单位宽度地震力（kN/m）；

G，G_i——滑体、第 i 计算条块或单元单位宽度自重[含坡顶建（构）筑物作用]（kN/m）；

α_w——边坡综合水平地震系数，由所在地区地震基本烈度按表 7.1 确定[1]。

表 7.1　水平地震系数

地震基本烈度	7 度		8 度		9 度
地震峰值加速度	0.10g	0.15g	0.20g	0.30g	0.40g
综合水平地震系数 α_w	0.025	0.038	0.050	0.075	0.100

地震波作为一种复杂的随机信号，具有典型的时间-频率-幅值特性，地震作用下边坡的稳定性受地震波的时间-频率-幅值特性影响较大。目前，边坡的地震稳定性计算常用的方法主要为 Newmark 滑块分析法、数值分析方法以及拟静力法。其中，Newmark 滑块分析法和拟静力法不能同时考虑地震波

的时间-频率-幅值特性，数值分析方法虽然能考虑地震波的时间-频率-幅值特性，但是数值分析方法操作复杂，且如果缺乏其他研究方法的验证和校核，数值分析方法计算结果的准确性存疑。作为一种新的信号处理方法，希尔伯特-黄变换（HHT）能够辨识出复杂随机信号的时间-频率-幅值特性。本章借助 HHT 数据处理方法，充分考虑地震波的时间-频率-幅值特性，基于一定的假设，提出层状岩质边坡瞬时地震安全系数的时频计算方法。

7.2 假设及计算模型

7.2.1 基本假设

岩土体作为一种极其复杂的地震波传播介质，且地震波作为随机信号，自身具有极强的时频域特征，因此，本章的分析方法需建立在一定的假设之上，具体包括以下几点：

（1）研究岩层层面两侧为均质各向同性体。

（2）地震波从震源处向上不断传播，经过不断的反射和折射，到达地表附近时其传播方向已经接近垂直，因此本章假设层面处地震波为垂直入射。

（3）不考虑边坡坡面衍生的面波对边坡稳定性的影响。

（4）层面的破坏满足莫尔-库仑破坏准则。

（5）汶川地震边坡震害调查显示 SV 波对边坡的稳定性影响最大，同时，P 波的持时短，能量小，故本章假设地震作用下层状岩质边坡的稳定性由 SV 波控制，即本章的时频分析方法仅考虑 SV 波的作用。

7.2.2 计算模型

本章研究的层状岩质边坡具有典型层状结构，将边坡层面看作一平面，即不考虑层面的局部形态变化和层面的厚度。根据地震波动力学，SV 波在岩层层面将出现复杂的反射和透射现象，并且同时伴随着地震波的波形转换，层面将出现反射 SV 波、反射 P 波、透射 SV 波和透射 P 波。根据地震波的传播特性，本章建立的岩层层面处地震波反射、透射二维模型如图 7-1 所示[2, 3]。

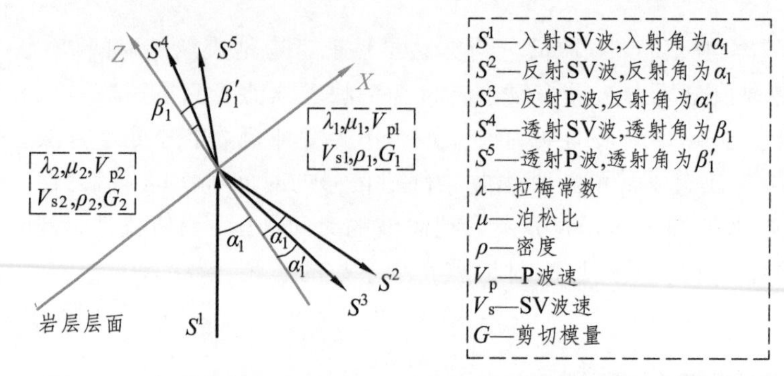

图 7-1　地震波在岩层层面的反射和透射模型及模型参数说明

7.3　层状边坡瞬时地震安全系数时频计算方法公式推导

7.3.1　层面处地震波动力学公式推导

在上文的计算模型中，可以利用弹性位移量值 $S_0^1(t)$ 表征各个反射和透射波的势函数 S^i，如下式所示：

$$S^i = S_0^i \mathrm{e}^{j(k_x^{(i)}X + k_z^{(i)}Z - \omega t)} \quad (i = 1,2,3,4,5) \tag{7-1}$$

式中，$k_x^{(i)}$、$k_z^{(i)}$ 分别表示计算模型中各波（入射波、反射波以及透射波）沿 X 向和 Z 向的波矢，计算方法如下：

$$\begin{cases} k_x^{(1)} = \dfrac{\omega}{V_{s1}}\sin\alpha_1,\ k_x^{(2)} = \dfrac{\omega}{V_{s1}}\sin\alpha_1,\ k_x^{(3)} = \dfrac{\omega}{V_{p1}}\sin\alpha_1' \\ k_x^{(4)} = \dfrac{\omega}{V_{s2}}\sin\beta_1,\ k_x^{(5)} = \dfrac{\omega}{V_{p2}}\sin\beta_1' \end{cases} \tag{7-2}$$

$$\begin{cases} k_z^{(1)} = \dfrac{\omega}{V_{s1}}\cos\alpha_1,\ k_z^{(2)} = -\dfrac{\omega}{V_{s1}}\cos\alpha_1,\ k_z^{(3)} = -\dfrac{\omega}{V_{p2}}\cos\alpha_1' \\ k_z^{(4)} = \dfrac{\omega}{V_{s2}}\cos\beta_1,\ k_z^{(5)} = \dfrac{\omega}{V_{p2}}\cos\beta_1' \end{cases} \tag{7-3}$$

根据斯奈尔定理：$\dfrac{\sin\alpha_1}{V_{s1}} = \dfrac{\sin\alpha_1'}{V_{p1}} = \dfrac{\sin\beta_1}{V_{s2}} = \dfrac{\sin\beta_1'}{V_{p2}}$

可知 $k_x^{(1)} = k_x^{(2)} = k_x^{(3)} = k_x^{(4)} = k_x^{(5)}$。

因为本章讨论的为二维问题，即 Y 方向位移量 $v=0$，波函数与 Y 轴无关，$\frac{\partial u}{\partial y}\equiv 0$，同时，在上下岩层界面处（$z=0$）应满足如下连续条件。

（1）位移连续条件：

$$u_1(x,z,t)=u_2(x,z,t);\quad \omega_1(x,z,t)=\omega_2(x,z,t) \tag{7-4}$$

（2）应力连续条件：

$$\sigma_{zz1}(x,z,t)=\sigma_{zz2}(x,z,t);\tau_{xz1}(x,z,t)=\tau_{xz2}(x,z,t) \tag{7-5}$$

由图 7-1 可知，在下层岩层介质中，位移在 X 向和 Z 向分量分别为：

$$\begin{cases}u_1=S^1\cos\alpha_1-S^2\cos\alpha_1+S^3\sin\alpha_1' \\ \omega_1=-S^1\sin\alpha_1-S^2\sin\alpha_1-S^3\cos\alpha_1'\end{cases} \tag{7-6}$$

在上层岩层介质中，X 向和 Z 向的位移分量分别为：

$$\begin{cases}u_2=S^4\cos\beta_1+S^5\sin\beta_1' \\ \omega_2=-S^4\sin\beta_1+S^5\cos\beta_1'\end{cases} \tag{7-7}$$

根据层面上的位移连续条件，可得：

$$\begin{cases}S^1\cos\alpha_1-S^2\cos\alpha_1+S^3\sin\alpha_1'=S^4\cos\beta_1+S^5\sin\beta_1' \\ -S^1\sin\alpha_1-S^2\sin\alpha_1-S^3\cos\alpha_1'=-S^4\sin\beta_1+S^5\cos\beta_1'\end{cases} \tag{7-8}$$

各向同性的胡克定律为：

$$\begin{cases}\sigma_z=\lambda\left(\frac{\partial u_x}{\partial x}+\frac{\partial u_z}{\partial z}\right)+2G\frac{\partial u_z}{\partial z} \\ \tau_{zx}=G\left(\frac{\partial u_x}{\partial z}+\frac{\partial u_z}{\partial x}\right)\end{cases} \tag{7-9}$$

联立式（7-1）~ 式（7-7），可得层面上应力连续条件为：

$$\begin{aligned}&\lambda_1[S^1\cdot k_x^{(1)}\cdot\cos\alpha_1-S^2\cdot k_x^{(2)}\cdot\cos\alpha_1+S^3\cdot k_x^{(3)}\cdot\sin\alpha_1']+\\&(\lambda_1+2\mu_1)[-S^1\cdot k_z^{(1)}\cdot\sin\alpha_1-S^2\cdot k_z^{(2)}\cdot\sin\alpha_1-S^3\cdot k_z^{(3)}\cdot\cos\alpha_1']\\=&\lambda_2[S^4\cdot k_x^{(4)}\cdot\cos\beta_1+S^5\cdot k_x^{(5)}\cdot\sin\beta_1']+(\lambda_2+2\mu_2)\cdot\\&[-S^4\cdot k_z^{(4)}\cdot\sin\beta_1+S^5\cdot k_z^{(5)}\cdot\cos\beta_1']\end{aligned} \tag{7-10}$$

$$
\begin{aligned}
&\mu_1[S^1 \cdot k_z^{(1)} \cdot \cos\alpha_1 - S^2 \cdot k_z^{(2)} \cdot \cos\alpha_1 + S^3 \cdot k_z^{(3)} \cdot \sin\alpha_1' - \\
&S^1 \cdot k_x^{(1)} \cdot \sin\alpha_1 - S^2 \cdot k_x^{(2)} \cdot \sin\alpha_1 - S^3 \cdot k_x^{(3)} \cdot \cos\alpha_1'] \\
&= \mu_2[S^4 \cdot k_z^{(4)} \cdot \cos\beta_1 + S^5 \cdot k_z^{(5)} \cdot \sin\beta_1' + \\
&S^5 \cdot k_x^{(5)} \cdot \cos\beta_1' - S^4 \cdot k_x^{(4)} \cdot \sin\beta_1]
\end{aligned} \tag{7-11}
$$

综合分析式（7-8）、式（7-10）以及式（7-11），并化简可得：

$$
\begin{cases}
S^1\cos\alpha_1 - S^2\cos\alpha_1 + S^3\sin\alpha_1' - S^4\cos\beta_1 - S^5\sin\beta_1' = 0 \\
-S^1\sin\alpha_1 - S^2\sin\alpha_1 - S^3\cos\alpha_1' + S^4\sin\beta_1 - S^5\cos\beta_1' = 0 \\
[\lambda_1 \cdot k_x^{11} \cdot \cos\alpha_1 - (\lambda_1 + 2\mu_1) \cdot k_z^{11} \cdot \sin\alpha_1]S^1 - \\
[\lambda_1 \cdot k_x^{21} \cdot \cos\alpha_1 + (\lambda_1 + 2\mu_1) \cdot k_z^{21} \cdot \sin\alpha_1]S^2 + \\
[\lambda_1 \cdot k_x^{31} \cdot \sin\alpha_1' - (\lambda_1 + 2\mu_1) \cdot k_z^{31} \cdot \cos\alpha_1']S^3 + \\
[(\lambda_2 + 2\mu_2) \cdot k_z^{41} \cdot \sin\beta_1 - \lambda_2 \cdot k_x^{41} \cdot \cos\beta_1]S^4 - \\
[\lambda_2 \cdot k_x^{51} \cdot \sin\beta_1' + (\lambda_2 + 2\mu_2) \cdot k_z^{51} \cdot \cos\beta_1']S^5 = 0 \\
\mu_1[k_z^{11} \cdot \cos\alpha_1 - k_x^{11} \cdot \sin\alpha_1]S^1 - \mu_1[k_z^{21} \cdot \cos\alpha_1 + k_x^{21} \cdot \sin\alpha_1]S^2 + \\
\mu_1[k_z^{31} \cdot \sin\alpha_1' - k_x^{31} \cdot \cos\alpha_1']S^3 - \mu_2[k_z^{41} \cdot \cos\beta_1 - k_x^{41} \cdot \sin\beta_1]S^4 - \\
\mu_2[k_z^{51} \cdot \sin\beta_1' + k_x^{51} \cdot \cos\beta_1']S^5 = 0
\end{cases} \tag{7-12}
$$

令 $A' = S^2 / S^1$，$B' = S^3 / S^1$，$C' = S^4 / S^1$，$D' = S^5 / S^1$，可得：

$$
\begin{cases}
\cos\alpha_1 - A'\cos\alpha_1 + B'\sin\alpha_1' - C'\cos\beta_1 - D'\sin\beta_1' = 0 \\
-\sin\alpha_1 - A'\sin\alpha_1 - B'\cos\alpha_1' + C'\sin\beta_1 - D'\cos\beta_1' = 0 \\
[\lambda_1 \cdot k_x^{(1)} \cdot \cos\alpha_1 - (\lambda_1 + 2\mu_1) \cdot k_z^{(1)} \cdot \sin\alpha_1] - \\
[\lambda_1 \cdot k_x^{(2)} \cdot \cos\alpha_1 + (\lambda_1 + 2\mu_1) \cdot k_z^{(2)} \cdot \sin\alpha_1]A' + \\
[\lambda_1 \cdot k_x^{(3)} \cdot \sin\alpha_1' - (\lambda_1 + 2\mu_1) \cdot k_z^{(3)} \cdot \cos\alpha_1']B' + \\
[(\lambda_2 + 2\mu_2) \cdot k_z^{(4)} \cdot \sin\beta_1 - \lambda_2 \cdot k_x^{(4)} \cdot \cos\beta_1]C' - \\
[\lambda_2 \cdot k_x^{(5)} \cdot \sin\beta_1' + (\lambda_2 + 2\mu_2) \cdot k_z^{(5)} \cdot \cos\beta_1']D' = 0 \\
\mu_1[k_z^{(1)} \cdot \cos\alpha_1 - k_x^{(1)} \cdot \sin\alpha_1] - \mu_1[k_z^{(2)} \cdot \cos\alpha_1 + k_x^{(2)} \cdot \sin\alpha_1]A' + \\
\mu_1[k_z^{(3)} \cdot \sin\alpha_1' - k_x^{(3)} \cdot \cos\alpha_1']B' - \mu_2[k_z^{(4)} \cdot \cos\beta_1 - k_x^{(4)} \cdot \sin\beta_1]C' - \\
\mu_2[k_z^{(5)} \cdot \sin\beta_1' + k_x^{(5)} \cdot \cos\beta_1']D' = 0
\end{cases} \tag{7-13}
$$

将上式简化为矩阵方程式：

$$\boldsymbol{BX}=\boldsymbol{c}\Leftrightarrow\begin{bmatrix}B_1 & B_2\end{bmatrix}\cdot\begin{bmatrix}A'\\B'\\C'\\D'\end{bmatrix}=\begin{bmatrix}-\cos\alpha_1\\ \sin\alpha_1\\ -(\lambda_1\cdot k_x^{(1)}\cdot\cos\alpha_1-(\lambda_1+2\mu_1)\cdot k_z^{(1)}\cdot\sin\alpha_1)\\ -\mu_1(k_z^{(1)}\cdot\cos\alpha_1-k_x^{(1)}\cdot\sin\alpha_1)\end{bmatrix}\tag{7-14}$$

式（7-14）中系数 B_1、B_2 的具体形式如式（7-15）和式（7-16）所示：

$$B_1=\begin{bmatrix}-\cos\alpha_1 & \sin\alpha_1'\\ -\sin\alpha_1 & -\cos\alpha_1'\\ -\lambda_1\cdot k_x^{(2)}\cos\alpha_1-(\lambda_1+2\mu_1)k_z^{(2)}\sin\alpha_1 & \lambda_1\cdot k_x^{(3)}\sin\alpha_1'-(\lambda_1+2\mu_1)\cdot k_z^{(3)}\cdot\cos\alpha_1'\\ -\mu_1(k_z^{(2)}\cos\alpha_1+k_x^{(2)}\sin\alpha_1) & \mu_1(k_z^{(3)}\sin\alpha_1'-k_x^{(3)}\cos\alpha_1')\end{bmatrix}\tag{7-15}$$

$$B_2=\begin{bmatrix}-\cos\beta_1 & -\sin\beta_1'\\ \sin\beta_1 & -\cos\beta_1'\\ -\lambda_2\cdot k_x^{(4)}\cos\beta_1+(\lambda_2+2\mu_2)k_z^{(4)}\sin\beta_1 & -\lambda_2\cdot k_x^{(5)}\sin\beta_1'-(\lambda_2+2\mu_2)k_z^{(5)}\cos\beta_1'\\ -\mu_2[k_z^{(4)}\cos\beta_1-k_x^{(4)}\sin\beta_1] & -\mu_2[k_z^{(5)}\sin\beta_1'+k_x^{(5)}\cos\beta_1']\end{bmatrix}\tag{7-16}$$

为了验证本章公式推导的正确性，以地震波垂直入射为例，根据波动理论，当地震波垂直入射至层面时，将不会出现波形转换，即只会出现反射 SV 波 S^2 和透射 SV 波 S^4。垂直入射时，入射角 $\alpha_1=0$，将其代入上式可得层面的反射系数和透射系数分别为：

$$\begin{cases}A'=\dfrac{\rho_1V_{s1}-\rho_2V_{s2}}{\rho_1V_{s1}+\rho_2V_{s2}}\\ B'=0\\ C'=\dfrac{2\rho_1V_{s1}}{\rho_1V_{s1}+\rho_2V_{s2}}\\ D'=0\end{cases}\tag{7-17}$$

上述反射系数和透射系数计算结果与经典地震波动力学理论推导得到的结果一致，证明了本章公式推导的正确性[4, 5]。

7.3.2 层状边坡地震安全系数计算方法

本章的研究基于莫尔-库仑破坏准则。若层面处应力水平满足 $\tau_s \geqslant \sigma_n \tan\varphi + c$，则层面出现剪切破坏；若满足 $\sigma_n \geqslant \sigma_{tension}$，则层面处出现张拉破坏。

考虑层状边坡自重应力沿层面法向和切向的分量 σ_0 和 τ_0，结合图 7-1 所示计算模型，顺层岩质边坡的应力状态如图 7-2 所示。图 7-2 中 τ_s' 为地震波在层面处产生的剪切应力。

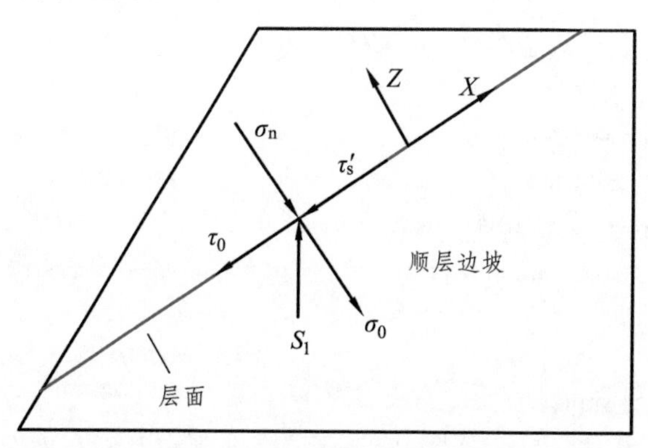

图 7-2 顺层边坡层面应力状态

根据式（7-9）可以推导得到地震波作用下层状边坡层面上的法向应力和切向应力计算公式，如式（7-18）、（7-19）和（7-20）所示。

$$\begin{aligned}\sigma_n = &\lambda_1[S^1 \cdot k_x^{(1)} \cdot \cos\alpha_1 - S^2 \cdot k_x^{(2)} \cdot \cos\alpha_1 + S^3 \cdot k_x^{(3)} \cdot \sin\alpha_1'] + \\ &(\lambda_1 + 2\mu_1)[-S^1 \cdot k_z^{(1)} \cdot \sin\alpha_1 - S^2 \cdot k_z^{(2)} \cdot \sin\alpha_1 - \\ &S^3 \cdot k_z^{(3)} \cdot \cos\alpha_1'] + \sigma_0\end{aligned} \tag{7-18}$$

$$\begin{aligned}\tau_{s顺} = &\mu_1[S^1 \cdot k_z^{(1)} \cdot \cos\alpha_1 - S^2 \cdot k_z^{(2)} \cdot \cos\alpha_1 + S^3 \cdot k_z^{(3)} \cdot \sin\alpha_1' - \\ &S^1 \cdot k_x^{(1)} \cdot \sin\alpha_1 - S^2 \cdot k_x^{(2)} \cdot \sin\alpha_1 - S^3 \cdot k_x^{(3)} \cdot \cos\alpha_1'] + \tau_0\end{aligned} \tag{7-19}$$

层面的抗剪强度为：

$$\begin{aligned}\sigma_n \tan\varphi + c = &\{\lambda_1[S^1 \cdot k_x^{(1)} \cdot \cos\alpha_1 - S^2 \cdot k_x^{(2)} \cdot \cos\alpha_1 + S^3 \cdot k_x^{(3)} \cdot \sin\alpha_1'] + \\ &(\lambda_1 + 2\mu_1)[-S^1 \cdot k_z^{(1)} \cdot \sin\alpha_1 - S^2 \cdot k_z^{(2)} \cdot \sin\alpha_1 - \\ &S^3 \cdot k_z^{(3)} \cdot \cos\alpha_1'] + \sigma_0\} \tan\varphi + c\end{aligned} \tag{7-20}$$

利用式（7-18）至（7-20）可以计算得到层面上任一点的应力状态，根据边坡和层面局部形态，将层面划分为一定数量（n）的分析单元，计算得到层面上每一个计算单元的应力水平，之后将应力水平在层面上积分，分别得到层状边坡的下滑力 $F_{滑}$ 和抗滑力 $F_{抗}$，并计算得到层状边坡的地震安全系数 K。

$$F_{滑}=\sum_{i=1}^{n}\tau_{si}\cdot \mathrm{d}A_i \tag{7-21}$$

$$F_{抗}=\sum_{i=1}^{n}(\sigma_{ni}\cdot\tan\varphi_i+c_i)\cdot \mathrm{d}A_i \tag{7-22}$$

$$K=F_{抗}/F_{滑} \tag{7-23}$$

7.3.3 层状边坡地震稳定性时频分析思路

通过上述公式推导可以看出，地震波对层状边坡的地震稳定性影响主要体现在反射波和透射波的位移幅值 S^i 以及频率 ω 上。为了准确计算地震作用下层状边坡的安全系数，需要对复杂的地震信号进行时频联合域的分解，以得到地震信号的弹性位移幅值和瞬时频率，HHT 使得这一问题迎刃而解。通过 HHT 提供的经验模态分解 EMD，能够将复杂随机的地震信号分解成具有某一特征的子信号，即本征模态函数 IMF，进一步求解可以得到每一个 IMF 的瞬时频率，结合 IMF 的时间-幅值谱，可以得到包含地震信号时间-频率-幅值的三维信号。将包含地震波时间-频率-幅值的每一个 IMF 分量代入上文推导的计算公式中，可以得到层状边坡的瞬时地震安全系数。综合上述分析可知，本章建立的分析方法能够充分考虑地震波三要素（时间、频率、幅值）对层状边坡地震稳定性的影响。

基于上述分析，层状边坡瞬时地震安全系数的计算步骤为：

（1）利用 HHT 对地震波时程进行 EMD 分解，得到一系列的 IMF。

（2）求解每一个 IMF 的瞬时频率，将复杂地震波信号的三要素（时间、频率、幅值）分离出来。

（3）选取具有典型幅值特征的 IMF 分量进行计算，将每一个 IMF 的幅值和瞬时频率代入式（7-18）至（7-20），计算层面上的应力状态。

（4）将所有 IMF 的计算结果进行累计，得到该地震波时程作用下层面的应力状态。

（5）将层面的应力状态在层面上积分，得到地震波作用下层面上的下滑力和抗滑力，以及层面上出现的法向张拉应力。

（6）计算层状边坡的安全系数，并根据边坡的安全性需求对边坡的安全性做出判断。

7.4 顺层边坡瞬时地震安全系数的时频计算方法

本章以大型振动台模型试验为例，介绍顺层边坡地震安全系数的时频计算方法。在模型试验中，利用预支的模块制作顺层岩质边坡，模块的质量配比为重晶石：砂子：石膏：水 = 1：0.2：1：0.2，试验模型的底部尺寸为 170 cm × 128 cm，高度为 250 cm，坡角为 72°，试验模型如图 7-3 和图 7-4 所示。试验中在模型箱的四周铺设塑料泡沫，以降低试验中模型箱壁反射地震波对试验结果的影响。试验模型含 6 个软弱夹层，从下至上依次编号为 W1 至 W6，每一个软弱夹层的厚度为 3 cm，软弱夹层的倾角为 8°。试验模型基岩底座的厚度为 50 cm。试验模型的物理力学参数如表 7-2 所示。

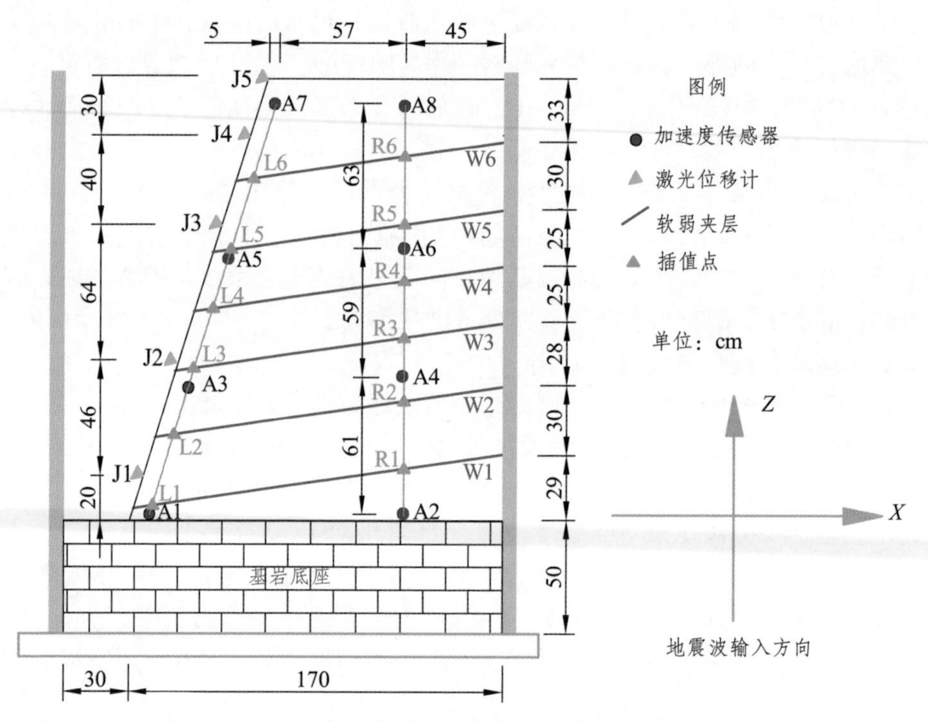

图 7-3　试验模型尺寸及传感器布置示意图

图 7-4 振动台试验模型箱及试验模型

表 7-2 试验模型物理力学参数

岩层								软弱夹层	
密度 ρ/(g/cm^3)	弹性模量 E/MPa	剪切模量 G/MPa	内摩擦角 φ/(°)	黏聚力 c/MPa	泊松比 μ	剪切波速 V_s/(m/s)	压缩波速 V_p/(m/s)	内摩擦角 φ/(°)	黏聚力 c/kPa
2.4	375	113	35.0	1.2	0.16	1 400	2 750	12	15

根据 Buckingham's π定理，本次模型试验选定物理尺寸 L、密度ρ和加速度 a 为基本物理量，上述三个物理量的相似比分别确定为 $C_L=20$，$C_\rho=1$，$C_a=1$，据此推导得到其他物理量的相似关系如表 7-3 所示。

表 7-3 顺层岩质边坡振动台模型试验相似关系

序号	物理参数	相似率	序号	物理参数	相似率
1	尺寸（L）	$C_L=20$	8	速度（V）	$C_V=4.47$
2	密度（ρ）	$C_\rho=1$	9	时间（t）	$C_t=4.47$
3	加速度（a）	$C_a=1$	10	位移（u）	$C_u=20$
4	弹性模量（E）	$C_E=20$	11	角位移（θ）	$C_\theta=1$
5	应力（σ）	$C_\sigma=20$	12	频率（ω）	$C_\omega=0.224$
6	应变（ε）	$C_\varepsilon=1$	13	阻尼比（ζ）	$C_\zeta=1$
7	力（F）	$C_F=8\ 000$	14	内摩擦角（φ）	$C_\varphi=1$

受试验条件限制，软弱夹层中的加速度时程无法直接测量，且试验模型尺寸较小，尚无适用于模型试验的地震动衰减模型，鉴于此，本章利用线性插值方法获取软弱夹层中的加速度时程。需要指出的是，利用线性插值的方式获取层面上的地震波加速度时程，仅考虑了地震波的时域特性，忽视了地震波的频域特性。实际中，地震波穿过软弱夹层时，其时域特征和频域特征均会出现变化，因此，受振动台模型试验条件限制，此处采用的方法存在一定不足，在后续研究中应直接对层面上的加速度时程进行监测，并将其用于计算层面的地震安全系数。

各个软弱夹层中右侧的插值点编号依次为 R1 至 R6，左侧的插值点依次编号为 L1 至 L6，如图 7-3 中所示。本节选用 0.15*g* El Centro 地震波作用下各个测点的插值结果计算各个软弱夹层的安全系数。各个插值点的插值结果如图 7-5 所示，插值前，对各个实测加速度时程进行基线校正和 0.1 ~ 35 Hz 带通滤波。随后对各个插值加速度时程进行 EMD 分解，EMD 分解结果显示前 6 阶 IMF 几乎已经包含了原信号的全部幅值成分，因此，本书仅对插值加速度时程进行 6 阶 EMD 分解。L1 点插值加速度时程的 EMD 分解结果如图 7-6 所示。

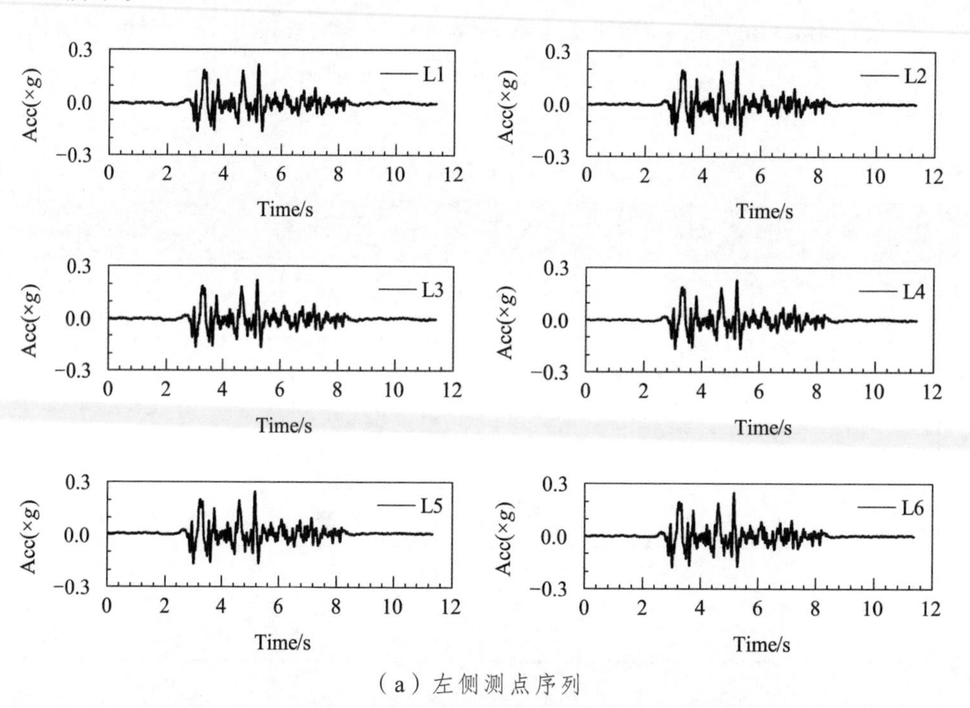

（a）左侧测点序列

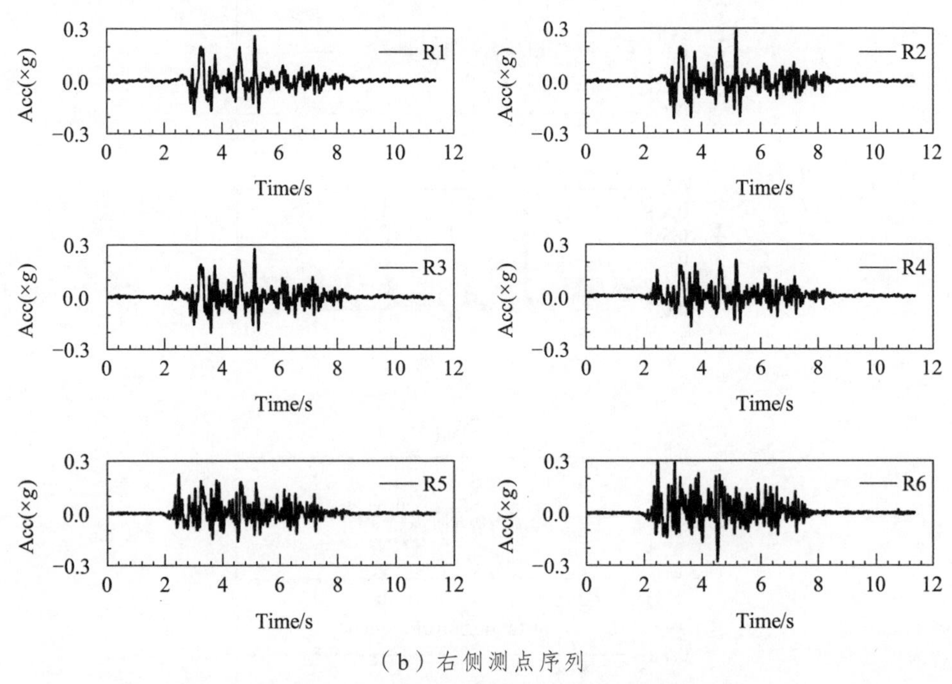

（b）右侧测点序列

图 7-5 插值计算得到的加速度时程

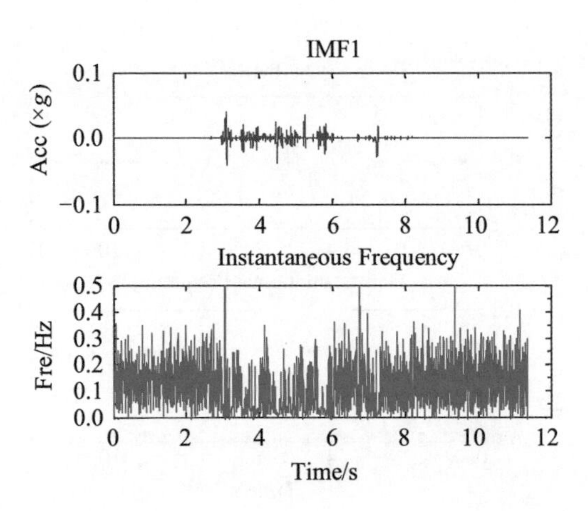

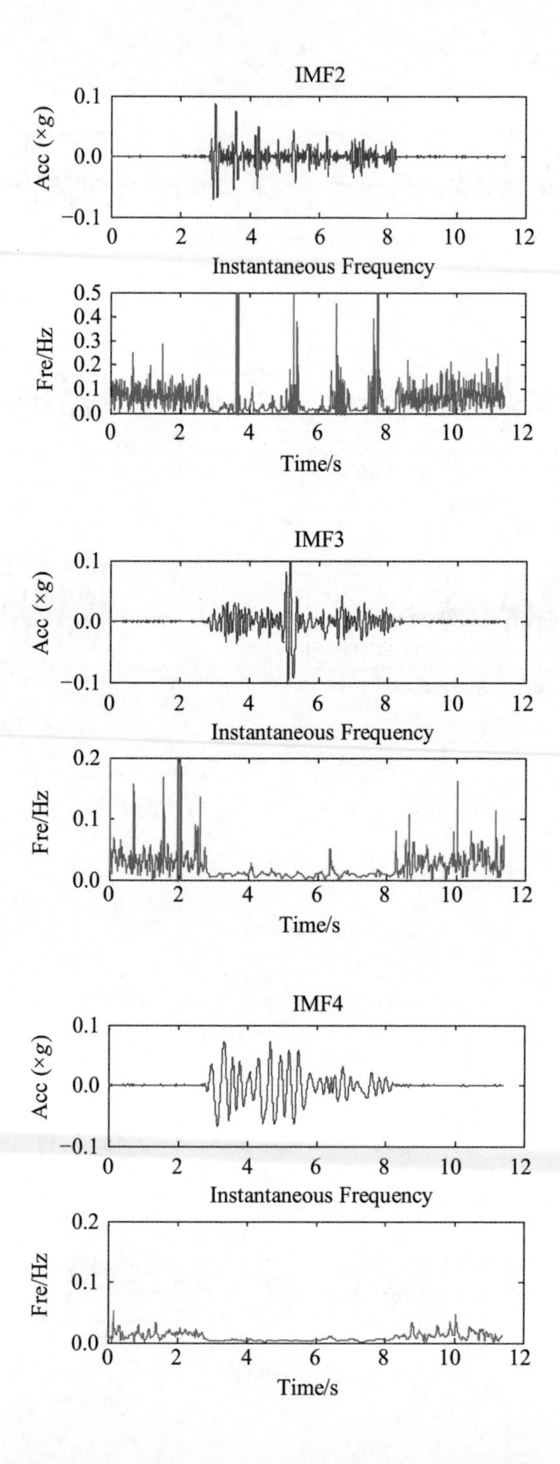
IMF2
Acc (×g)
0.1
0.0
−0.1
0
2
4
6
8
10
12
Instantaneous Frequency
Fre/Hz
0.5
0.4
0.3
0.2
0.1
0.0
Time/s
IMF3
Instantaneous Frequency
IMF4

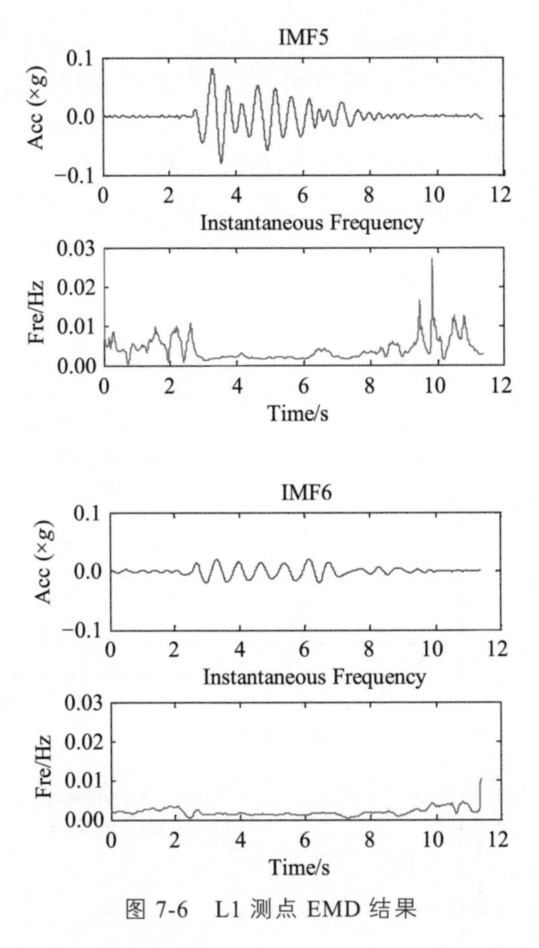

图 7-6　L1 测点 EMD 结果

实测地震波中既包含了 S 波，又包含了 P 波，S 波又包含 SH 波和 SV 波。一方面，相对于 S 波，P 波携带的地震能量较小，P 波对边坡稳定性的影响可以忽略；另一方面，SV 波主要引起横断面内的地震破坏，而 SH 波主要引起横断面外的地震破坏。本章边坡地震稳定性分析被简化为平面应变问题，不考虑横断面外的边坡破坏，故本章忽略 SH 波的作用。综上，本书的研究仅仅考虑 SV 波的作用，近似认为实测地震波时程即为 SV 波时程。

将试验模型的物理力学参数代入式（7-18）和式（7-19），可以得到软弱夹层层面上的正向应力和切向应力的计算公式分别为：

$$\sigma_{\mathrm{n}} = 0.000\,346\,1 \times \omega(t) \times S_0^1(t) + \sigma_0 \tag{7-24}$$

$$\tau_{\mathrm{s}} = 0.000\,120\,2 \times \omega(t) \times S_0^1(t) + \tau_0 \tag{7-25}$$

$$\sigma_{\mathrm{n}} \tan\varphi + c = [0.000\,346\,1 \times \omega(t) \times S_0^1(t) + \sigma_0] + c \tag{7-26}$$

将各个插值点的 EMD 分解结果代入计算公式（7-24）至（7-26），可以计算得到各个插值点处的正向应力和切向应力。需要指出的是，受测点数量限制，本次模型试验中每个软弱夹层 W_i 上仅有两个插值点 L_i 和 R_i，因此，本书以 L_i 处的应力状态代表软弱夹层左侧一半范围内的应力状态，以 R_i 处的应力状态代表右侧一半范围内的应力状态，随后在整个软弱夹层层面上进行积分，如式（7-21）和式（7-22），即可计算得到层面上的下滑力和抗滑力，并进一步计算得到层面的安全系数 $K(t)$。各个层面的安全系数计算结果如图 7-7 所示。

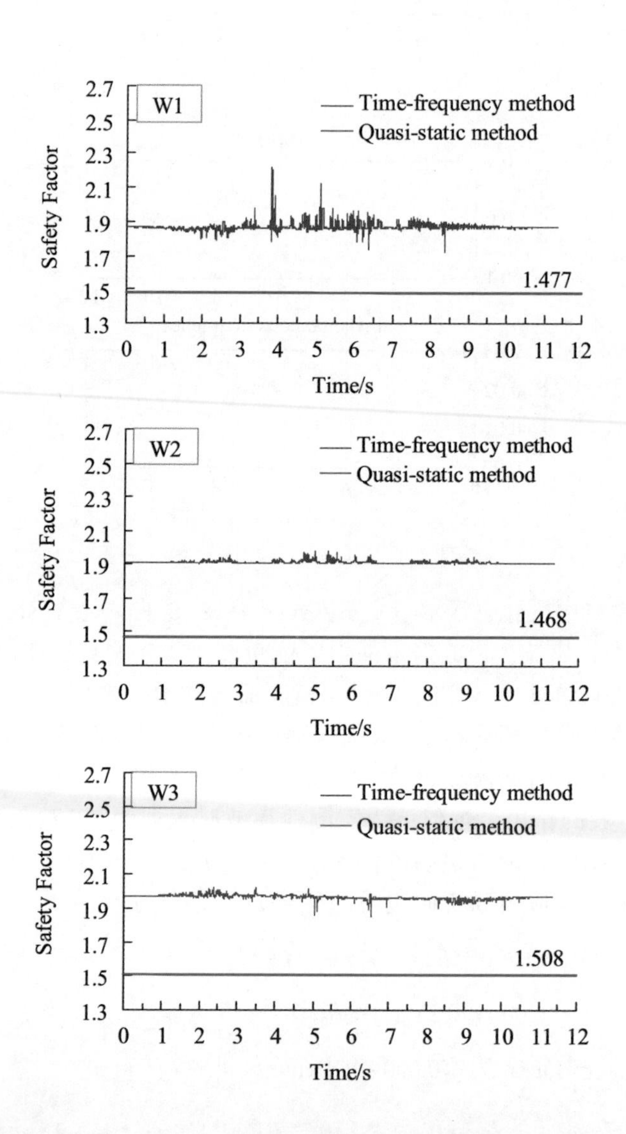

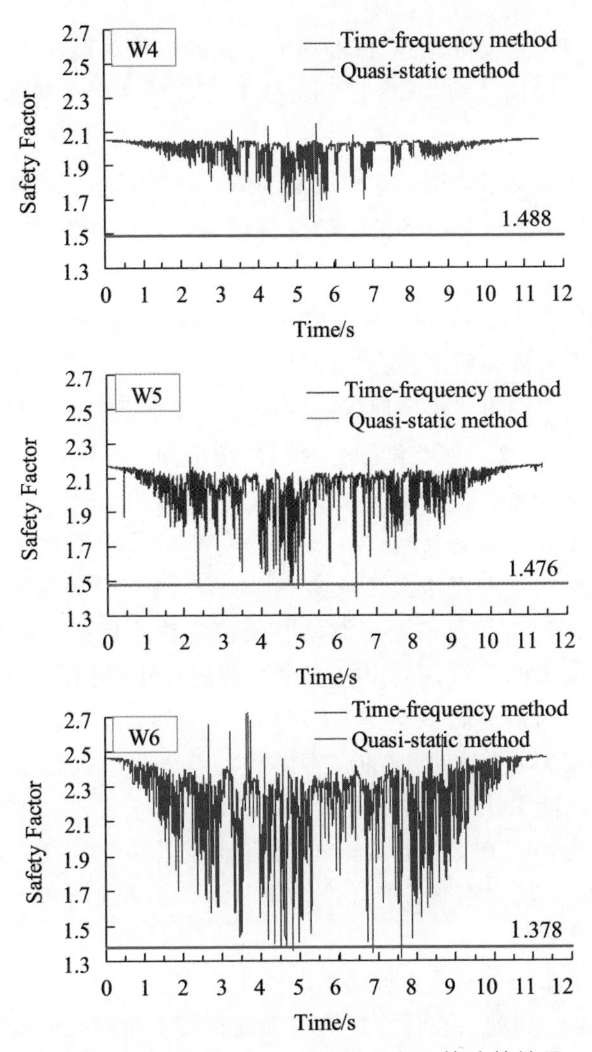

图 7-7　软弱夹层 W1～W6 的安全系数计算结果

为了进行对比分析，由拟静力法计算得到的层面安全系数也列于图 7-7 中。拟静力法的计算公式为：

$$K_{\mathrm{q}}=\frac{[N_i\cos\theta-\eta\cdot A_g(i)\cdot m_i\cdot\sin\theta]\cdot\tan\varphi+c\cdot l_i}{N_i\sin\theta+\eta\cdot A_g(i)\cdot m_i\cdot\cos\theta} \tag{7-27}$$

式中：K_{q} 是拟静力法计算得到的安全系数；N_i 是作用于层面上的重力；θ是层面的倾角；η是水平地震影响系数，根据《建筑抗震设计规范》（GB 50011—2010），此处$\eta=0.16$；m_i 是层面 W_i 上岩层的质量；l_i 是层面 W_i 的长度；$A_g(i)$

是作用于层面 W_i 上方岩层的峰值加速度，此处取值为层面 W_i 以上各个加速度测点实测峰值加速度的均值；c 和 φ 分别为软弱夹层材料的黏聚力和内摩擦角。

拟静力法计算结果表明，W6 层面的安全系数最低，这与本章时频计算结果吻合。拟静力法计算得到的边坡下部层面（W1、W2 和 W3）的安全系数小于本章时频方法的计算结果，而拟静力法计算得到的边坡上部层面（W4、W5 和 W6）的安全系数接近于本书时频计算结果的最小值。拟静力法和时频计算方法的对比结果表明拟静力法的计算结果偏于保守。2008 年汶川地震的震后调查显示，在汶川地震高地震烈度地区，根据拟静力法设计的支挡结构仅 7%出现了损毁，这一调查结果也显示传统拟静力法设计偏于保守。

层面地震安全系数的时频计算结果显示层面的地震安全系数随时间出现剧烈变化，尤其是软弱夹层 W4、W5 和 W6。安全系数的变化幅度随软弱夹层相对高程的增加而增大，软弱夹层 W6 的安全系数变化幅度最大。同时可以发现，安全系数的剧烈波动时间段与输入地震波的强震段吻合。实际上，边坡层面的稳定性受层面安全系数的最小值控制，层面 W4、W5 和 W6 安全系数的最小值小于 W1、W2 和 W3 的安全系数，这表明边坡的上部更易出现震害损伤，边坡的震害损伤将首先出现在边坡的上部。已有的边坡震害损伤能量识别方法研究（本书第 5 章）显示，地震作用下边坡的震害损伤首先出现在坡肩部位，并随着地震激励的持续，震害损伤逐渐向下发展。同时，坡面水平位移监测结果显示，边坡上部的水平位移大于边坡下部的坡面位移。

时频方法计算结果显示边坡层面的安全系数随时间的变化幅度较大，尤其是边坡的上部，因此，在计算边坡层面的地震安全系数时忽略时间的影响是不合理的。然而，现有的边坡地震安全系数计算方法均假定安全系数为一个不随时间变化的常量。地震波中含有大量非线性、非平稳信号，其幅值和频率成分随时间变化显著，因此，计算边坡层面地震安全系数时，将层面地震安全系数视作一个随时间变化的量更加合理。

7.5 反倾边坡瞬时地震安全系数的时频计算方法

反倾边坡指岩层倾向与边坡倾向相反的边坡[6, 7]。反倾边坡往往被视作具有较好地震稳定性的边坡，其动力稳定性好于顺层边坡，且常常认为地震作用下反倾边坡不易出现突发性的大规模滑塌[8]。然而，实际中反倾边坡仍有发生大规模滑坡的可能性[9]。1984—1986 年，日本名古屋大学针对带有贯通不连续面的裂隙岩质边坡的模型试验表明，当地震动强度足够大时，反倾边坡可能出现坡外方向的滑动破坏[10, 11]。2008 年汶川地震诱发了一些大型反倾滑坡，这些滑坡给人民的生命和财产造成了巨大损失，例如罐滩滑坡。罐滩滑坡的典型地质剖面如图 7-8 所示[12-15]。

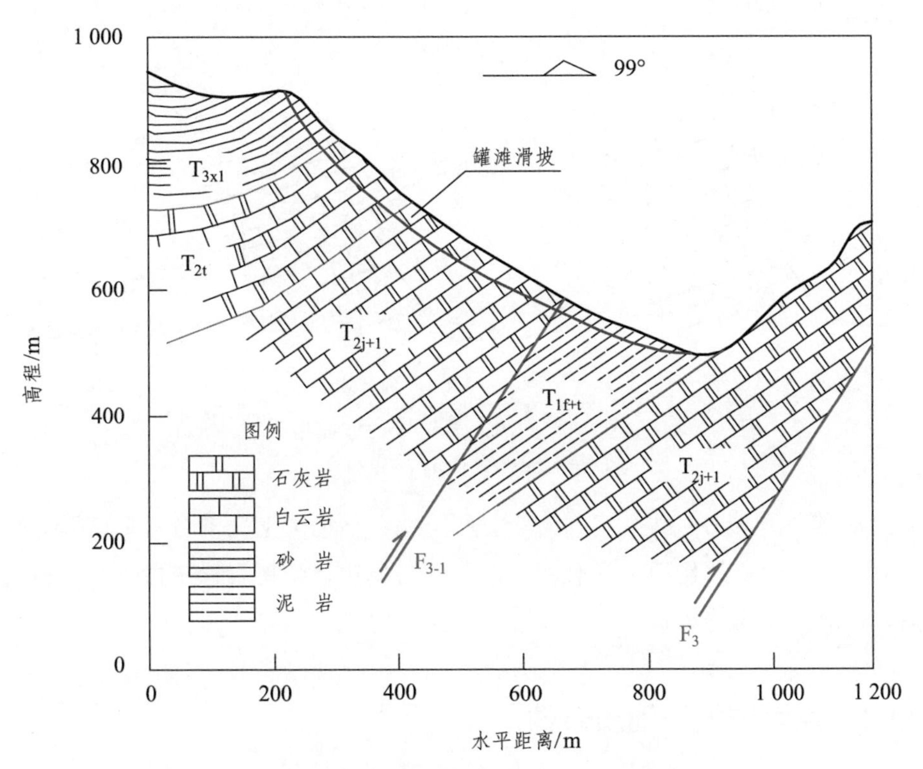

图 7-8 罐滩滑坡失稳前典型地质断面[7]

反倾边坡的潜在破坏形式包括平面破坏、倾倒破坏、楔形破坏以及圆弧破坏，如图 7-9 所示[16]。反倾边坡沿着软弱夹层的滑动属于平面破坏。实际上，当一个边坡含有多个软弱夹层，且软弱夹层的抗剪强度较低时，反倾边坡可能出现向坡外方向的滑动失稳。但是，目前，关于反倾边坡出现平面滑动破坏可能性的研究较少。

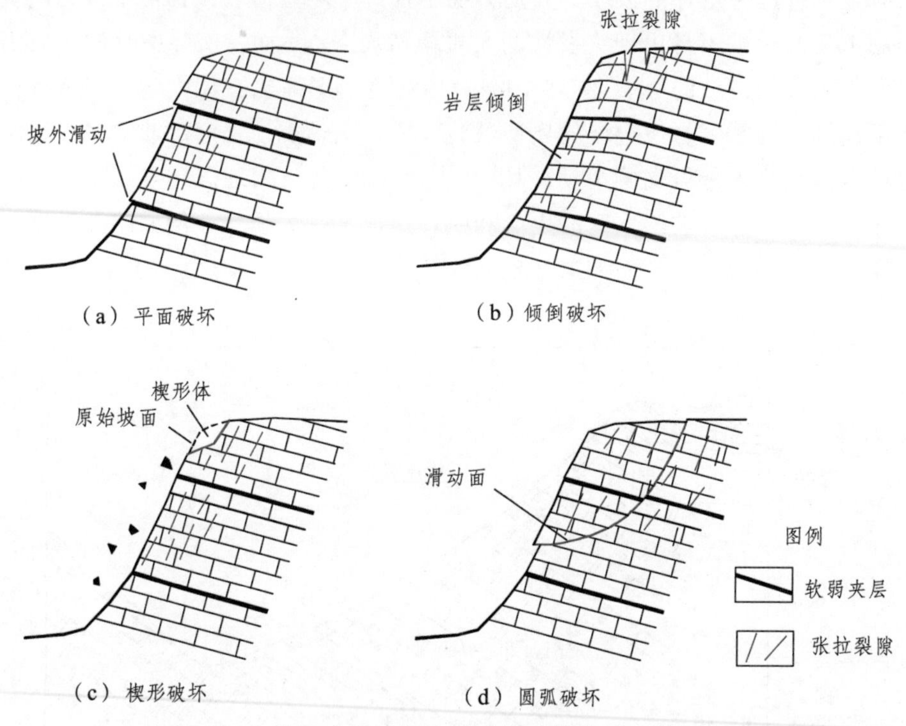

图 7-9 含软弱夹层反倾岩质边坡的潜在地震破坏形式
(据 Hoek 和 Bray，1981)

本节利用本书前文介绍的时频分析方法，借助大型振动台模型试验和数值分析，对地震波作用下含软弱夹层反倾岩质边坡的地震稳定性进行分析，并将计算结果与传统拟静力法计算结果进行对比。

7.5.1 原型边坡的地质条件

本节介绍的原型边坡为一个含软弱夹层的反倾岩质边坡，其位于四川省乐山市。原型边坡坡面开挖角度为 72°，边坡高度为 57 m，边坡含有 6 个软弱夹层，软弱夹层的厚度为 20 ~ 30 cm，软弱夹层的倾角为 8°，原型边坡如图 7-10 所示。边坡所在区域降雨量丰富，雨季地下水位较高。软弱夹层材料为黏土，遇水饱和后软弱夹层的抗剪强度较低。经现场取样和室内试验，测得边坡岩层和软弱夹层的物理力学参数如表 7-4 所示。

图 7-10　反倾边坡原型

表 7-4　原型边坡物理力学参数

材料	密度 ρ/(g/cm³)	弹性模量 E/MPa	剪切模量 G/MPa	内摩擦角 φ/(°)	黏聚力 c/MPa	泊松比 μ	剪切波速 V_s/(m/s)	压缩波速 V_p/(m/s)
岩层	2.4	375	113	35	1.2	0.16	1 400	2 750
软弱夹层	—	—	—	12	0.015	—	—	—

7.5.2　振动台试验概况

本模型试验的振动台性能指标参见本书 2.1 节。试验采用的相似关系如表 7-5 所示。激励地震波选用幅值为 0.6g 的汶川地震清平波，其 EMD 结果如图 7-11 所示。地震波输入方向为 X 向和 Z 向。其中，X 向指边坡的倾向，Z 向指垂直方向。试验模型的尺寸及监测点布置如图 7-12 所示。

表 7-5　振动台模型试验相似关系

序号	物理参数	相似率	序号	物理参数	相似率
1	尺寸（L）	$C_L=30$	8	速度（V）	$C_V=5.477$
2	密度（ρ）	$C_\rho=1$	9	时间（t）	$C_t=5.477$
3	加速度（a）	$C_a=1$	10	位移（u）	$C_u=30$
4	弹性模量（E）	$C_E=30$	11	角位移（θ）	$C_\theta=1$
5	应力（σ）	$C_\sigma=30$	12	频率（ω）	$C_\omega=0.183$
6	应变（ε）	$C_\varepsilon=1$	13	阻尼比（ζ）	$C_\zeta=1$
7	力（F）	$C_F=27\ 000$	14	内摩擦角（φ）	$C_\varphi=1$

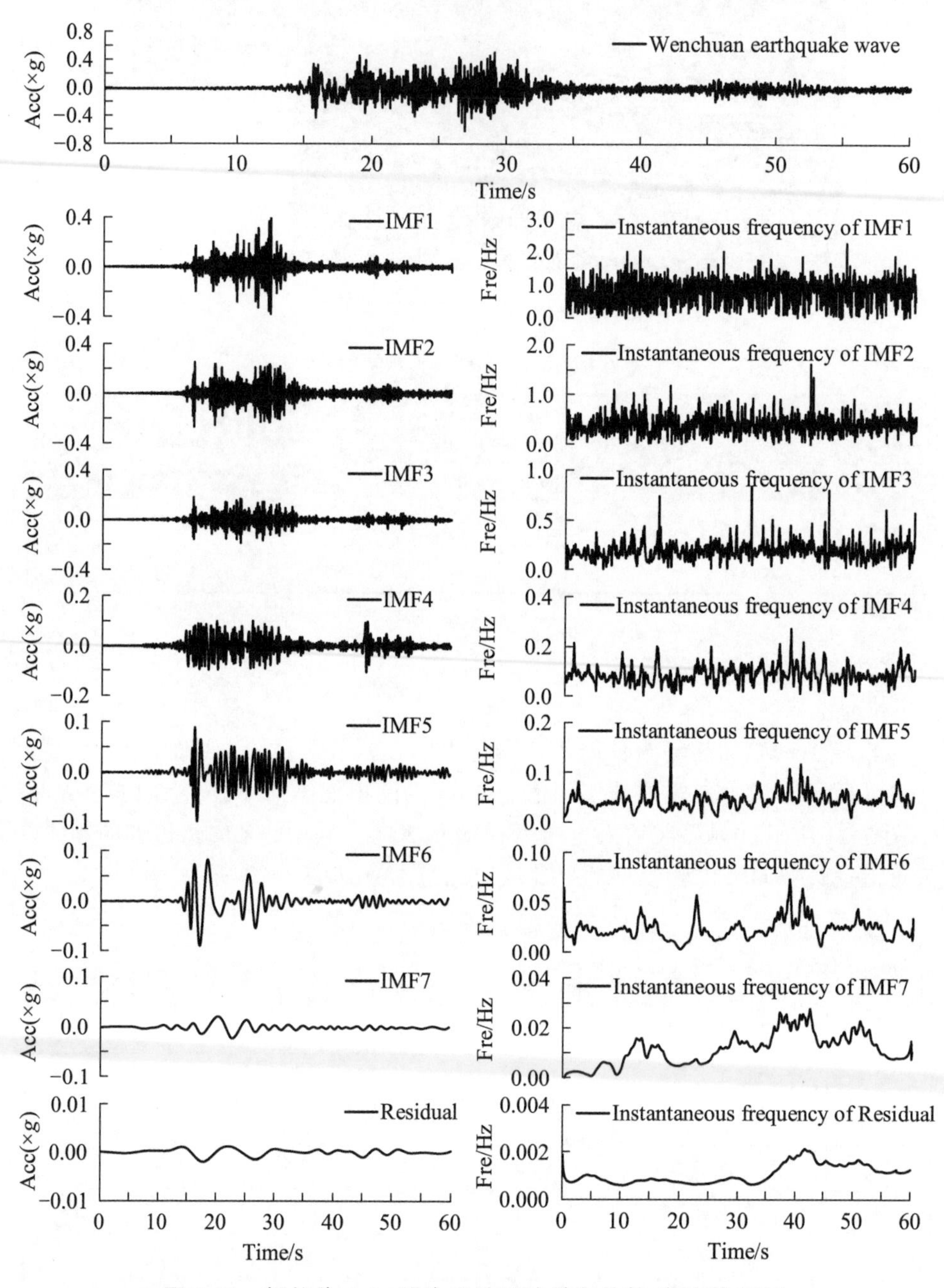

图 7-11　幅值为 0.6g 的汶川地震波希尔伯特-黄变换示例

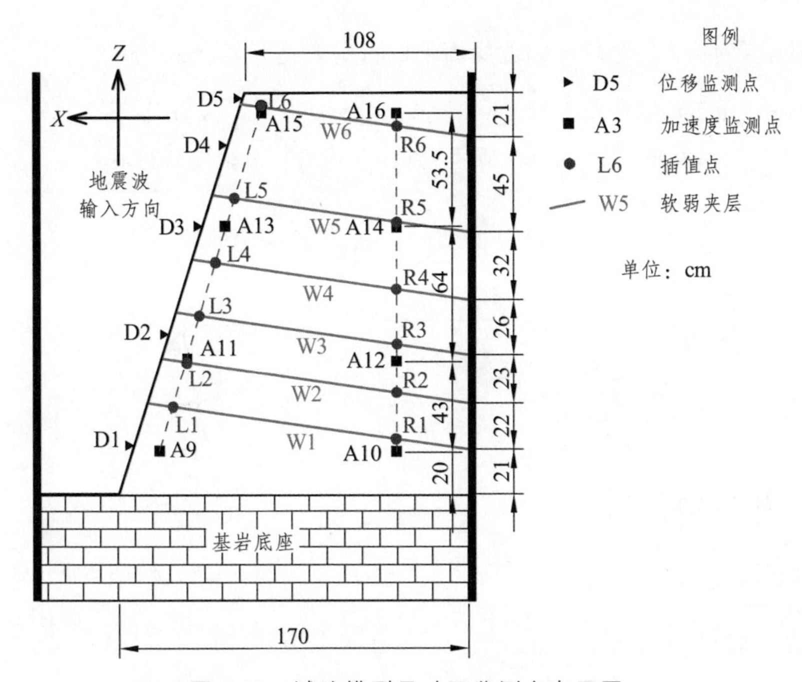

图 7-12 试验模型尺寸及监测点布置图

7.5.3 边坡稳定性计算公式

根据前文可知，地震波在边坡层面上引起的正向应力和切向应力计算公式分别为：

$$\sigma_{\mathrm{n}}' = \lambda[S_0^1 k_x^{(1)} \cos\alpha_1 - S_0^2 k_x^{(2)} \cos\alpha_1 + S_0^3 k_x^{(3)} \sin\alpha_1'] + (\lambda + 2\mu)[-S_0^1 k_z^{(1)} \sin\alpha_1 - S_0^2 k_z^{(2)} \sin\alpha_1 - S_0^3 k_z^{(3)} \cos\alpha_1'] \tag{7-28}$$

$$\tau_{\mathrm{s}}' = \mu[S_0^1 k_z^{(1)} \cos\alpha_1 - S_0^2 k_z^{(2)} \cos\alpha_1 + S_0^3 k_z^{(3)} \sin\alpha_1' - S_0^1 k_x^{(1)} \sin\alpha_1 - S_0^2 k_x^{(2)} \sin\alpha_1 - S_0^3 k_x^{(3)} \cos\alpha_1'] \tag{7-29}$$

式中各个物理量的意义参见前文 7.3 节。不同于顺层边坡，反倾边坡中层面重力的切向分量与地震波引起的切向分量方向相反，如图 7-13 所示。因此，边坡层面上的正向应力合力 σ_{n} 和切向应力合力 τ_{s} 的计算公式分别为：

$$\sigma_{\mathrm{n}} = \sigma_{\mathrm{n}}' + \sigma_0 \tag{7-30}$$

$$\tau_{\mathrm{s}} = \tau_{\mathrm{s}}' - \tau_0 \tag{7-31}$$

根据莫尔-库仑定律，边坡层面上的抗剪强度计算公式为：

$$\tau_{\mathrm{f}}=\sigma_{\mathrm{n}}\tan\varphi+c=\{\lambda_1[S_0^1k_x^{(1)}\cos\alpha_1-S_0^2k_x^{(2)}\cos\alpha_1+S_0^3k_x^{(3)}\sin\alpha_1']+(\lambda_1+2\mu_1)[-S_0^1k_z^{(1)}\sin\alpha_1-S_0^2k_z^{(2)}\sin\alpha_1-S_0^3k_z^{(3)}\cos\alpha_1']+\sigma_0\}\tan\varphi+c \quad (7\text{-}32)$$

式中：φ和 c 分别为软弱夹层的内摩擦角和黏聚力。

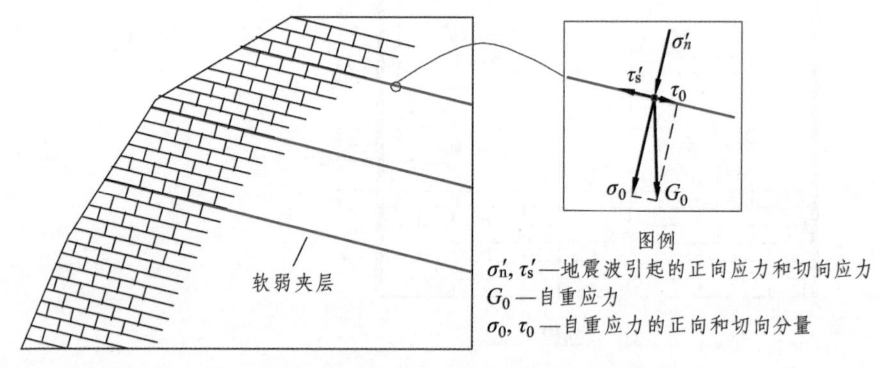

图 7-13　反倾边坡层面应力状态示意图

在计算层面的安全系数时，因加速度测点数量有限，需根据层面的几何形态，将层面划分为 n 个计算单元，在每一个计算单元上对层面的下滑力和抗滑力进行积分，并最终累计得到整个层面上的下滑力 F_{s} 和抗滑力 F_{a}。层面上的安全系数计算公式为：

$$K_{\mathrm{s}}=\frac{F_{\mathrm{a}}}{F_{\mathrm{s}}}=\frac{\sum_{i=1}^{n}(\sigma_{\mathrm{n}i}\tan\varphi_i+c_i)\mathrm{d}A_i}{\sum_{i=1}^{n}\tau_{\mathrm{s}i}\mathrm{d}A_i} \quad (7\text{-}33)$$

式中：A_i 是计算单元 i 的面积；φ_i 和 c_i 分别为计算单元 i 的内摩擦角和黏聚力；n 是计算单元的个数。

试验中各个测点的加速度时程如图 7-14 所示，图中加速度时程表明边坡中存在明显的加速度放大效应。同前文 7.4 节，因模型试验中加速度测点数量有限，计算各个层面的安全系数时，通过线性插值的方法获取各个层面上的加速度时程，并利用插值得到的层面加速度时程计算层面的地震安全系数。

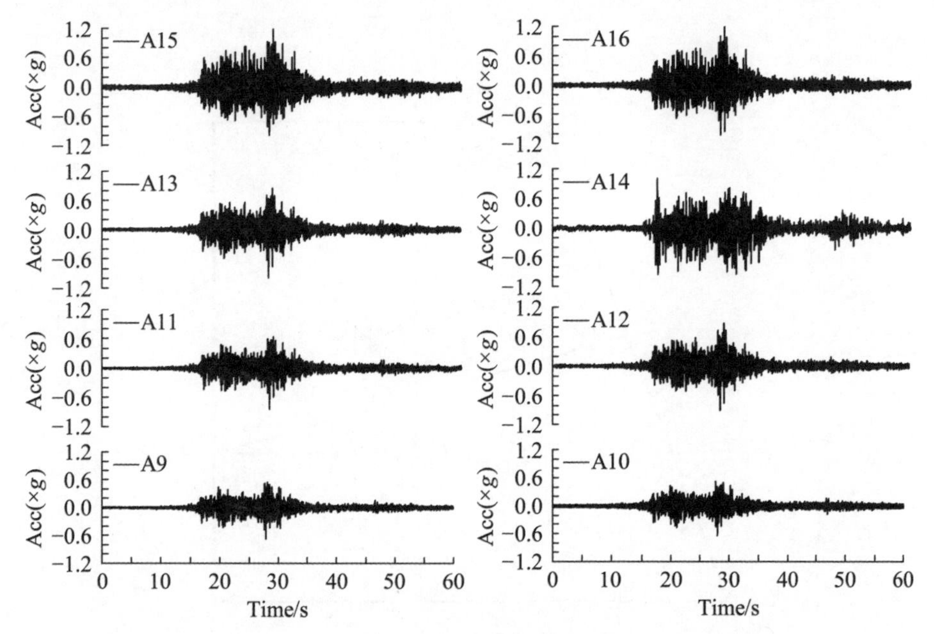

图 7-14 0.6g 汶川地震波作用下模型中水平向加速度实测结果

本节同时利用拟静力法计算了各个层面的地震安全系数。利用拟静力法计算顺层边坡地震安全系数时，因为垂向的地震影响力会同时增大或减小层面上的下滑力和抗滑力，因此，往往忽视垂向的地震影响力[17]。但是，在反倾边坡中，垂向地震影响力会减小抗滑力而增大下滑力，如图 7-15 所示。而且，已有研究表明，垂向地震力有时会在地震滑坡的形成中扮演重要的角色，甚至是主要角色[18, 19]。因此，本节在利用拟静力法计算层面的地震安全系数时，考虑了垂向地震影响力，此时，层面地震安全系数 K_p 的拟静力法计算公式为：

$$K_p = \frac{(\eta_{\mathrm{H}} A_{\mathrm{H}} m \sin\theta - \eta_{\mathrm{V}} A_{\mathrm{V}} m \cos\theta + G\cos\theta)\tan\varphi + cl}{\eta_{\mathrm{H}} A_{\mathrm{H}} m \cos\theta + \eta_{\mathrm{V}} A_{\mathrm{V}} m \sin\theta - G\sin\theta} \tag{7-34}$$

式中：G 是滑体的自重应力；θ是层面的倾角；η_{H} 和 η_{V} 分别为水平向和垂直向地震影响系数，此处，根据《建筑抗震设计规范》（GB 50011—2010）[20]，针对本节的原型边坡 $\eta_{\mathrm{H}} = 1.40$，η_{V} 取值为 η_{H} 的 65%，即 $\eta_{\mathrm{V}} = 0.91$；A_{H} 和 A_{V} 分别为水平向和垂直向的峰值加速度；m 是软弱夹层上方岩层的质量；φ和 c 分别为软弱夹层的内摩擦角和黏聚力；l 是软弱夹层的长度。

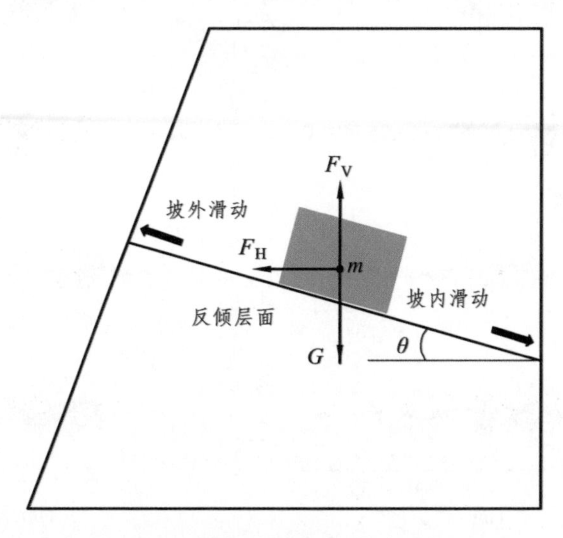

图 7-15　反倾边坡拟静力法示意图

图中 F_H 和 F_V 分别表示水平向和垂直向的地震作用力，G 和 m 分别表示层面以上滑体的重力和质量。

7.5.4　FLAC 分析

数值分析模型的几何尺寸以及材料参数均与振动台模型试验一致。数值分析采用瑞利阻尼，最小临界阻尼比取为 $\xi_{min} = 0.5\%$，最小中央频率取为 $\omega_{min} = 0.25$ Hz。0.6g 汶川地震清平波作用下各个层面上的剪应变增量如图 7-16 所示。剪应变分析结果显示，相比于倾倒破坏，边坡更倾向于发生向坡外的滑动破坏。因此，向坡外的滑动破坏被视作本含软弱夹层反倾岩质边坡的最可能破坏形式。

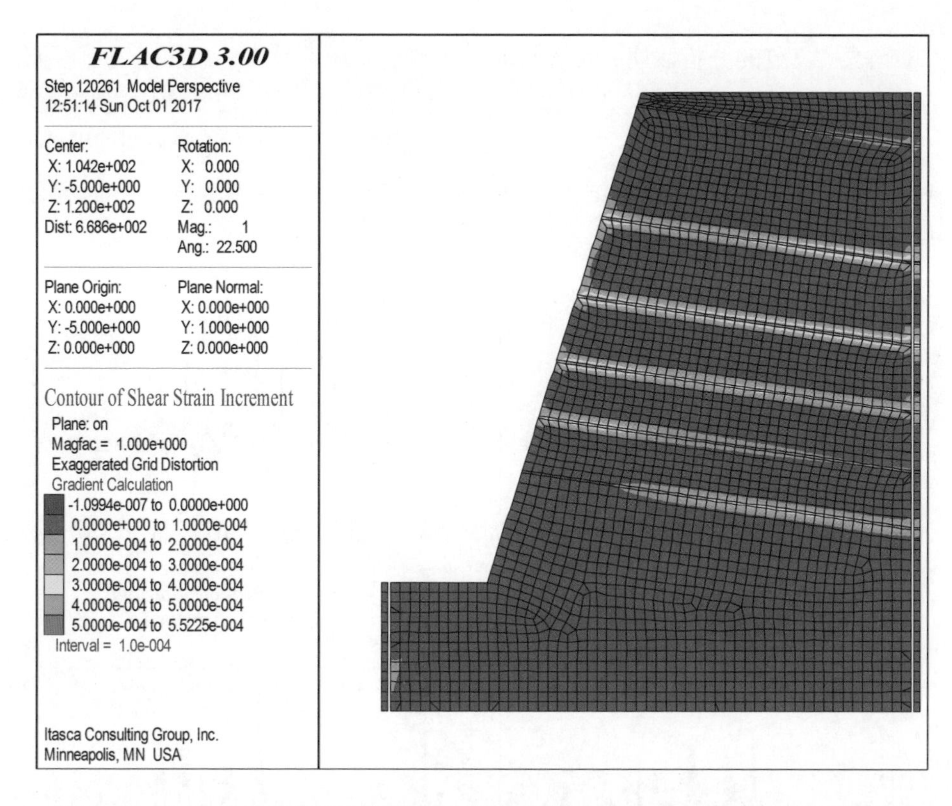

图 7-16 0.6*g* 汶川地震清平波作用下反倾边坡软弱夹层内的剪应变增量云图

7.5.5 边坡稳定性分析

1. 地震安全系数

时频方法和拟静力法计算得到的反倾边坡各个层面的安全系数如图 7-17 所示。时频方法计算结果表明层面的安全系数随时间的变化幅度较大，其中层面 W4、W5 和 W6 的安全系数波动幅度较大，尤其是层面 W4 和 W5，这表明含软弱夹层反倾边坡的中上部更易出现震害损伤。拟静力法计算结果显示层面 W5 的安全系数最小，其次是层面 W4，这与时频分析方法的计算结果吻合。拟静力法计算得到的层面安全系数随相对高程的增加先增大后减小，时频分析方法计算得到的层面安全系数时程的波动幅度也随着相对高程的增加先增大后减小。上述分析表明，在含软弱夹层反倾岩质边坡中，相较于其他部位，边坡中上部更易出现震害损伤。

前文 7.4 节的分析表明，在含软弱夹层顺层岩质边坡中，最靠近坡顶层面的安全系数最小，坡顶部位更易出现震害损伤。目前，关于均质岩质边坡的模型试验和现场监测结果均显示均质边坡顶部附近的地震响应最强烈[21-23]。时频分析方法与拟静力法计算结果的对比显示拟静力法的计算结果小于时频分析方法的计算结果。

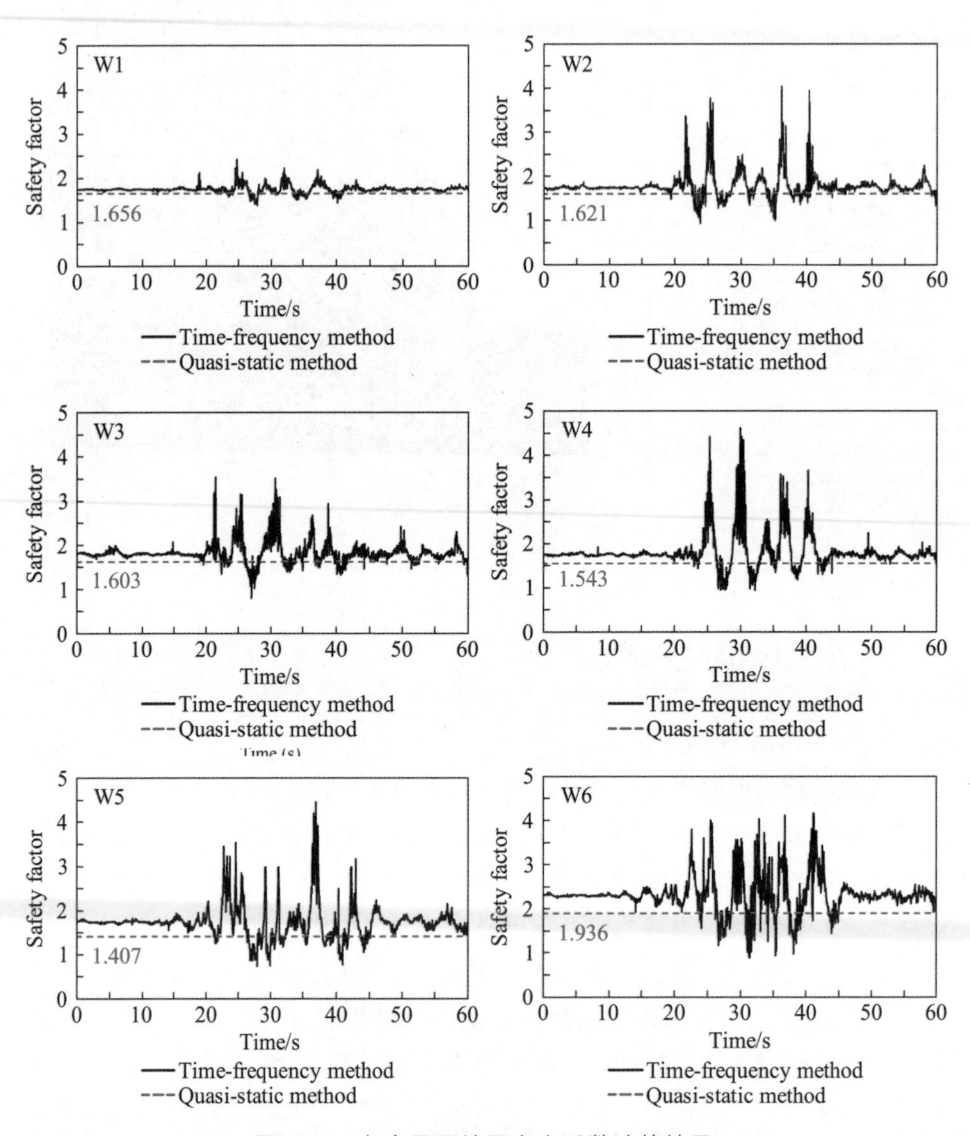

图 7-17　各个层面地震安全系数计算结果

2. 永久位移

地震波引起的永久位移是判定边坡震害损伤的一个重要指标，永久位移比安全系数具有更加重要的工程意义。振动台模型试验中实测的坡面位移时程如图 7-18 所示，图 7-18 中为试验模型的位移。从图 7-18 中可以看出，随着高程的增大，坡面位移时程的波动幅度逐渐增大。在时间 15 s 时，坡面位移开始出现波动；在时间 40 s 时，位移时程趋于稳定。坡面的永久位移可以从坡面位移时程曲线上获得，如图 7-19 所示。D4 测点的永久位移最大，而 D1 测点的永久位移最小，这表明反倾边坡坡面出现了鼓出形态。反倾边坡坡面的最大永久位移出现在边坡中上部，而顺层边坡坡面的最大永久位移出现在边坡顶部。具有最大永久位移的 D4 测点位于软弱夹层 W5 上方，模型试验中 W5 层面的滑出破坏如图 7-20 所示。前文的安全系数计算结果中，拟静力法计算得到的 W5 层面安全系数最小，时频计算方法得到的 W5 层面安全系数的波动幅度最大，上述分析表明，含软弱夹层反倾岩质边坡的中上部最易遭受地震波的破坏。

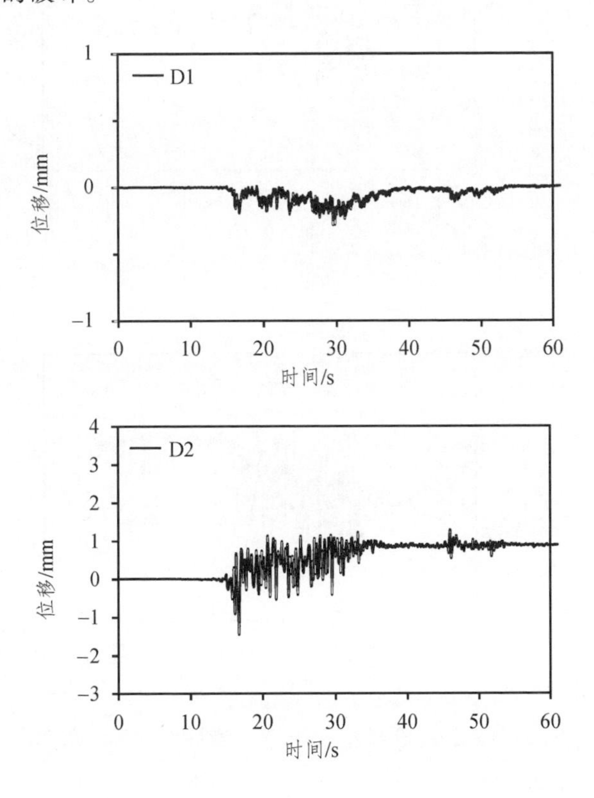

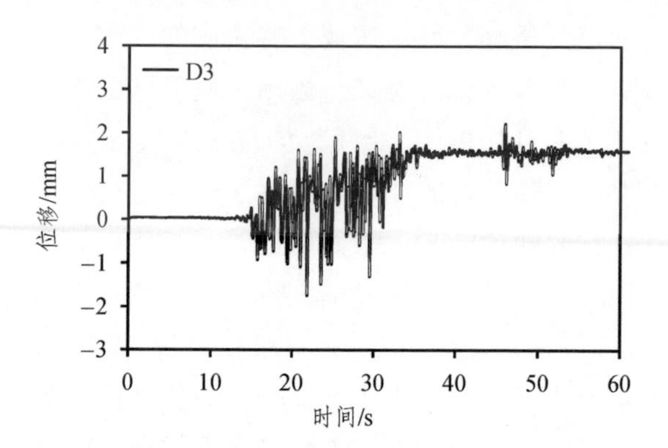

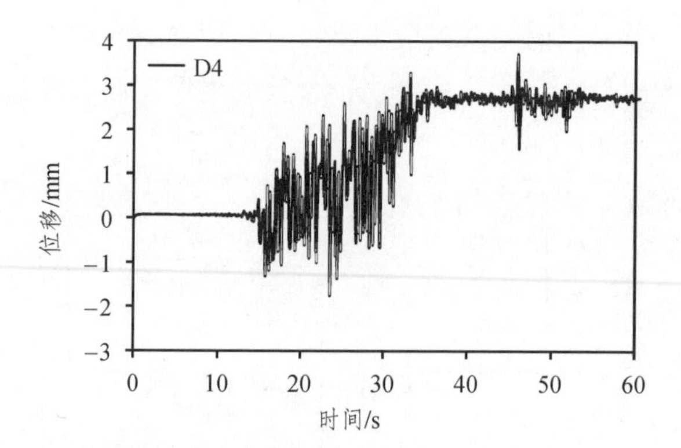

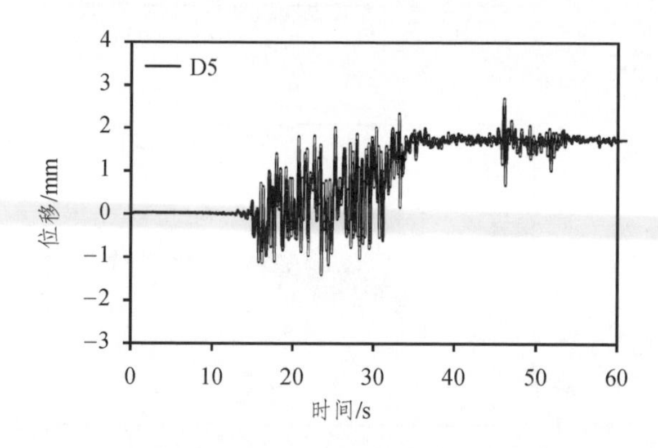

图 7-18　振动台模型试验中实测坡面水平向位移

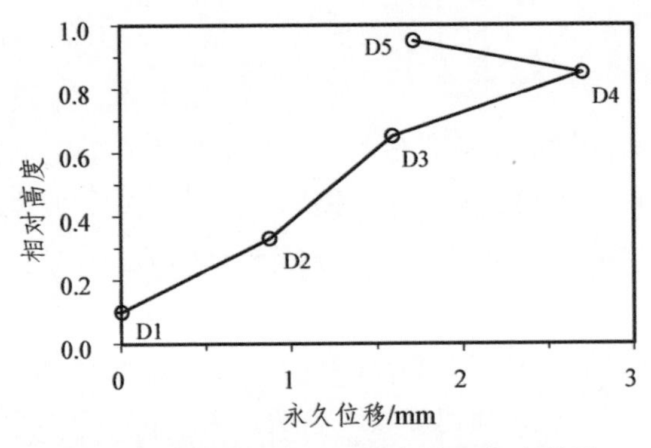

图 7-19 振动台模型试验中坡面永久位移

图 7-20 W5 软弱夹层面向坡外滑动

安全系数计算结果显示，在某些时刻层面 W3、W4 和 W5 的安全系数小于 1，这可能是位移监测点 D3、D4 和 D5 出现较大水平位移的原因。在本次模型试验中，较低的安全系数和较大的安全系数波动范围对应着较大的坡面永久位移，但是，坡面永久位移与边坡地震安全系数之间的关系尚不明确。

3. 时程分析

振动台试验中实测的加速度时程表明加速度的强震阶段是 15 ~ 40 s，这与实测的坡面位移时程的强震段吻合。但是，本节时频方法计算得到的层面安全系数时程的剧烈波动时间段为 20 ~ 40 s，其比加速度时程和位移时程滞后 5 s，这表明反倾边坡的层面稳定性状态变化滞后于边坡地震加速度和边坡坡面位移。出现这一现象的原因可能为：在地震波作用的初期，边坡的结构完整性尚未被破坏，边坡的稳定性状态不会出现幅度较大的波动；随着地震波作用的持续，边坡中开始出现震害损伤，引起边坡中地震波衰减和频散[24 - 26]。最终，边坡结构被破坏，边坡的稳定性状态发生较大幅度的波动。

7.5.6 讨 论

本次振动台模型试验中输入地震波的峰值仅为 0.6g，试验中边坡模型并未出现整体滑动破坏。根据本节中的式（7-34）可知，在假定垂向地震波峰值加速度为水平向峰值加速度 2/3 的前提下，当层面 W5 上部岩体的水平加速度峰值达到 2.29g 时，层面 W5 的安全系数将小于 1[27]。实际中，地震实测数据显示岩质边坡对地震加速度具有明显的放大效应，加速度放大系数大部分在 2 到 10 之间变化，加速度放大系数最大可达 30[28-30]。本节中的原型边坡高度为 57 m，受试验条件限制，试验模型的加速度放大系数小于原型边坡的加速度放大系数，因此，实际中原型边坡的加速度放大系数可能远大于本次振动台模型试验中的加速度放大系数。即使某次地震事件中的地表峰值加速度并不大，由于边坡的加速度放大效应，原型边坡上的峰值加速度将可能远大于坡脚处的地表峰值加速度，反倾边坡存在滑动失稳的风险。Aydan 等[31, 32]和 Shimizu 等[33]的研究也表明当地震波幅值较大时，反倾边坡将出现向坡外方向的滑动失稳。

本节的研究表明，导致含软弱夹层反倾岩质边坡出现向坡外方向滑动破坏的原因包括以下几个方面：

（1）软弱夹层的倾角较小且抗剪强度较低。

（2）较大的地震加速度峰值。

（3）水平地震方向与边坡倾向重合，或小角度相交。

（4）考虑垂向地震波的影响。

（5）考虑地震波频率对边坡层面安全系数的影响。

平滑滑动破坏是楔形破坏的一种特殊形式，随着地震波作用的持续，边坡结构逐渐被破坏，本节中介绍的平面滑动破坏也可能逐渐演化为楔形破坏。

众所周知，得到岩质边坡地震安全系数的精确解是困难的，包括频域内。本节提供了一种考虑地震波时间、频率、幅值影响的边坡地震安全系数计算方法，但是，这一方法忽视了边坡内部存在的不连续面。需要指出的是，Aydan 等研究了含不连续面和易碎材料的岩质边坡的地震破坏模式[34]，而在本节的研究中，岩层被视作完整材料，仅考虑软弱夹层的破坏，考虑岩体中部连续结构面的时频分析方法将是本书作者今后的研究方向之一。

7.6 本章小结

本书介绍的时频分析方法充分考虑了地震波的三个要素（时间、频率和幅值）对边坡地震安全性的影响。通过时频分析，可以得到整个地震波激励时间内的任一时刻的边坡地震安全系数。在实际工程运用中，可以利用时频分析方法获得任一时刻的下滑力（$F_s - F_a$），并将其运用于支挡结构设计中。

基于弹性波动力学和 HHT 信号处理方法，本章推导了层状岩质边坡（顺层边坡和反倾边坡）瞬时地震安全系数的计算公式，并对时频计算方法的思路和计算步骤做了详尽介绍，在此基础上，以大型振动台模型试验实测加速度数据为例，计算了层状岩质边坡层面的瞬时地震安全系数。该方法能有效考虑地震波三要素（时间、频率、幅值）对层状边坡地震稳定性的影响，是对传统边坡地震稳定性计算方法和地震安全性评价方法的创新。

本章参考文献

[1] 中华人民共和国住房和城乡建设部. GB 50330—2013 建筑边坡工程技术规范[S]. 北京：中国建筑工业出版社，2014.

[2] 杨长卫，张建经. SV 波作用下岩质边坡地震稳定性的时频分析方法研究[J]. 岩石力学与工程学报，2013，32（3）：483-491.

[3] 杨长卫，张建经，刘飞成. 双面岩质高陡边坡加速度高程放大效应的时频分析方法[J]. 岩石力学与工程学报，2014，33（增 2）：3699-3706.

[4] 陈国兴. 岩土地震工程学[M]. 北京：科学出版社，2007.

[5] 杜世通. 地震波动力学理论与分析[M]. 青岛：中国石油大学出版社，2008.

[6] CROSTA G B, FRATTINI P, AGLIARDI F. Deep seated gravitational slope deformations in the European Alps[J]. Tectonophysics，2013，605：13-33.

[7] HUANG R Q，ZHAO J J，JU N P，et al. Analysis of an dip-angle landslide triggered by the 2008 Wenchuan earthquake in China[J]. Nat Hazards，2013，68：1021-1039.

[8] AYDAN Ö. Large rock slope failures induced by recent earthquake[J]. Rock Mech Rock Eng，2016，49：2503-2524.

[9] DENG Q L, FU M, REN X W, et al. Precedent long-term gravitational deformation of large scale landslides in the Three Gorges reservoir area，China[J]. Eng Geol，2017，221：170-183.

[10] AYDAN Ö. The stabilisation of rock engineering structures by rockbolts[D]. Nagoya，Japan：Nagoya University.

[11] SHIMIZU Y, AYDAN Ö, ICHIKAWA Y, et al. An experimental study on the seismic behavior of discontinuous rock slopes（in Japanese）[C]. //The 42th Annual Meeting of Japan Society of Civil Engineers，1988：386-387.

[12] HUANG Y，ZHANG W，XU Q，et al. Run-out analysis of flow-like landslides triggered by the Ms8.0 2008 Wenchuan earthquake using smoothed particle hydrodynamics[J]. Landslides，2012，9：275-283.

[13] QI S W，XU Q，LAN H X，et al. Spatial distribution analysis of landslides triggered by 2008 5·12 Wenchuan earthquake，China[J]. Eng Geol，2010，116：95-108.

[14] XU Q，FAN X M，HUANG R Q，et al. Landslide dams triggered by the Wenchuan earthquake，Sichuan Province，south west China[J]. Bull Eng Geol Environ，2009，68：373-386.

[15] YIN Y P，LI B，WANG W P. Dynamic analysis of the stabilized Wangjiayan landslide in the Wenchuan Ms 8.0 earthquake and aftershocks[J]. Landslides，2015，12：537-547.

[16] HOEK E, BRAY J W. Rock slope engineering. Institute of Mining and Metallurgy，London，UK，1981.

[17] LATHA G M，GARAGA A. Seismic stability analysis of a Himalayan rock slope[J]. Rock Mech Rock Eng，2010，43：831-843.

[18] SUN P，YIN Y P，WU S R，et al. Does vertical seismic force play an important role for the failure mechanism of rock avalanches? A case study of rock avalanches triggered by the Wenchuan earthquake of May 12, 2008, Sichuan China[J]. Environ Earth Sci, 2011, 66: 1285-1293.

[19] ZHANG Y B，ZHAO J，CHEN G Q，et al. Effects of vertical seismic force on initiation of the Daguangbao landslide induced by the 2008 Wenchuan earthquake[J]. Soil Dyn Earthq Eng，2015，73：91-102.

[20] 中华人民共和国住房和城乡建设部. GB 50011—2010 建筑抗震设计规范[S]. 北京：中国建筑工业出版社，2010.

[21] CAVALLARO A，FERRARO A，GRASSO S，et al. Topographic effects on the Monte Po Hill in Catania（Italy）[J]. Soil Dyn Earthq Eng，2012，43：97-113.

[22] LIU H X，XU Q，LI Y R，et al. Response of high-strength rock slope to seismic waves in a shaking table test[J]. Bull Seismol Soc Am，2013，103：3012-3025.

[23] SCOTT A A，SITAR N，LYSMER J，et al. Topographic effect on the seismic response of steep slopes[J]. Bull Seismol Soc Am，1997，87：701-709.

[24] CHEN X，LI J C，CAI M F，et al. Experimental study on wave propagation across a rock joint with rough surface[J]. Rock Mech Rock Eng，2015，48：2225-2234.

[25] PERINO A，ZHU J B，LI J C，et al. Theoretical methods for wave propagation across jointed rock masses[J]. Rock Mech Rock Eng，2010，43：799-809.

[26] ZHAO J，CAI J G，ZHAO X B，et al. Dynamic model of fracture normal behavior and application to prediction of stress wave attenuation across fractures[J]. Rock Mech Rock Eng，2008，41：671-693.

[27] AMBRASEYS N N，DOUGLAS J. Near-field horizontal and vertical earthquake ground motion[J]. Soil Dyn Earthq Eng，2003，23：1-18.

[28] BOORE D M. A note on the effect of simple topography on seismic SH waves[J]. Bull Seismol Soc Am，1972，62：275-284.

[29] CELEBI M. Topographic and geological amplification determined from strong-motion and aftershock records of March 1985 Chile earthquake[J]. Bull Seis Soc Am，1987，77（4）：1147-1167.

[30] SEPÚLVEDA S A，MURPHY W，JIBSON R W，et al. Seismically induced rock slope failures resulting from topographic amplification of strong ground motions：The case of Pacoima Canyon，California[J]. Eng Geol，2005，80：336-348.

[31] AYDAN Ö，SHIMIZU Y，KAWAMOTO T. The stability of rock slopes against combined shearing and sliding failures and their stabilisation[J]. International Symposium on Rock Slopes，New Delhi，1992：203-210.

[32] AYDAN Ö，OHTA S，HAMADA M. Geotechnical evaluation of slope and ground failures during the 8 October 2005 Muzaffarabad Earthquake，Pakistan[J]. J Seismol，2009，13（3）：399-413.

[33] SHIMIZU Y，AYDAN Ö，ICHIKAWA Y，et al. A model study on dynamic failure modes of discontinuous rock slopes[J]. International Symposium on Engineering Complex Rock Formation，Beijing，1986：732-738.

[34] AYDAN Ö，ULUSAY R，HAMADA M，et al. Geotechnical aspects of the 2010 Darfield and 2011 Christchurch earthquakes of New Zealand and geotechnical damage to structures and lifelines[J]. Bull Eng Geol Environ，2012，71（4）：637-662.

8 震损高边坡危岩体辨识及风险控制研究

危岩体作为一种常见的地质灾害，我国关于它的研究起步较早。胡厚田通过长期的研究，编写了《崩塌与落石》[1]。该书系统地阐述了危岩落石的定义、形成条件、形成机理、稳定性评价和轨迹运动等内容。亚南、王兰生等[2]利用室内模拟试验和数值模拟对长江三峡链子崖危岩落石进行了勘察。黄达等[3]通过现场调查，把锦屏水电站坝区右岸高边坡危岩落石概括为四种破坏模式，并利用极限平衡法对各种破坏模式的稳定性进行了计算。目前，对于危岩落石前期勘察多以传统野外调绘为主要手段，将三维激光扫描技术引入到危岩体勘察中具有较为广阔的研究意义和应用价值。

本章介绍了三维激光扫描技术在震损边坡结构面识别、震损边坡崩塌风险分析及危岩体识别等方面的应用情况，并以 2014 年云南鲁甸地震诱发的红石岩滑坡为例，介绍了红石岩震损边坡被动防护措施及其防护效果的数值模拟结果。

8.1 概　述

2014 年 8 月 3 日，云南鲁甸发生 6.5 级大地震，鲁甸地震诱发了多处滑坡，其中最典型的一处就是位于原牛栏江电站下游的红石岩滑坡。红石岩滑坡堆积体阻断河床，形成了 100 多米高的堰塞体。红石岩改建工程利用该堰塞体作为挡水建筑物，并在滑坡下游山体内开挖引水及发电系统，同时在滑坡体下部开挖引水发电隧洞、泄洪冲沙隧洞和溢洪隧洞的进口边坡（以下简称“三洞合一进水口边坡”），如图 8-1 所示。红石岩边坡上部岩体由于受到原生节理和风化卸荷节理切割形成了较深的裂缝，在地震促发下，裂缝突然扩张、贯通，发生崩滑，崩滑体在下滑过程中不断加速并且与下部岩体发生碰撞、解体，同时附加的铲刮及侵蚀效应将下部堆积物卷起，形成高速崩塌滑坡，最终滑坡体受到对岸山体的阻挡堆积成了约 $1.2\times10^7\,m^3$ 的堰塞体[4]。

图 8-1　红石岩滑坡三洞合一边坡示意图

地震或爆破震动是地质灾害发生的重要诱因之一。地震或爆破震动对于危岩体发育的影响主要有两个方面：一是地震或爆破震动施加给危岩体一个惯性力，促进了结构面的张裂，降低了岩土体完整性和结构面的强度；二是震动使得岩体反复压缩和松弛，当孔隙中有水时便会产生超孔隙水压力，促进结构面的张裂，而一次地震中岩体要经过多次的压缩和松弛，岩体质量的损伤将发生累积效应。地震诱发崩滑灾害十分常见。据不完全统计，我国二十多个省份地区都有地震诱发崩滑灾害的案例，尤其是发震构造发育的西部地区，地震发生频率大，每年地震都会导致大量的崩滑地质灾害。地震诱发崩滑灾害直接对人类的生命、财产安全构成威胁，而且其带来的次生灾害（如滑坡、崩塌、堰塞湖等）所产生的危害有时甚至超过地震本身。

震损边坡危岩体的类型主要包括坠落式危岩体、滑移式危岩体、倾倒式危岩体和滚落式危岩体。坠落式危岩体是指两侧受到与坡面垂直或大角度相交的陡倾结构面切割，底面悬空，上部与后部发育结构面，尚未与母岩完全分离，“悬挂”在坡表的岩体。滑移式危岩体的特征是底部或后缘存在走向与斜坡近于一致、倾角较缓（一般小于 45°）的地质弱面，危岩体失稳时沿该地质弱面滑移剪出。倾倒式危岩体的主要特征是后缘存在与边坡走向近于一致的陡倾结构面或反倾结构面，失稳时沿底部支点发生倾倒或翻转。此类危岩体的特点是：在地震、暴雨、渐进性风化等作用下，岩体与母岩分离而向下崩落，受到下部缓坡上的岩土体的缓冲或阻挡而逐渐停止运动，停积在坡表，依靠与坡表的摩擦力、嵌合力以及树木的阻拦而保持暂时稳定。

8.2 基于三维激光扫描的危岩体分布规律研究

近年来，随着数字化、信息化施工的推行，三维激光扫描在岩土工程中被广泛采用，且应用前景广泛[5-10]。三维激光扫描弥补了传统“单点式”测量的弊端，能够高精度（毫米级）、高密度（最大点间距 10 mm 左右）、快速（约 10 min/次）地扫描边坡表面，获取整个边坡表面的三维信息，通过对比不同时间的扫描结果，可以清楚揭示边坡表面的变形情况。

8.2.1 基于三维激光扫描的结构面分析

“三洞合一进水口边坡”地形下部陡，中部较缓，上部又变得陡峭，属构造剥蚀为主的中高山峡谷区，两岸谷深、坡陡，基岩多裸露。高程 1 210 m 以下地形坡度约 69°，高程 1 210 ~ 1 240 m 约 31°，高程 1 240 m 以上约 68°。泥盆系中统曲靖组（D_2q）白云岩及砂页岩分布于边坡上部，边坡下部则由奥陶系中统上巧家组上段（O_2q^3）紫红色粉砂岩（遇水敏感、易软化），因此，该边坡总体上呈上硬下软，不利于边坡稳定。结构面以层面节理为主，主要发育两组结构面：N45°E，NW∠22°，为卸荷裂隙；N60°W，SW∠80°，为横河向构造裂隙。边坡稳定性受结构面控制，主要结构面为层面，缓倾下游偏山里，两组节理间距较大，多张开。如图 8-2 所示。

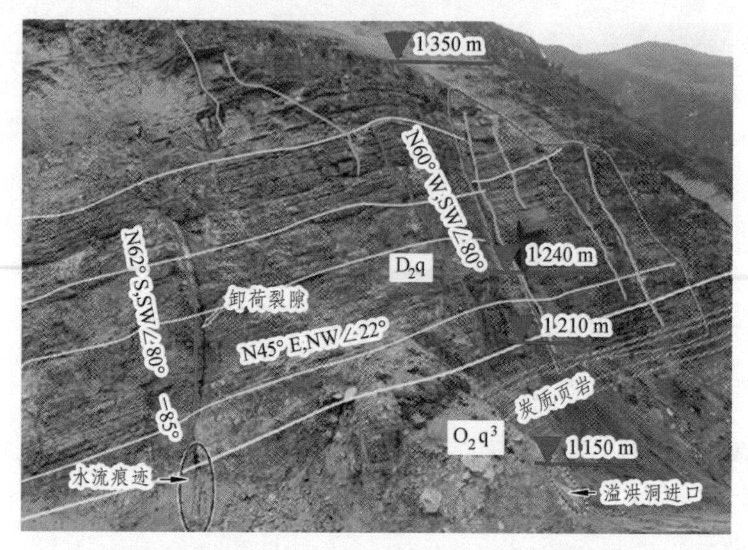

图 8-2 “三洞合一进水口边坡”主要结构面示意图

根据岩体表面特征、强度、地层岩性及地理位置等情况，将边坡分为上游的Ⅰ区、中游的Ⅱ区及下游的Ⅲ区，如图 8-3 所示。各区基本情况如下：Ⅰ区，紫红色粉砂岩和黑色炭质灰岩为主要组成岩体；Ⅱ区，白云岩为主要揭露岩体；Ⅲ区，主要组成岩体也是白云岩。相关地质资料显示，Ⅱ区和Ⅲ区边坡岩体完整性基本相同，但岩体强度略有差别。除此之外，Ⅱ区和Ⅲ区边坡主要结构面类型与延伸性、边坡内地下水发育程度以及结构面产状与坡面间关系等方面也存在一些差异。

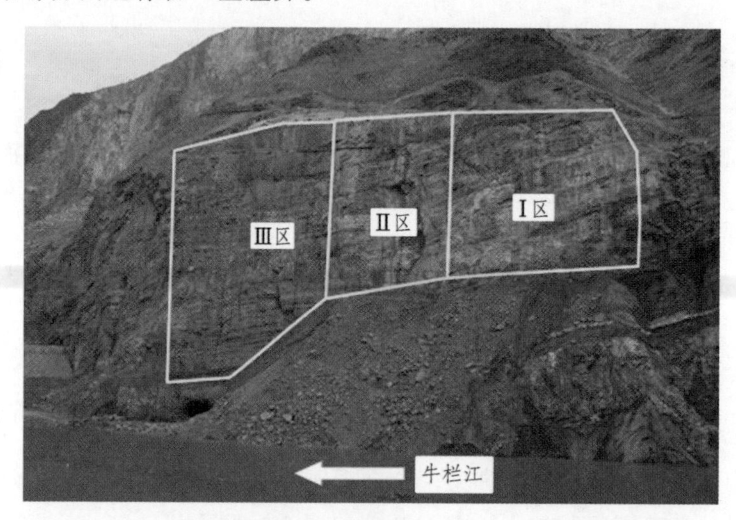

图 8-3 边坡工程分区

由于红石岩“三洞”合一进水口震损边坡Ⅱ区及Ⅲ区坡度较大，且坡面分布较多危岩体，在进行该边坡岩体完整性统计时，相关人员无法直接打到相应坡面进行传统测量，因此，本章应用三维激光技术来对边坡结构面进行识别统计。利用激光扫描测距系统来获取边坡扫描区域的三维坐标信息，该扫描方法以其高精度、自动化的优点广泛应用于各大边坡工程领域。

边坡三维模型的建立是通过地面激光扫描 TLS 搜集的点云数据经过拼接，降噪，去除植被等多个预处理工序，再利用插值法生成的。地面激光扫描（TLS）是一种地面激光雷达测距系统，在点云数据采集中发挥着重要作用。本次采用的地面激光扫面设备系统为 RIEGL VZ-2000，该设备是一种基于脉冲的扫描仪，具有 360 个水平视野和 100 个垂直视野。VZ-2000 的射程约为 2 000 m，最大水平和垂直角度分辨率为 0.001 度。在红石岩震损边坡对面设置 8 个扫描位置，来获取点云数据。水平和垂直角度分辨率均设置为 0.01 度，点的平均间距约为 5 cm。

首先采用三维激光扫描设备对震损边坡进行精细化扫描，以获取三维点云数据，由于点云数据中存在一些干扰信息，需要首先对点云数据进行预处理。对预处理后的点云数据进行分析处理，得到了该震损边坡的三维精细化模型，如图 8-4 所示。

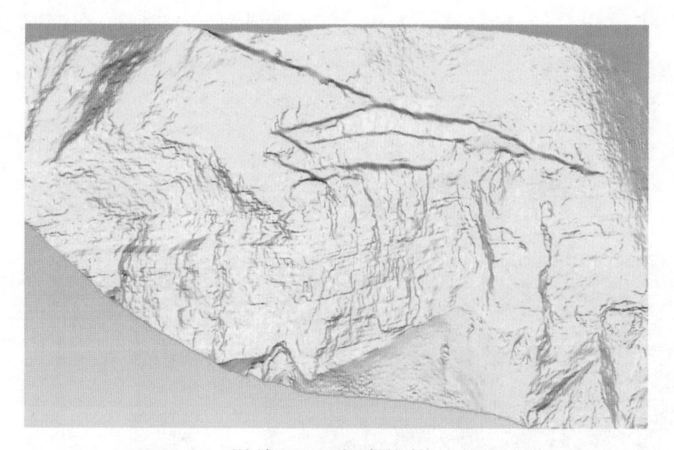

图 8-4 拼接后的边坡整体三维点云

采用三维激光扫描对边坡岩体进行自动识别。首先将拟测产状的结构面点云数据选中，然后利用软件提供的点云生成拟合平面功能，生成一个平面（即模拟的结构面），接下来显示该平面在系统中的方程参数，即平面一般式方程：

$$Ax + By + Cz + D = 0 \tag{8-1}$$

式中：A，B，C，D 均为参数，其中 A，B，C 组成平面法向量坐标 n，即 $n=\{A, B, C\}$。在扫描点云坐标系统中，y 轴与 N 方向对应，x 轴与 E 方向对应，z 轴为垂向方向，由此可求出较准确的结构面产状，如图 8-5 所示。

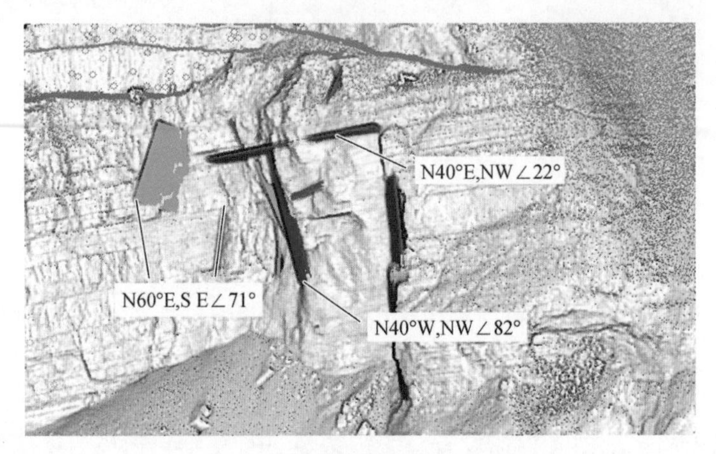

图 8-5　岩体结构面自动识别结果

基于三维激光扫描对岩体结构面进行自动识别，统计结构如图 8-6 所示。由图 8-6 可知结构面主要分成 3 组，其中与岩层层面近乎平行的结构面最为发育，且产状稳定，为 N45°E，NW∠22°，其次为陡倾向卸荷节理，产状为 N32°～80°E，SE∠80°～85°，以及横河向构造节理，产状为 N23°～87°W，SW∠76°～84°。

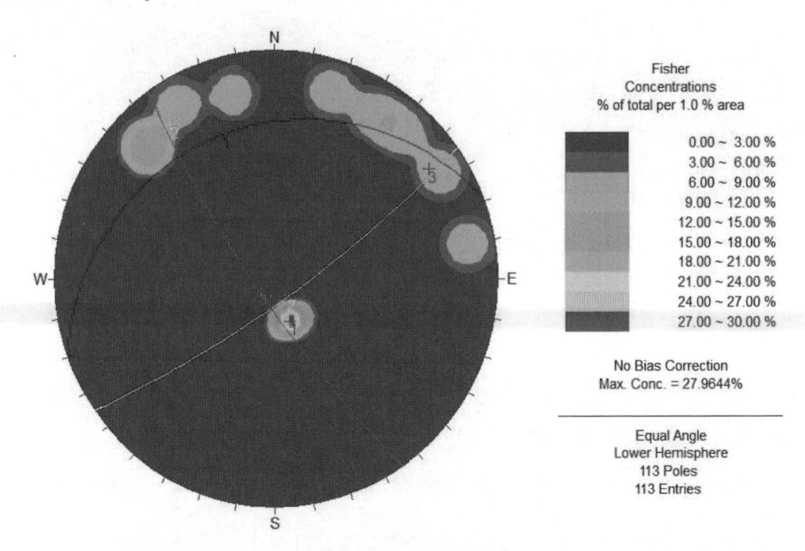

图 8-6　结构面统计示意图

采用三维激光扫描对岩体结构面进行精细化扫描测量，并结合现场开挖揭示的节理裂隙情况，统计得到Ⅱ区岩体结构面情况如表 8-1 所示。

表 8-1　Ⅱ区岩体体积节理数 J_v 统计实例表

节理裂隙		大多数节理间距和频率变化			
		最小间距/m	最大间距/m	最大频率/（条/m）	最小频率/（条/m）
实测	节理 J_1	0.06	0.2	16.7	5
	节理 J_2	0.16	0.4	6.25	2.5
	节理 J_3	0.24	1.5	4.2	0.67
	随机节理	—		2	
计算值	—			29.1	10.2
岩体体积节理数（J_v）	10.2 ~ 29.1				

同理采用三维激光扫描对岩体结构面进行精细化扫描测量，并结合现场开挖揭示的节理裂隙情况，统计出Ⅲ区岩体结构面情况如表 8-2 所示。

表 8-2　Ⅲ区岩体体积节理数 J_v 统计实例表

节理裂隙		大多数节理间距和频率变化			
		最小间距/m	最大间距/m	最大频率/（条/m）	最小频率/（条/m）
实测	节理 J_1	0.08	0.35	12.5	2.8
	节理 J_2	0.25	0.87	4.0	1.1
	节理 J_3	0.31	2.2	3.2	0.45
	随机节理	—		1	
计算值	—			20.7	5.4
岩体体积节理数（J_v）	5.4 ~ 20.7				

由规范 GB/T 50218—2014 可知，体积节理数 J_v 与岩体完整性指标 K_v 的对应关系如表 8-3 所示。

表 8-3 体积节理数 J_v 与岩体完整性指标 K_v 的对应关系

J_v	<3	3 ~ 10	10 ~ 20	20 ~ 35	≥35
K_v	> 0.75	0.75 ~ 0.55	0.55 ~ 0.35	0.35 ~ 0.15	≤0.15
完整程度	完整	较完整	较破碎	破碎	极破碎

由前面的计算可知，Ⅱ区岩体体积节理数 J_v 为 10.2 ~ 29.1，岩体的完整性指标可取值为 0.55 ~ 0.15，岩体完整性程度为较破碎—破碎；Ⅲ区岩体体积节理数 J_v 为 5.4 ~ 20.7，岩体的完整性指标可取值为 0.75 ~ 0.35，岩体完整性程度为较完整—较破碎。

8.2.2 基于三维激光扫描的危岩体辨识

枢纽区岩体主要发育 3 组结构面，分别为层面、顺河向陡倾结构面和横河向陡倾结构面，岩体受这 3 组结构面切割成为块状。坝址区边坡为上硬下软的岩性组合，下部软岩在上部硬岩的重压之下，产生塑流-拉裂，致使上部脆性岩体从底部开始发育拉裂缝，并逐渐向上延伸，此时，边坡硬岩部分上部发育卸荷裂缝、下部发育塑流-拉裂缝，在地震作用下这两类顺河向裂缝被迅速张拉贯通。因此，红石岩地震崩塌主要受地层岩性、地质构造的控制。

总体来看，自然状态下两岸边坡整体是稳定的，但是，边坡上发育的大量危岩体，大部分都处在较高的位置，具有较大的势能。在强降雨、地震、施工爆破等触发作用之下，危岩体一旦失稳，便可能对枢纽区建（构）筑物、工人和过往行人、机械及车辆等带来重大威胁，甚至产生灾难性后果。因此，对研究区危岩体进行详细调查，研究其成因机理与失稳模式，进行稳定性评价，并制定防治对策，对下方电站的安全施工和运营具有重要意义。

经过现场地质调查和近景摄影测量观测，发现上游崩塌区域存在大量危岩体，这些危岩体对下部三洞合一边坡开挖工作面的施工带来极大威胁。如图 8-7 所示，经现场辨识，崩塌区的危岩体主要包含沿崩塌上缘的倾倒破坏和崩塌面上的砌块形破坏。

图 8-7　边坡危岩体现场示意图

采用三维激光扫描精细化建模技术，对危岩体区域进行精细化扫描建模，之后为了详细观察岩体岩质岩性、结构面等特性，需对扫描岩体进行精细化渲染。如图 8-8 所示，岩体主要存在三组优势结构面，其中顺层向裂隙 J_1 产状最为集中，基本平行于层面，陡倾角卸荷裂隙 J_2 产状分布范围较广，横河向构造裂隙 J_3 产状分布也较集中。三组裂隙相互组合切割，导致岩体较破碎，易形成危岩体。

图 8-8　渲染后的三维模型

将多期点云数据转换到统一坐标系统内，并采用空间差值计算，可实现边坡危岩体的精确监测与危险性预判。图 8-9 展示了基于三维激光扫描技术的红石岩震损边坡危岩体辨识结果。

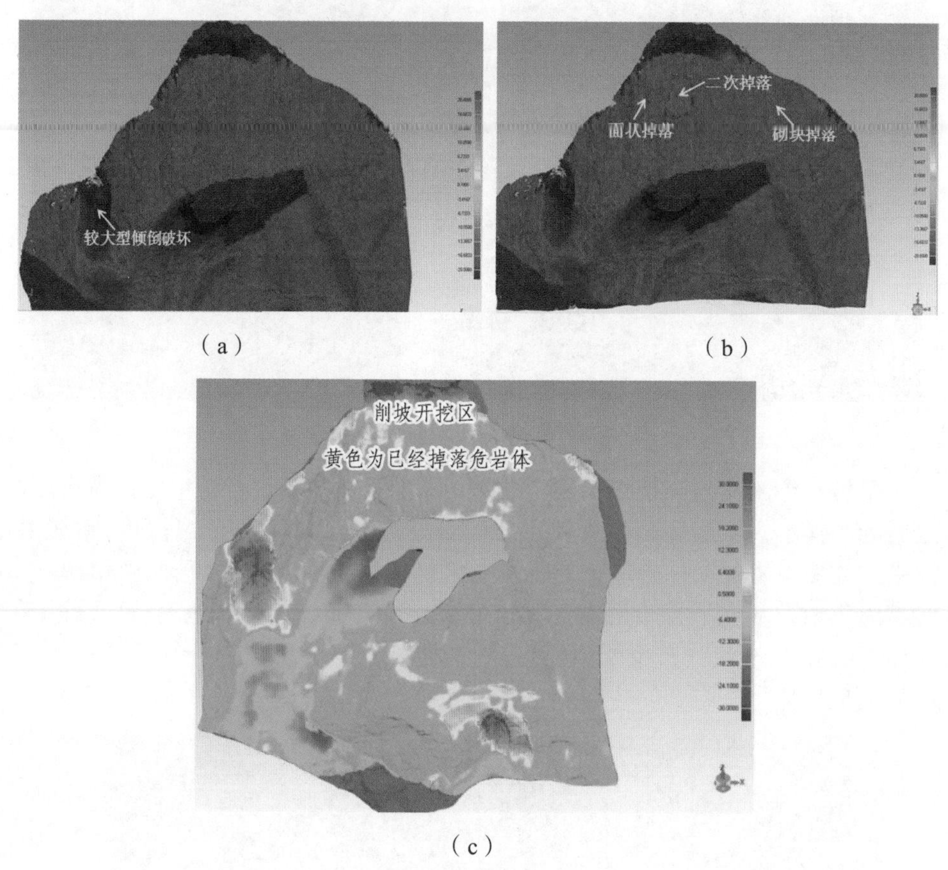

（a）　（b）　（c）

图 8-9　基于三维激光扫描的危岩体辨识技术

由图 8-9 可知，在施工过程中，高边坡存在大量危岩体，危岩体掉落对其下部三洞合一边坡的施工将带来极大威胁，应引起高度重视。雨季是危岩体掉落的高发期，应避免在这段时间施工，并采取避让、拦挡等措施保证施工人员及机械的安全。

8.3　震损边坡落石风险分析与防控

红石岩右岸开挖边坡上部陡倾岩体发育大量的危岩体对下部施工道路和

平台带来了巨大的威胁，严重影响施工进度。目前，大小规模的崩塌已发生过多次，严重威胁到坡上和坡脚施工人员的生命安全。红石岩震损边坡现场崩塌情景如图 8-10 和图 8-11 所示。图 8-10 显示了崩塌发生时，落石激起浓烟般的灰尘席卷下方的施工营地，破坏力巨大。图 8-11 显示了崩塌后残留大小各异的石块。因此，结合该边坡的地形地貌特征，施工单位以施工道路和施工平台作为防护核心，综合采用避让、喷锚、挂网等措施，同时，结合数值模拟确认最优的挂网位置、高度。

图 8-10　崩塌现场

图 8-11　崩塌残积体

根据施工组织设计，计划在堰塞坝上下游各布置一条场外道路，作为前期开挖、支护设备及材料运输的通道。其中，初始下游道路利用堆渣体作为道路基础，修建“之”字形道路至 1 376 m 高程，然后在交通洞顶部山坡上延伸至开口线高程。然而，此处施工道路上方危岩体较为发育，发生落石和崩塌的风险极大，而且前期已经发生过多次不同规模的崩塌，导致道路掩埋。为避免崩塌落石事故再次发生，结合边坡地形特征，考虑在开挖边坡上搭设栈道，改线施工道路，避让崩塌风险。但红石岩震损边坡受到前期地震和当前施工的双重影响，情况特殊，一味避让非长远之计，必须采取适当的危岩体防护措施。

针对危岩体失稳破坏的特点，在不进行开挖清理和放缓边坡的情况下，目前主要采用主动和被动两种防护措施。主动防护措施主要包括喷锚支护、布置截水沟等，还包括通过覆盖坡面加固的主动防护网。被动防护措施一般包含拦石墙、落石槽、被动防护网等，其中被动防护网施工较容易，因此应用较多。被动防护网系统主要由拦截结构、支撑结构、连接节点三部分组成。

被动防护网的作用机理可以概括为：利用柔性索网和刚性撑杆的拉压平衡形成受力体系，在上部有危岩体失稳落下从而遭受复杂冲击力作用时，被动防护网在历经大变形、大位移的过程中吸收和分散能量，最终达到拦截落石的目的。本工程主要采用了预应力锚索、挂钢筋网喷混凝土，以及主动和被动防护网等防护措施。其中，在坡面喷射混凝土作为一种主动防护措施，可有效防止岩体表面的风化和雨水侵蚀，并在岩体间形成表面加固层，预防危岩体失稳，同时施工方便且工艺简单。但由于红石岩震损边坡危岩体分布较广且受到施工的长期干扰，被动防护网将是更为有效的一种防护方式。红石岩震损边坡主要采用 4 m 高被动防护网。

红石岩震损边坡危岩体崩塌风险模拟过程一共分为两个区域，分别为落石源区 1 和落石源区 2，如图 8-12 所示。利用落石分析软件 Rocpro3D 进行模拟，查明落石源区 1、2 的危岩体崩塌影响范围，并提出合理的拦挡支护措施。

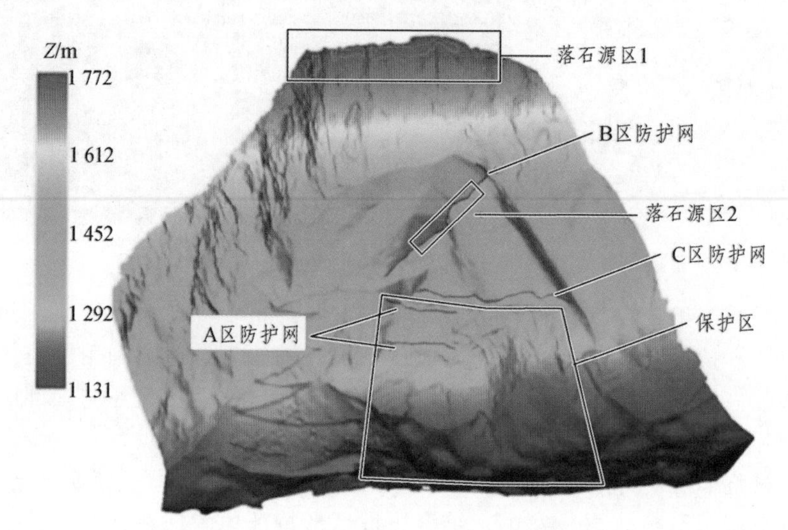

图 8-12　红石岩震损边坡落石模拟分区

模拟结果如图 8-13 与图 8-14，图中不同颜色表示经过该区域 1 m×1 m 范围内的落石轨迹的数量，滚石经过次数越多，颜色则越深，说明该区域越危险。从图 8-13（a）中可发现，在没有防护网的情况下，部分滚石会直接进入施工保护区。从图 8-13（b）中可看出，加设 B 区防护网之后，之前会进入保护区的落石全部被 B 区防护网拦截。

但是由图 8-14（a）所示，防护网 B 并不能防止源区 2 的落石进入施工区，故还需对源区 2 的落石危险性进行分析，并设置拦挡网 C。模拟结果显示，加设拦挡网 C 后能完全拦住来自 2 区的落石［图 8-14（b）］，从而保证施工区域安全。

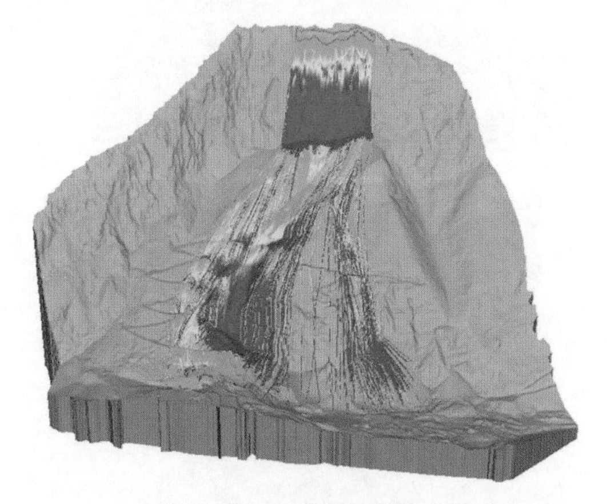

（a）1 区落石模拟，未设置 B 区柔性被动防护网

（b）1 区落石模拟，设置 B 区柔性被动防护网

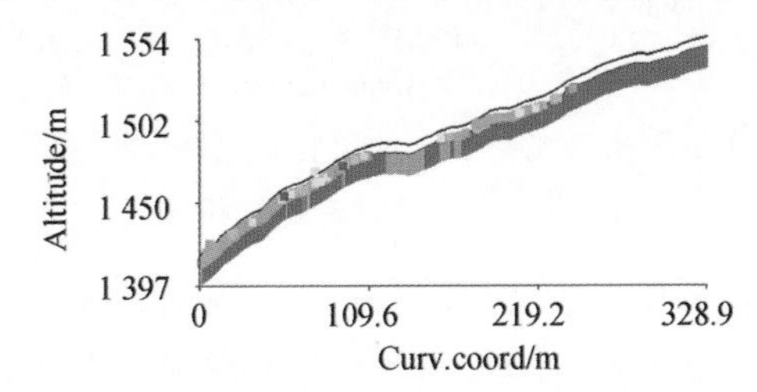

（c）1 区落石模拟，B 区柔性被动防护网统计图

图 8-13　1 区落石验证模拟

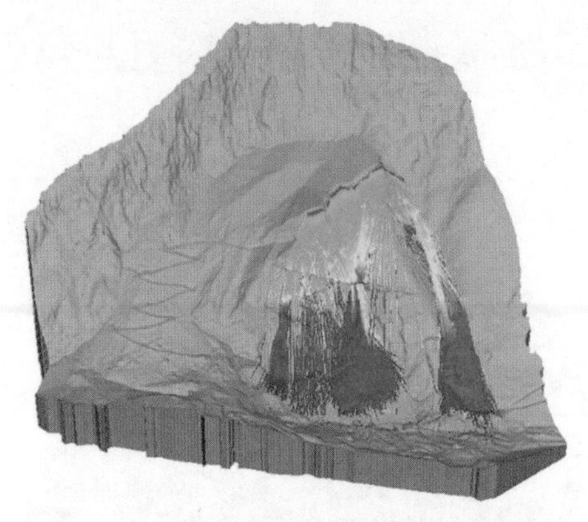

（a）2 区落石模拟，未设置 C 区柔性被动防护网

（b）2 区落石模拟，设置 C 区柔性被动防护网

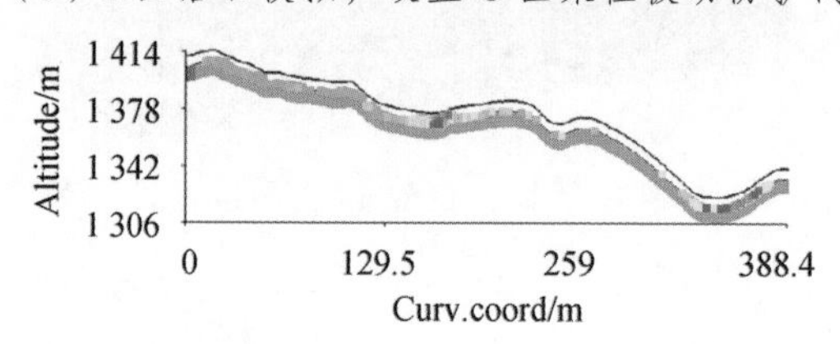

（c）2 区落石模拟，C 区柔性被动防护网统计图

图 8-14　2 区落石验证模拟

危岩体处理原则是根据边坡卸荷程度、震裂损伤程度、危岩体的发育程度，危岩的稳定性、危害性分级等情况，采用综合处理方案，最大程度清除隐患。对枢纽区上部边坡强卸荷带、震裂缝发育的不稳定边坡，可采取整体放坡开挖支护的方法来处理。根据二维及三维落石模拟结果，针对下部卸荷程度小，裂缝不发育稳定边坡，采取防治危岩体 + 主被动网防护的办法进行

处理。结合该边坡的地形地貌特征，以施工道路和施工平台作为防护核心，综合采用避让、喷锚、挂网等措施，同时，结合数值模拟结果确认最优的防护网位置、高度。

下面根据危岩体失稳运动的模拟结果，提出相关的防控措施，具体措施如下：

（1）由危岩体落石频率分布图，可以看出红色部分为落石出现频率很高的区域，且红色线条由上至下穿过施工区和道路区。因此，可以根据边坡具体地形特征在合适的位置设置疏导槽，同时，也可以对边坡上集中分布的孤块石进行人工机械清理，对易失稳滑动的不稳定结构体进行加固或清除。

（2）危岩体落石高度分布图显示，落石较高的部分主要分布在施工平台区，可以考虑在施工区上方设置拦挡装置，如拦石墙或被动防护网，在施工区也应设置挂网进行防护。

（3）由危岩体灾害程度分布图可以看出，施工区和大部分道路都被红色或黄色覆盖，危险等级较高。因此，应尤其加强该区域的危岩体防护与治理：对于孤块石和较小的不稳定结构体采取清除的措施，对于体积较大的结构体采用锚固法或灌浆法，根据落石高度分布图在不同位置设置不同高度的防护网，如图 8-15 所示。同时，也应在施工区和道路两旁的合适位置设置警示牌等。

图 8-15　落石拦挡设置示意图

（4）对于交通洞进出口，可在上述处理措施的基础上，设置接长棚洞，保护洞口各区域柔性防护网。

8.4 本章小结

三维激光扫描技术作为一种高精度模型获取技术，近些年已被广泛运用于地质灾害防治中。本章以 2014 年云南鲁甸地震诱发的红石岩滑坡为例，介绍了三维激光扫描技术在震损边坡结构面识别、震损边坡崩塌风险分析及危岩体识别等方面的应用情况。与此同时，本章还介绍了红石岩震损边坡被动防护措施及其效果的数值模拟。本章内容对今后类似的震损边坡的危岩体识别、崩塌落石风险分析及被动防护措施制定具有一定的参考价值。

本章参考文献

[1] 胡厚田. 崩塌与落石[M]. 北京：中国铁道出版社，1989.

[2] 亚南，王兰生，赵其华，等. 崩塌落石运动学的模拟研究[J]. 地质灾害与环境保护，1996，7（2）：25-32.

[3] 黄达，黄润秋，周江平，等. 雅碧江锦屏一级水电站坝区右岸高位边坡危岩体稳定性研究[J]. 岩石力学与工程学报，2007，26（1）：175-181.

[4] 白志华，李万州，李海波，等. 红石岩震损高陡边坡工程岩体质量评价[J]. 工程地质学报，2018，26（5）：1155-1161.

[5] 马立广. 地面三维激光扫描测量技术研究[D]. 武汉：武汉大学，2005.

[6] 何秉顺，丁留谦，孙平. 三维激光扫描系统在岩体结构面识别中的应用[J]. 中国水利水电科学研究院学报，2007，1：43-48.

[7] 刘文龙，赵小平. 基于三维激光扫描技术在滑坡监测中的应用研究[J]. 金属矿山，2009，2：131-133.

[8] 刘昌军，丁留谦，孙东亚. 基于激光点云数据的岩体结构面全自动模糊群聚分析及几何信息获取[J]. 岩石力学与工程学报，2011（2）：358-364.

[9] 刘昌军，张顺福，丁留谦，等. 基于激光扫描的高边坡危岩体识别及锚固方法研究[J]. 岩石力学与工程学报，2012，10：2139-2146.

[10] 李海波，杨兴国，赵伟，等. 基于三维激光扫描的隧洞开挖衬砌质量检测技术及其工程应用[J]. 岩石力学与工程学报，2017，36（增 1）：3456-3463.